E. REIBER
FONDATEUR

CL. SAUVAGEOT
DIRECTEUR

L'ART·POUR·TOUS

工业设计艺术全集

曾 强／主编

胡一鸣　王艺童　王小霞／译

PREMIÈRE ANNÉE

1861–1862

AM

PARIS

A. MOREL, LIBRAIRE-ÉDITEUR

13, RUE BONAPARTE, 13

—

中国林业出版社

China Forestry Publishing House

图书在版编目（CIP）数据

工业设计艺术全集：全5册/曾强主编 .—— 北京：中国林业出版社 ,2019.10

ISBN 978-7-5219-0288-4

Ⅰ.①工… Ⅱ.①曾… Ⅲ.①工业设计 – 世界 – 图集 Ⅳ.① TB47-64

中国版本图书馆 CIP 数据核字 (2019) 第 217070 号

主　　编：曾　强

翻　　译：胡一鸣　王艺童　王小霞

支持单位：园冶杯国际竞赛组委会

　　　　　《世界园林》杂志

中国林业出版社建筑家居分社

责任编辑：李　顺　薛瑞琦　陈　慧

出版咨询：（010）83143569

出版：中国林业出版社（北京西城区德内大街刘海胡同　　100009）

网站：http://www.forestry.gov.cn/lycb.html

印刷：深圳市汇亿丰印刷科技有限公司

发行：中国林业出版社

电话：（010）83143569

版次：2019 年 10 月第 1 版

印次：2019 年 10 月第 1 次

开本：889mm×1194mm　1/16

印张：70

字数：200 千字

定价：1698.00 元（全 5 册）

前　言

从 18 世纪工业革命开始，直到 19 世纪末期，工业技术改变着人们的生活方式，产品设计在这种变革中发展。人们在生活习惯与心理上对旧有产品的形式与风格有很强烈的留恋，这反映在设计上表现为装饰化的特点，注重传统装饰趣味。装饰与机械生产的要求之间的矛盾不可避免地产生。装饰艺术与现代主义几乎同时诞生，与现代主义的发展一样，也有许多事件影响着装饰艺术的发展。立体主义、后印象派、未来派及野兽派与壮观的俄国芭蕾艺术一起，为欧洲艺术的形成起了推波助澜的作用。而 18 世纪的欧洲，现代工业艺术都强调几何造形，但其区别在于工艺。装饰艺术运用传统橱柜制作技术，使其代表作被现代派标榜为精萃，就像我们在本套书中所看到的一样。工业艺术，特别是法国的工业艺术运动，在很大程度上依然是传统的设计运动，虽然在造型上、在色彩上、在装饰动机上有新的、现代的内容，但是它的服务对象依然是社会的上层，是少数的资产阶级权贵，只有富人才买得起手工精湛的作品，这与强调设计民主化、强调设计的社会效应的现代主义立场是大相径庭的。

从艺术的诞生时，就没有离开过"装饰"这个名词。人类的艺术起源与原始的装饰有着某种不可割舍的关系。著名的美术史学者沃尔夫林就认为"美术史主要是一部装饰史"。装饰在原始社会是人们所创造的艺术的审美核心。各种彩陶纹样成为各种装饰美、形式美的标本。装饰是一种有意味的形式。它不但是审美的形式，而且有更深层次的含义。它包含着特定的社会感情和文化意识。它不仅是"装饰性"的，从秩序、线条、形式、色彩等方面带给人们以审美愉悦，而且是"文化性"的，从文化、理想、象征、历史等方面满足人们更深层次的需要。沃林格在《抽象与移情》中说到：装饰艺术的本质特征在于，一个民族的艺术意志在装饰艺术中得到了最纯真的表现。装饰艺术必然构成了所有对艺术进行美学研究的出发点和基础，装饰对于现代设计同样具有十分重要的研究意义。从装饰的角度出发，可以清晰的看到现代设计的发展脉络。

在这里我们要重点强调法国在欧洲工业艺术中的地位。法国为工业艺术运动的发源地，20 世纪二三十年代在法国形成高峰期，二战爆发前开始衰弱。法国独特的社会背景的影响，它作为欧洲的重要的艺术中心之一，受到传统因素的制约强烈，再有殖民掠夺所带来的财富等。反映出法国设计的特色——非民主化的权贵与精英主义的、资产阶级的，与民主化的政治艺术相反，形成奇特鲜明的对照。法国的工业艺术运动涉及面非常广泛，包括家具与室内设计、陶瓷、漆器、玻璃器皿、金属制品、首饰与时装配件、绘画、海报和时装插图等设计艺术领域。1760~1815 年间流行新古典主义风格，这时期的艺术受古希腊考古发现、罗马艺术和埃及文化的影响。从琳琅满目的展品中，不难发现，随着法国国力的强盛，上升的市民阶层和贵族阶层生活越来越重视舒适性和隐私性，富裕、时尚家庭的出现也催生了许多设计用于特定活动的产品，如写作、阅读或饮酒的专门产品，还有当时一些生活产品，如纺织品、刺绣、精美的纸牌游戏等，都昭显出这个时期家庭生活的风尚，灵巧的工艺让人流连忘返。这些工艺品的技术与风格在历史的长河里留下了深刻的印记，从 18 世纪末开始便延伸到欧洲的每一个角落，并且这些艺术样式逐渐成为当地的传统艺术样式，至今仍具地区性象征意义。

18 世纪的欧洲可以说是法国的欧洲，而在此之前，法国的崛起时期也是朝气蓬勃，这时期不仅仅在思想、政治、经济等方面有着重要的发展，在艺术上，法国的艺术，或者说是路易十四的艺术，让法国成为欧洲的时尚中心。凡尔赛宫的建立、巴黎的改造，建筑、绘画、工艺品都有了空前的发展，巴黎成为欧洲奢侈品生产中心。

约从 1720 年开始，富裕的欧洲人追求享受休闲的生活方式，享受舒适的生活水平，使用法国的饮食和生活模式。这时期是洛可可风格的盛行时期，同时欧洲贵族们对神秘的东方艺术趋之若鹜，这时候的艺术也常常出现东方形象，由于只是出于欧洲人对亚洲事物的幻想，所以常常在这时期的绘画和工艺品装饰画中看到混杂着东方元素的奇思幻想。当时，天主教蓬勃发展，装饰繁复的洛可可宗教物品不仅常常被教堂和修道院委托制作，中层的家庭也开始成为定制的主人。18 世纪的奢侈品制作还是以王室贵族为主要服务对象，这些奢侈品商店也的确生产了不少豪华的内饰、工艺品和其他产品，设计、制作都无比高端。但随着市民阶层的上升以及商业的发展，更为广阔的市场需求出现了，城市里开始出现了分门别类的工作坊，这些工作坊术业有专攻，生产着适合社会需求的产品，如丝织品、服装配件等，虽无奢侈品般精美绝伦，但也不失精致。

欧洲工业设计无论在生产方式，或从生活方式都在其深度和广度上深刻影响着世界工业艺术的发展，这套艺术集的历史追溯了整个欧洲 18 世纪约 100 年的艺术变迁与更迭。这是历史留给我们的宝贵财富，也是我们了解艺术史，了解西方工业艺术的一个窗口。在整套书的编纂过程中，我们试图翻译这些在博物馆或者收藏家对当时艺术品的描述，但这仍然是肤浅而没有深度的。因文稿历史久远，许多内容无法完全找到参考资料，我们仅凭编著者和译者来还原艺术的一部分真相。如有纰漏和错误之处，敬请多多批评指正。

编　者

50·centimes·le·Numero

L'ART·POUR·TOUS

ENCYCLOPÉDIE
DE·L'ART·INDUSTRIEL·ET·DÉCORATIF
Paraissant le 15 et le 30 de chaque mois

ÉMILE REIBER, ARCHITECTE
Directeur-Fondateur

Abonnement annuel :
Pour toute la France, 12 fr.
Pour l'Étranger, même prix, plus
les droits de poste variables.

Pour toutes demandes
d'abonnements, réclamations, etc.
s'adresser aux Bureaux du Journal,
18, rue Vivienne, à Paris.

TABLE DES MATIÈRES
目录

PAR ORDRE DE PUBLICATION
(1861)

BRAMANTE

PH. DE L'ORME

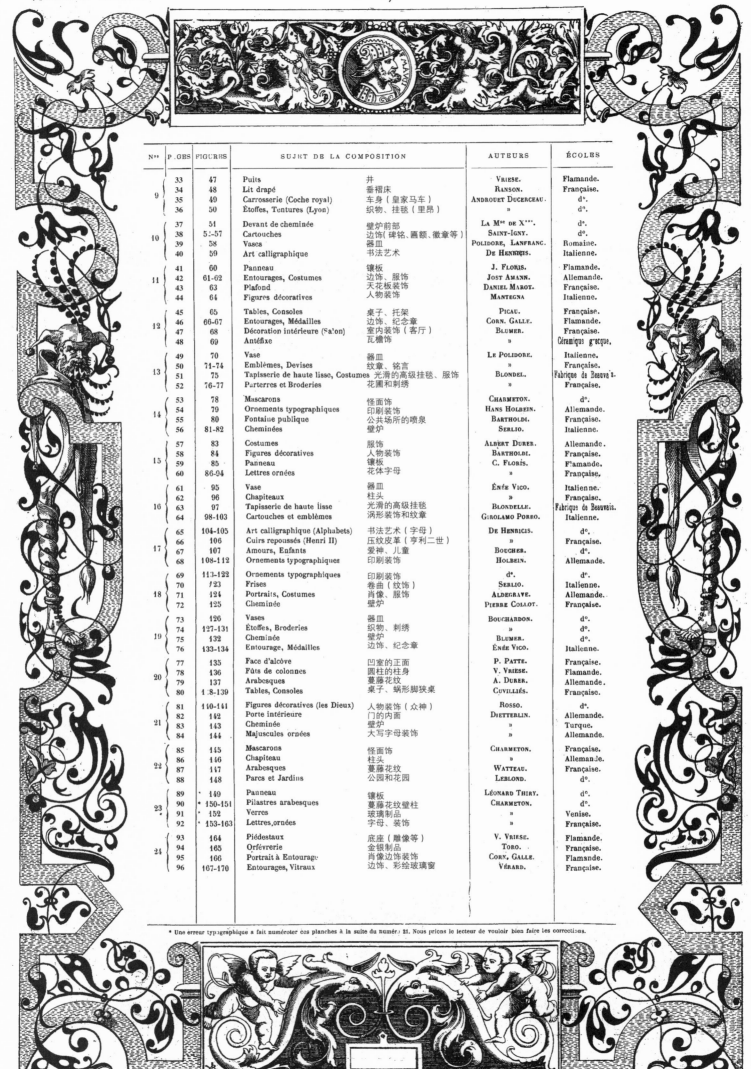

DEUXIÈME ANNÉE
(1862)

Première Année.   N° 1.   15 Janvier 1861.

L'ART·POUR·TOUS

ENCYCLOPÉDIE
DE · L'ART · INDUSTRIEL · ET · DÉCORATIF

Paraissant le 15 et le 30 de chaque mois

M. ÉMILE REIBER, ARCHITECTE
Directeur-Fondateur.

BUREAUX à PARIS
18 R. VIVIENNE

Librairie Morel & Cie

Abonnement annuel :
Pour toute la France : 18 fr. — Pour l'Étranger,
même prix, plus les droits de poste variables.

Pour toutes demandes d'abonnements,
réclamations, etc., s'adresser aux Bureaux du Journal,
13, Rue Bonaparte, à Paris.

ART INDUSTRIEL CONTEMPORAIN

CÉRAMIQUE.

PLAT D'HONNEUR
EXÉCUTÉ
PAR MM. DECK FRÈRES
Boulevard Saint-Jacques, à Paris.

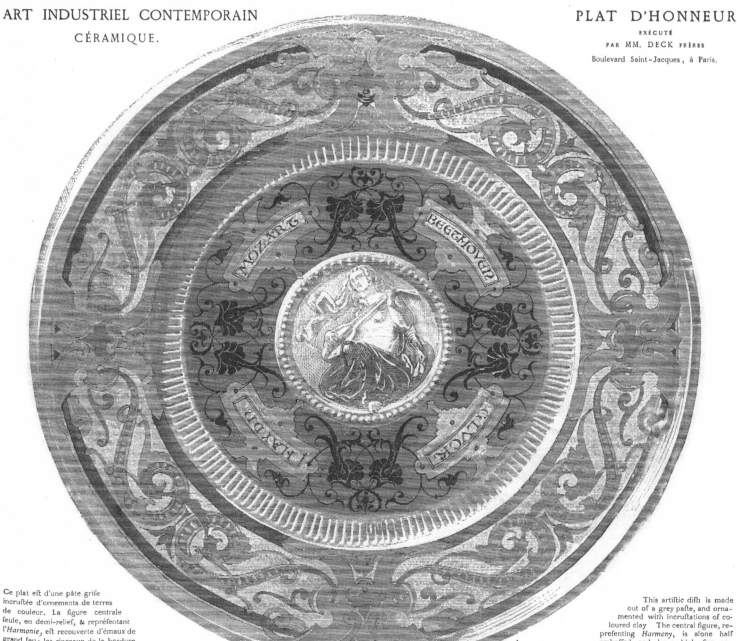

Ce plat eſt d'une pâte griſe incruſtée d'ornements de terres de couleur. La figure centrale ſeule, en demi-relief, & repréſentant l'*Harmonie*, eſt recouverte d'émaux de grand feu ; les rinceaux de la bordure en brun rouge ſur fond jaune de Naples ; le fond des quatre cartouches en brun roux avec nielles vert foncé. — Offert au violoniſte N*** par une ſociété d'amateurs de muſique de chambre. — Compoſition de M. Eug. Deck. — (*Inédit.*)

这件手工盘子以灰色浆料制成，镶嵌彩色黏土装饰。单独居中的人物，代表着"和谐"，采用了半浮雕的制作手法和高火珐琅彩装饰。盘子边缘的植物纹样为红棕色，以那不勒斯黄为底，四块重复、相邻的纹样伸展开，以嵌有深绿色装饰物的浅棕色为底。由古典音乐爱好者协会赠与某小提琴家。作品出自尤金·德克（Eug. Deck）先生。（未编辑）

This artiſtic diſh is made out of a grey paſte, and ornamented with incruſtations of coloured clay The central figure, repreſenting *Harmony*, is alone half emboſſed and by a high fire enamelled. The foliages of the border are reddiſh-brown on a Naples-yellow ground, and the four compartments are diſpoſed on a light-brown ground with dark green inlaid ornaments. — Preſented to the violiniſt N*** by a ſociety of amateurs of claſſic muſic. — Compoſition of Mr. Eug. Deck. — (*Inedited.*)

PHILIBERT DE L'ORME, né à Lyon, mort à Paris en 1577, fut architecte du roi Henri II. Il publia un ouvrage sur l'architecture dont nous donnons une des planches principales. (Fac-simile.)

菲利贝尔·德洛姆（Philibert De L'orme），生于里昂，1577 年逝于巴黎，是亨利二世时期的建筑师。他发表了一部关于建筑的专著，我们从中抽取了一幅木版画。(摹本)

PHILIBERT DE L'ORME, born in Lyons, died in Paris in the year 1577, was architect of Henry the Second. He published a treatise on Architecture of which we give one of the principal woodcuts. (Fac-simile.)

La famille des *Carrache* fournit plufieurs artiftes diftingués. *Annibal* Carrache, peintre, né à Bologne en 1560, mort en 1609, deftiné d'abord par fon père à la profeffion de tailleur d'habits, fut mis enfuite chez un orfévre où fon coufin *Louis* remarqua fes aptitudes pour le deffin. Après avoir étudié les ouvrages des grands maîtres fous la direction de *Louis* & d'*Auguftin*, fon frère, il fut chargé de la décoration de la Galerie du cardinal *Farnèfe* qui lui coûta huit années de travail. Il en fut récompenfé non comme un artifte qui venait de faire honneur par fes rares talents à l'humanité & à fa patrie, mais comme un artifan dont on toife le travail. Cette efpèce de mépris le pénétra de douleur. Il mourut peu de temps après. La collection de fes travaux de la Galerie Farnèfe a été reproduite avec talent par le graveur *Cefius*; le fujet du médaillon que nous donnons eft : *Apollon écorchant le fatyre Marfyas*.

卡拉奇家族，诞生了几位著名的艺术家。画家阿尼尔·卡拉奇（Annibal Caracci），1560 年生于博洛尼亚，逝于 1609 年。起先，其父想培养他成为一名裁缝，后来又师从一位金匠，在那里，阿尼巴尔的表兄路易（Louis）首先发现了他的绘画才能。在路易和其兄奥古斯汀（Augustin）指导下，他学习研究了不少大师的作品。此后，他受红衣主教委托，完成法尔内塞宫画廊的装饰，这一工作耗费了 8 年的时间。纵有天纵之才，完工后阿尼巴尔的报酬却少得可怜，甚至不及一般工匠，更不用说得到应有的感谢了。这种蔑视使他感到十分伤心，不久之后，就去世了。他绘在法尔内塞宫画廊的一批作品被天才雕刻师希佐斯（Cesius）复制下来。此处展示的大型装饰作品的主题是："阿波罗（Apollo）将萨蒂尔玛尔叙阿斯（Satyr Marsyas）挂在树上剥皮"。

The *Caracci* family gave birth to feveral diftinguifhed artifts. *Annibal* Caracci, a painter, born in Bologna (1560), died in the year 1609, intended by his father to be a tailor, was afterwards placed at a goldfmith's, where his coufin *Louis* firft noticed his aptnefs for drawing. After having ftudied the works of the mafters under the direction of *Louis* and his brother *Auguftin*, he was confided with the decoration of the cardinal *Farnefe's* Gallery, which coft him eight years' labour. His reward was much lefs that of an artift, whofe uncommon talents were an honour to humanity and his country, than that of a workman more mefured than appreciated. That kind of contempt grieved him very much : he died fhortly afterwards. The collection of his works of the Farnefe gallery has been reproduced with talent by the engraver *Cefius*. The fubject of the medallion we give to-day is : *Apollo fkinning the fatyr Marfyas*.

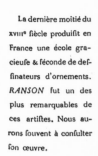

La dernière moitié du xviiiᵉ siècle produifit en France une école gracieufe & féconde de deffinateurs d'ornements. *RANSON* fut un des plus remarquables de ces artiftes. Nous aurons fouvent à confulter fon œuvre.

18 世纪后期，法国诞生了一个以优雅和丰富为特点的装饰设计学派。朗松（Ranson）是其中最为瞩目的艺术家之一。我们经常翻阅他的作品。

The latter part of the xviiiᵗʰ century gave birth in France to a graceful and prolific fchool of ornamental defigners. *RANSON* is among the moft remarkable of thefe artifts We fhall frequently confult his works.

Trophée Pastoral

Première Année.　　　　　N° 2.　　　　　31 Janvier 1861.

50 centimes le Numéro

L'ART·POUR·TOUS

ENCYCLOPÉDIE
DE·L'ART·INDUSTRIEL·ET·DÉCORATIF

Paraissant le 15 et le 30 de chaque mois

ÉMILE REIBER, ARCHITECTE
Directeur-Fondateur

Abonnement annuel :
Pour toute la France, 12 fr.
Pour l'Étranger, même prix, plus
les droits de poste variables.

Pour toutes demandes
d'abonnements, réclamations, etc.
s'adresser aux Bureaux du Journal,
18, rue Vivienne, à Paris.

XVIIᵉ SIÈCLE. — ÉCOLE FRANÇAISE.　　　　　**DÉCORATIONS INTÉRIEURES.**
　　　　　FOND DE GALERIE
　　　　　PAR JEAN LEPAUTRE.

le Potre Invent et fecit Auec pruuilege　le Blond exc

L'éclat du règne de Louis XIV, le goût du grand Roi pour la magnificence, imprimèrent à l'art décoratif, comme aux autres branches des arts de cette époque, un élan extraordinaire. Les somptueuses demeures royales & princières trouvèrent bientôt des rivales dans celles que les courtisans se firent élever à grands frais ; une légion d'artistes fut constamment employée à satisfaire les goûts fastueux d'une cour brillante.

La famille des *Lepautre* tient une place honorable parmi les hommes qui, par leur talent, contribuèrent à rehausser la splendeur de ce règne.

Antoine Lepautre (1614-1691) fut nommé architecte de Monsieur, frère de Louis XIV. *Pierre* Lepautre, fils d'Antoine, fut un sculpteur remarquable. On admire de lui, aux Tuileries, les deux groupes d'*Énée & Anchise* & d'*Arrie & Pætus*. Jean Lepautre, frère d'Antoine, se distingua comme dessinateur & graveur à l'eau-forte en architecture. Il a laissé un Œuvre très-considérable composé de pièces ayant trait à l'ornementation & à la décoration. Un de nos prochains numéros donnera un beau spécimen de ses Petits Vases à entourages variés.

路易十四统治时期王权的煊赫和他本人崇尚华丽辉煌的品位，给予了装饰艺术和其他艺术强有力的推动。奢华的王室和贵族们很快就找到了花钱的地方，许多艺术家被不断地雇佣来满足他们对华丽庭院的追求。

在诸多给路易十四的统治锦上添花的人当中，勒坡特家族占有重要的一席位置。

安东尼·勒坡特（Antoine Lepautre, 1614~1691年）被任命为路易十四弟弟的建筑师。安东尼的儿子，皮埃尔·勒坡特（Pierre Lepautre）是一名杰出的雕刻家。他的两组作品《埃涅阿斯和安喀塞斯》（Aeneas and Anchises）、《阿里亚和派图斯》（Arria and Paetus）可以在杜伊勒里宫里欣赏到。安东尼的弟弟，约翰·勒坡特（John Lepautre）是杰出的建筑设计师和蚀刻师。他留下了为数可观的作品，这些作品是由装饰物一片片连接而成的。本页展示的作品是一件画廊的装饰作品，下一篇将会展示他的《小器皿》图样，作品边缘有多种多样的装饰。

The splendor of the reign of Louis the fourteenth, and the great King's taste for magnificence, gave the decorative as well as the other fine arts an extraordinary impulse. The sumptuous royal and princely residences soon found rivals in those which the courtiers erected at great cost ; a legion of artists constantly was employed to satisfy the expensive tastes of a brilliant court.

The *Lepautre* family holds an honourable place among those who by their talents hightened the splendor of that reign.

Antoine Lepautre (1614-1691) was appointed architect to Monsieur, brother of Louis the fourteenth. *Pierre* Lepautre, son of Antoine, was a remarkable sculptor. One can admire in the Tuileries his two groups of *Æneas and Anchises* and of *Arria and Pætus*. John Lepautre, brother of Antoine, distinguished himself as a designer and an etcher in architecture. He has left a considerable work composed of pieces, all of which are connected with ornamentation. The piece we present to-day is a decoration of a *Gallery*, and we shall give in one of our next numbers a fine specimen of his *Small Vases* with diversified borders.

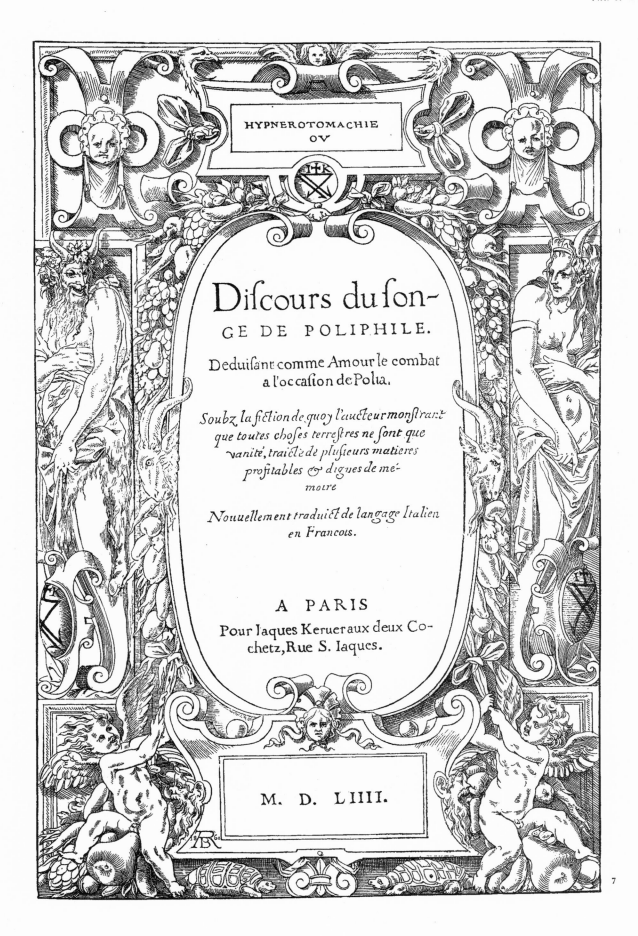

HYPNEROTOMACHIE
OV

Discours du son-
GE DE POLIPHILE.

Deduisant comme Amour le combat
a l'occasion de Polia.

Soubz la fiction de quoy l'aucteur monstrant
que toutes choses terrestres ne sont que
vanité, traicté de plusieurs matieres
profitables & dignes de mémoire

Nouuellement traduict de langage Italien
en Francois.

A PARIS
Pour Iaques Keruer aux deux Co-
chetz, Rue S. Iaques.

M. D. LIIII.

7

Pour quiconque a étudié la manière de *J. Goujon*, notre inimitable sculpteur, ce n'est incontestablement qu'à lui seul qu'on puisse attribuer le beau frontispice du singulier livre dont nous donnons le titre en entier & dont la première édition (texte italien) sortit de chez les Aldes vers la fin du xvᵉ siècle. *Jacques*, successeur de l'illustre imprimeur *Thielman Kerver*, en donna la première traduction française & en fit regraver les intéressantes planches, originairement composées par un artiste vénitien dont le nom n'est point parvenu jusqu'à nous. (*Fac-simile.*)

研究过让·古戎（J. Goujon）雕塑风格的人都知道，只有他的雕塑作品才能作为卷首插图，毋庸置疑地刊登在上图这本书的扉页上。该书的首个版本（意大利语）于15世纪末期，由奥尔德斯（Aldus）印刷公司（威尼斯）出版。法国著名印刷商希尔曼盖维（Thielman Kerver）的继承人雅克（Jacques），提供了首个法语翻译版本，并再版了那张颇有意思的木刻印版。这些插图是由一位我们不知道姓名的威尼斯艺术家创作的。（摹本）

Whoever has studied the style of *J. Goujon*, the inimitable sculptor will be convinced that to him only is owed the fine Frontispiece of the singular book, the complete title of which we give here. The first edition of the said book was published (Italian text) by the printer *Aldus* (Venice) near the end of the fifteenth century. *Jacques*, successor of the illustrious French printer *Thielman Kerver*, gave the first French translation, and had the interesting woodcuts re-engraved. These plates originally had been composed by a Venetian artist whose name has not reached us. (*Fac-simile.*)

ROMÆ AB ANTIQVO REPERTVM. M.D.XXXXIII.

8

ÉNÉE VICO (Æneas Vicus), né à Parme vers 1520, fut à la fois artiste de mérite & numismate distingué. Il a laissé une assez grande quantité de gravures d'après ses propres compositions & celles d'autres maîtres italiens. On a de lui une suite de *Vases* fort originaux dont nous donnerons la collection complète, & de très-remarquables entourages pour son *Livre des Impératrices romaines* dont nous donnerons des spécimens dans nos prochains numéros.

埃内亚·维科（Aeneas Vicus），约 1520 年出生于帕尔马，是一位天才的艺术家和著名的钱币学家。他留下了许多自己创作的和其他大师的雕刻品。这幅画我们试图以全尺寸印刷，它出自于一批埃内亚最原始的作品《器皿》；还有一些是为《罗马皇后鉴》绘制的精美的边饰，将会在后面的篇幅拿出部分以展示。

ÆNEAS VICUS, born in Parma towards the year 1520, was a talented artist and a distinguished numismatologist. He has left numerous engravings from his own compositions, as well as from other masters. There is also from him a collection of most original *Vases*, which we intend to publish in full, and some very remarkable border-drawings for his *Book of the Roman Empresses*, of which we shall give some specimens in one of our next numbers.

1.

ALCIBIADE LUCARINI

2.

ALESSANDRO REGINI

3.

ANNIBALE POCATERRA

4.

DON ANTONIO GUZMAN
MARCHESSE D'AIAMONTE

On peut dire qu'il eſt donné à l'art décoratif de mettre ſous les yeux, de la façon la plus ſenſible, l'expreſſion des mœurs, le caractère de toute une époque.

Dès les temps les plus reculés, les hommes eurent à chercher des ſignes extérieurs, ſoit pour ſe diſtinguer entre eux dans les grandes ſolennités (coſtumes, bannières, &c.), ſoit pour ſe reconnaître ou ſe mettre en vue dans les entrepriſes guerrières (enſeignes, armoiries & autres ſignes de ralliement, puiſés dans la nature). L'eſprit philoſophique de l'ère moderne ne tarda pas à exercer ſon influence ſur le choix de ces ſignes & de ces ſymboles. Si les Croiſades avaient fait naître les *Deviſes* qui accompagnaient les armoiries, le xvıᵉ ſiècle mit en faveur les *Emblèmes* ingénieux & quelquefois obſcurs où chacun prétendit exprimer ſon caractère, ſes tendances individuelles. Ce goût, très-répandu en France ſous Henri IV & Louis XIII, & dont on trouve encore des traces au commencement du ſiècle dernier, fit éclore une foule de productions artiſtiques ſous forme de ſceaux, de médailles, de recueils, &c. Nous commençons dès aujourd'hui la reproduction des *Emblèmes* de Camillo Camilli, gravés par *Girolamo Porro* de Padoue, élève d'Énée Vico, & édités à Veniſe en 1586, par F. Ziletti, ſous le titre de : *Impreſe illuſtri di diverſi*. Ce recueil ſe compoſe de plus de cent pièces à entourages très-ingénieux & reproduiſant les emblèmes des principaux ſeigneurs italiens de cette époque.

可以说，装饰艺术在反映整个时代的面貌上有着巨大优势，不论是从最合理的方式、表达、习俗还是特征方面来看。

从远古时期开始，人类就寻找外部的符号用以在仪式中区分己方和对方（如服装、横幅等）；同样，在战争活动中（如纹章、旗帜，或者其他来源于自然的集结标志）也是如此。近代的哲学精神在人们选择这些符号和象征的时候，很快发挥了其影响作用。如果说十字军东征催生了与纹章相伴的格言，那么16世纪深受人们喜爱的那些徽章，尽管有时候有些晦涩难解，但是人人都装作其表达了自己的性格和个人倾向。这种品位，在亨利四世和路易十三统治时期的法国非常常见；即便是在上世纪初期大量的图章、书籍纹样上也可以发现。

今天的图片是卡米洛·卡米利（Camillo Camilli）的作品《徽章》的复制品，由来自帕多瓦的吉罗拉莫·波罗（Girolamo Porro）所刻，他是埃内亚·维科（Aeneas Vico）的学生。这些徽章图样由吉列缇（F. Ziletti）于1586年在威尼斯出版，名为《名种杰出的格言》，里面收集了上百种巧妙地椭圆形图案边饰，来源于那个时期意大利王公贵族们的徽章。

The decorative art has the advantage of ſhowing, as we may ſay, in the moſt ſenſible manner, the expreſſion, the habits and the character of whole an epoch.

From the remoteſt times, men were obliged to ſeek exterior ſigns to diſtinguiſh themſelves one from another in ſolemnities (coſtumes, banners, &c.), and alſo in warlike actions (armorial bearings, flags, and other rallying ſigns borrowed from nature). The philoſophical ſpirit of the modern era ſoon exerciſed its influence on the ſelection of theſe ſigns and ſymbols. If the Cruſade gave birth to *mottoes* which accompanied the armorial bearings, the ſixteenth century favoured *emblems* which were ſometimes obſcure, but in which every one pretended to expreſs his diſpoſition and individual tendency. That taſte, very general in France during the reigns of Henri the fourth and Louis the thirteenth, and which is yet been found in the beginning of the laſt century, diſcloſed a quantity of artiſtical productions under the ſhape of ſeals, medals, books with figures (collections), &c.

We begin to-day the reproduction of *Camillo Camilli's Emblems* engraved by *Girolamo Porro* of Padua, pupil of Æneas Vico. Theſe emblems had been publiſhed at Venice, in the year 1586, by F. Ziletti, under the title of *Impreſe illuſtri di diverſi*. That collection is formed of more than one hundred pieces with ingenious borders (cartouchs), giving the emblems of the principal Italian grandees of that epoch.

Première Année.　　　　　　　　　　　　N° 3.　　　　　　　　　　　　15 Février 1861.

L'ART·POUR·TOUS

ENCYCLOPÉDIE
DE·L'ART·INDUSTRIEL·ET·DÉCORATIF
Paraissant le 15 et le 30 de chaque mois
M. ÉMILE REIBER, ARCHITECTE
Directeur-Fondateur.

BUREAUX à PARIS　　8. R. VIVIENNE
Librairie Morel & Cie

Abonnement annuel :
Pour toute la France : 18 fr. — Pour l'Étranger,
même prix, plus les droits de poste variables.

Pour toutes demandes d'abonnements,
réclamations, etc., s'adresser aux Bureaux du Journal,
13, Rue Bonaparte, à Paris.

XVIᵉ SIÈCLE. — ÉCOLE FRANÇAISE (HENRI III).　　　　　　ORFÉVRERIE. — CORTÈGES.
FOND DE COUPE
PAR
J.-A. DUCERCEAU.

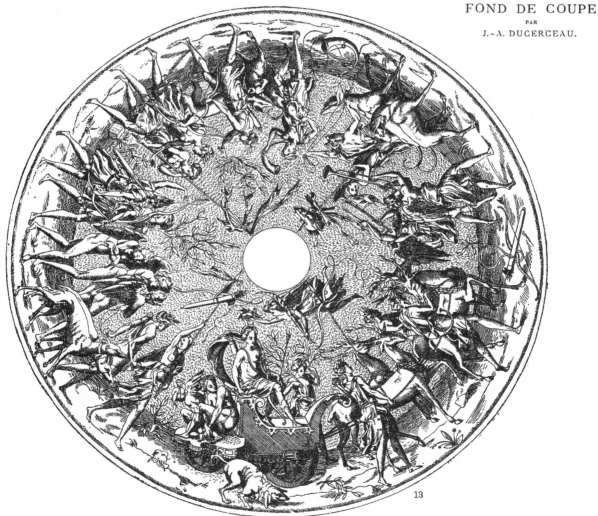

13

Jacques-Androuet DUCERCEAU mérite à juste titre une des
places les plus distinguées parmi cette pléiade d'artistes dont la
France s'honora dans le cour du xvie siècle.

Faute d'espace, qu'il nous suffise de rappeler aujourd'hui
qu'il fut successivement l'architecte de quatre rois de France, &
qu'il fut chargé de constructions importantes au nombre desquelles ne figurent ni la galerie des Tuileries qui longe la Seine,
ni le Pont-Neuf, travaux qu'on lui attribue à tort, & qui furent
exécutés sous Henri IV, par Jean-Baptiste Ducerceau, le fils. —
Habile dessinateur et graveur plein de talent, Androuet produisit
une quantité innombrable de compositions ravissantes, qu'il gravait à l'eau-forte dans les moments de répit que lui laissaient ses
travaux de construction.

La planche que nous donnons & dont le sujet est : Diane
triomphant de Vénus et de l'Amour, est une des plus rares & des
plus recherchées de son œuvre ; elle fait partie d'une suite de
cinq composition de Fonds de Coupes dont nous compléterons
plus tard la série. (Fac-simile.)

雅克·安德鲁埃·迪塞尔索（Jacques Androuet
Ducerceau）是 15 世纪文艺复兴时期法国著名的建筑设
计师和装潢师。

他历经法国四朝国王，在亨利四世和亨利五世的统
治下，他的儿子让·巴普提斯·迪塞尔索（Jean Baptist
Ducerceau）被委任建造了塞纳河畔杜伊勒里宫走廊和
和新桥。雅克·安德鲁埃是杰出的设计师和天才的雕刻家，
闲暇时间，他创作雕刻并留下了大量的作品。

本页所示的插图，主题是"黛安娜（Diana）战胜
维纳斯（Venus）和丘比特（Cupid）"，这一主题在他
的作品中非常罕见。这幅插图展示的是一组五个作品中
的一个，后面我们将会展示这个系列的其他作品。（摹本）

Jacques Androuet DUCERCEAU deserves one of the most distinguished places among the numberless artists of whom France
can boast during the cours of the sixteenth century.

It is enough to recall to-day that he was successively architect of four kings of France, and that he was confided with important constructions among which neither the gallery of the
Tuileries running along the Seine, nor the Pont-Neuf are to be
placed ; these works having not been accomplished by him, but
archived under ther eign of Henry the Fourth by Jean Baptist
Ducerceau, his son. — A remarkable designer, a talented engraver, Androuet produced an innumerable quantity of beautiful compositions which he etched during the leisure-hours his
constructions left him.

The plate which we give here to-day, the subject of which
is Diana triumphing over Venus and Cupid, counts among the
most rare and most estimated of his works. The aforesaid plate
is a part of a set of five compositions representing Grounds for
Cups and Ewers. We shall give the complete series. (Fac-simile.)

La variété qui doit faire le principal caractère de notre publication nous dispense d'avoir à observer l'ordre chronologique dans les sujets que nous reproduisons. Nous commençons dès aujourd'hui la série des *Costumes* en donnant un spécimen des modes françaises vers le milieu du règne de Louis XVI. Ces ajustements, reproduits d'après un croquis original du temps, nous paraissent assez caractéristiques pour pouvoir servir de type de transition entre l'élégance et l'afféterie de ceux de la fin du règne de Louis XV et l'exagération de ceux du Directoire.

多样性，是本书的一个必要特征，也是本书不按照年代排序展示作品的一个缘由。本页展示的服装样本是一件路易十六末期的法式裙装。这些裙装是当时原版素描稿的复制品，体现了从路易十五末期优雅矫揉风格向后期夸张风格转变的一系列丰富特征。

The variety, which must necessarily be the principal character of our publication, exempts us from the obligation of maintaining the chronological disposition in the drawings we are reproducing. We begin to-day the series of the *Costumes* and give a specimen of the French dressing at the end of the reign of Louis the Sixteenth. Those dresses, reproduced from an original sketch of that time, seem to us sufficiently characteristical to become a type of transition from the elegance and the affectation of those at the end of the reign of Louis the Fifteenth to the exaggeration of those durinh the period of the Directory.

LE LIVRE DES IMPÉRATRICES ROMAINES

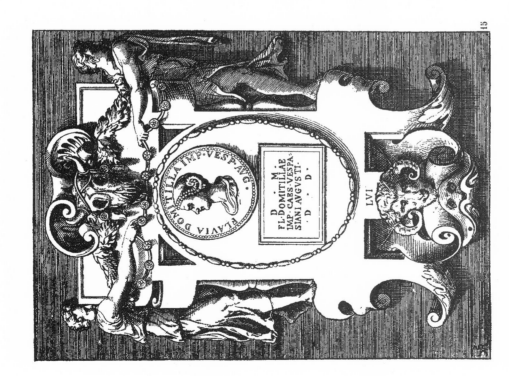

弗莱维娅·多米蒂拉（Flavia Domitilla），是弗拉维乌斯·利贝拉里斯（Flavius Liberalis）之女，一名公务员，年轻时就被送往非洲作为人质，以抵消她父亲欠一位罗马爵士的钱债。她恢复自由后，嫁给弗拉维乌斯·维斯帕先（Flavius Vespasian），维斯帕先后来成为罗马皇帝。她育有三个孩子，提图斯（Titus）、图密善（Domitian）和多米提拉（Domitilla）。

FLAVIA DOMITILLA, fille de Flavius Liberalis, simple fonctionnaire, fut, jeune encore, envoyée comme otage en Afrique pour une grande somme d'argent que son père y devait à un chevalier romain. Rendue à la liberté & affranchie, elle épousa Flavius *Vespasien*, qui depuis fut empereur. Il eut d'elle Titus, Domitien & Domitilla.

FLAVIA DOMITILLA, daughter of Flavius Liberalis, a functionary, was sent when still young in Africa to serve as a hostage for a certain sum of money her father owed to a Roman knight. When liberty was given to her by affranchisement, she married Flavius *Vespasian* who was afterwards emperor. She had three children, Titus, Domitian, and Domitilla.

图中所展示的女性为多米提拉，去世时非常年轻。她死后，罗马皇帝维斯帕先和提图斯授予她神圣的荣耀。她的黄金塑像被放在一辆凯旋的车上，也被画进马戏团里。有一些青铜纪念章上面也印上了她的肖像，但是这些如今来买卖在是很稀储。

DOMITILLA, fille de la précédente, mourut jeune. A sa mort, Vespasien & Titus lui rendirent les honneurs divins. Une statue d'or à son image fut traînée au milieu du cirque sur un char de triomphe, & des médailles de bronze furent frappées à son effigie. Ces médailles sont devenues très-rares.

DOMITILLA, daughter of the above mentioned, died very young. After her death, Vespasian and Titus conferred on her the divine honours. A golden statue representing Domitilla was placed on a triumphal car and drawn in the circus. Some bronze medals were stamped to her effigy, but these are now very scarce.

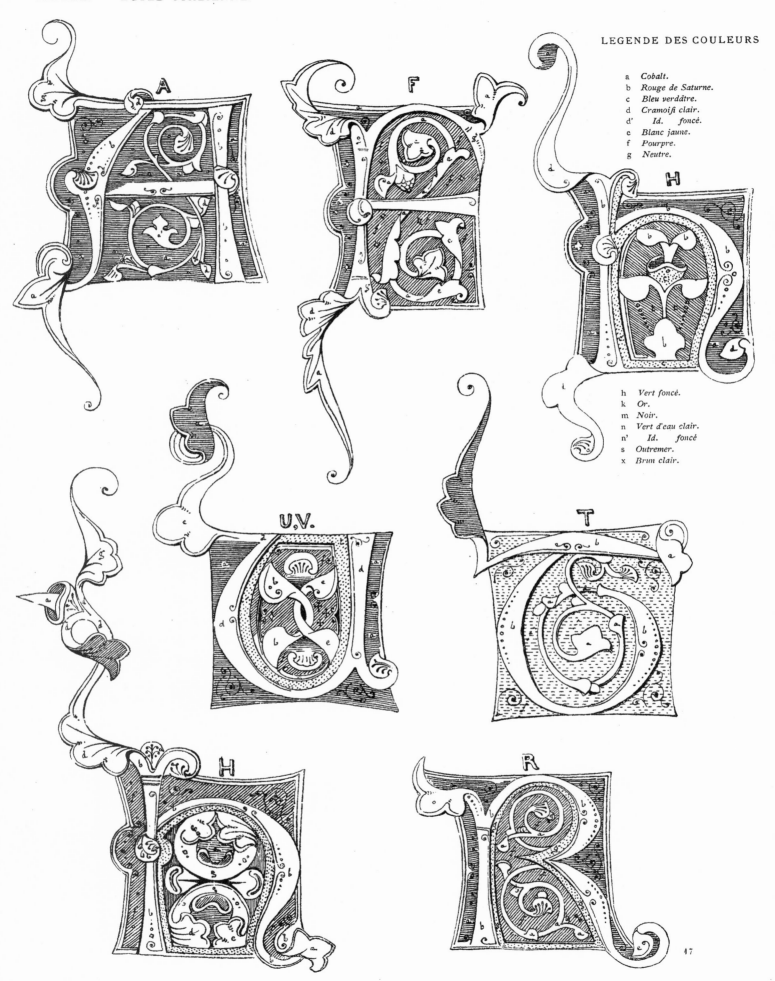

a   Cobalt.
b   Rouge de Saturne.
c   Bleu verdâtre.
d   Cramoifi clair.
d'   Id.   foncé.
e   Blanc jaune.
f   Pourpre.
g   Neutre.

h   Vert foncé.
k   Or.
m   Noir.
n   Vert d'eau clair.
n'   Id.   foncé
s   Outremer.
x   Brun clair.

Tirées d'un manufcrit d'une bibliothèque conventuelle de la ville de *Maffa-Mcrittima*, ces majufcules témoignent de l'état avancé de l'art de la Calligraphie italienne au XIᵉ fiècle. Nous regrettons de ne pouvoir les donner avec les couleurs brillantes qui les rehauffent; mais ces fimples croquis fuffiront pour donner une idée de la variété des formes et de la richeffe de la compofition.

这些大写字母，来自于马萨马里蒂马城修道院图书馆的一份精美的手稿，直观地展示了 11 世纪意大利花体字的高深。我们十分遗憾未能复制下它们美妙的颜色，希望这些手稿能够让读者感受到字母形状的多样性和作品的丰富性。

Thefe capital letters, taken from a fine manufcript of one of the city of *Maffa Marittima's* conventual library, fhow plainly how advanced was Italian Calligraphy during the eleventh century. We regret not being able to reproduce them with their brilliant colours. Thefe fketches will be fufficient we hope, to give an idea of the varied fhapes of the letters and of the richnefs of the compofition.

Première Année. N° 4. 28 Février 1861.

L'ART·POUR·TOUS

ENCYCLOPÉDIE
DE·L'ART·INDUSTRIEL·ET·DÉCORATIF
Paraissant le 15 et le 30 de chaque mois
M. ÉMILE REIBER, ARCHITECTE
Directeur-Fondateur.

Abonnement annuel :
Pour toute la France : 18 fr. — Pour l'Étranger,
même prix, plus les droits de poste variables.

Pour toutes demandes d'abonnements,
réclamations, etc., s'adresser aux Bureaux du Journal,
13, rue Bonaparte, à Paris.

XVIᵉ SIÈCLE. — ÉCOLE FLAMANDE.   MEUBLES. — TABLES
PAR VREDMAN VRIESE.

Peintre, architecte, sculpteur & poëte, *Joannes Vredman* furnommé *Vriese* (le Frifon), fut un des artiftes les plus féconds de fon époque. Il fut contemporain, émule & grand admirateur de notre *J. Androuet Ducerceau*, qu'il appelle le *Vitruve de fon temps*, dans un fonnet écrit en langue flamande & par lui placé comme *Avertiffement au lecteur discret* dans le *Livre des cinq ordres d'Architecture* de fon ami l'ingénieur *Hans van Schille* (Anvers, Gérard de Jode, 1575).

On a de *Vriese* un grand nombre de compofitions architecturales, perfpectives, jardins, puits & fontaines, &c. *Théodore & Corneille Galle*, ainfi que *Jérôme Cock*, ont gravé fes œuvres. Son livre de *Meubles*, dont nous donnons une planche, eft devenu fort rare; nous y puiferons largement. (*Fac-fimile.*)

约翰尼斯·弗莱德曼（Joannes Vredman）姓弗里塞，（Vriese，弗里斯兰人）是一位画家、建筑家、雕刻家和诗人，也是同时期非常高产的艺术家。他和雅克·安德鲁埃·迪塞尔索（J. Androuet Ducerceau）为同时期的人，对安德鲁埃·迪塞尔索的才华十分钦佩。在弗拉芒语的《十四行诗》里，他称安德鲁埃是他那个时代的维特鲁威（Vitruvius），收录在《五本建筑订单》一书中，由他的朋友翰·范·席勒（Hans van Schille）所著［安特卫普，杰勒德·德·约德（Gerard de Jode），1575 年］。

弗里塞留下了建筑作品、景观、花园、井和喷泉等等。特奥多鲁斯（Theodorus）和科尼利厄斯·加勒（Cornelius Galle）以及希罗尼穆斯·柯克（Hieronymus Cock）雕刻了他的作品。他关于家具的书，我们从中选出了上图中的作品（摹本），非常珍稀。我们常常从中得到借鉴。

Joannes Vredman furnamed *Vriese* (native of Friesland) was a painter, an architect, a fculptor and a poet, as well as one of the moft fertile artifts of his epoch. He was contemporary to *J. Androuet Ducerceau* and had an enthufiaftical admiration for his talent. He calls Androuet the *Vitruvius of his time*, in a fonnet written in the Flemifh language and by him placed as a *Notice for difcreet readers* in the *Book of the five architectural orders* compofed by his friend the engineer *Hans van Schille* (Antwerp, Gerard de Jode, 1575).

Vriefe has left a great quantity of architectural compofitions, views, gardens, wells, fountains, &c. *Theodorus* and *Cornelius Galle* with *Hieronymus Cock* have engraved his works. His book on *Furniture*, of which we give a plate (*fac-fimile*), has become exceedingly rare. We will often borrow from it.

49

Pierre Collot, architecte français, florissait sous le règne de Louis XIII. Sa vie est peu connue. A l'imitation des grands artistes du siècle précédent, il a laissé, sous le titre de : *Pièces d'Architecture*, &c., une série d'inventions de cheminées, portes, &c., gravées à l'eau-forte d'une manière naïve, & que nous donnerons au complet. Elles ont paru en 1633, chez le graveur flamand *Van Lochom*, qui était venu s'établir à Paris, comme éditeur d'estampes.

Un de nos prochains numéros donnera le frontispice de cette collection, qui est un dessin de cheminée. (*Fac-simile.*)

皮埃尔·科洛（Pierre Collot），路易十三时期法国建筑家。他的一生鲜为人知。根据这一时代早期伟大的艺术家们的风俗，他创作了许多建筑小品、一系列壁炉架、门等模型，我们将会在后面给予展示。这些模型由佛兰德雕刻家范·洛赫姆（Van Lochom）于 1633 年发表，他居住在巴黎，是一位邮票编辑。

本书后面一篇将展示藏品的扉画，是一幅壁炉的图样。（摹本）

Pierre Collot, a French architect, prospered under the reign of Louis the Thirteenth. His life is scarcely known. According to the custom of the great artists living in the precedent century, he composed under the title of *Architectural pieces*, &c., a set of models for mantel-pieces, doors, &c., which series we shall give complete. These models were published in the year 1633, by the Flemish engraver *Van Lochom* who had established himself in Paris, as an editor of stamps.

One of our next numbers will give the frontispiece of the collection, which represents a Fire-place. (*Fac-simile.*)

XVIᵉ SIÈCLE. — ÉCOLE FRANÇAISE.

PANNEAU
DE LA GALERIE DE FRANÇOIS Iᵉʳ
AU PALAIS DE FONTAINEBLEAU.

20

Nous étant propofé, dans notre programme, de rendre compte des publications artiftiques contemporaines, nous donnons aujourd'hui un *fpécimen* des remarquables planches dont l'enfemble formera la *Monographie du palais de Fontainebleau.* Cette Monographie eft publiée fous la direction de M. R. Pfnor, architecte-graveur.

La peinture du panneau ci-deffus eft due au *Roffo* (Maître Roux), fur la vie & les œuvres duquel nous aurons à revenir. Le deffin eft au dixième de l'exécution.

正如在这个项目所传达的，我们的目的在于，对出版物中的每个艺术品都一一说明。本篇插图展示给读者的是一件来自枫丹白露宫专论中的样本。这本专论由鲁道夫·帕诺赫（R. Pfnor）先生指导出版，他是一位建筑家和雕刻家。

图中所见的这块镶板，由罗索（Rosso）绘制完成，他的生平和作品我们将会在后面提到。这一幅展示的插图仅有原图的十分之一大小。

Our object, as expreffed in our programme, being of giving an account of every artiftical contemporary publication, we prefent to our readers a *fpecimen* of the remarkable plates which fhall form the *Monography of the palace of Fontainebleau.* This monography is publifhed under the direction of Mr *R. Pfnor*, an architect and engraver.

The panel, which can be feen here, was painted by the *Roffo*, on the life and works of whom we fhall certainly fpeak in a fhort time. Our drawing is reduced to the tenth part of the original.

对于我们的读者来说，能看到本页插图中的刺绣作品，是非常幸运的事。这些刺绣是路易十三统治时期的作品，源于其稀有性，能够把它归入我们的藏品行列也是十分有价值的。我们未能找到设计它们的主人。

这些图案是用来给刺绣做纹样的，因此就解释了其稀有性，也解释了这种工艺消失的原因。

像这样的装饰花纹、背景纹样、镶嵌珠宝、雕刻、压花革、女红等给当时工业艺术带来的影响是毋庸置疑的。（摹本）

We confider as a piece of good luck for our readers the plates of *embroideries* compofed under the reign of Louis the Thirteenth, and which we have been able to form into a fmall collection as valuable as it is rare. We have no notion whatever as to the name of the mafter-embroiderer who compofed them.

The fcarcity of thefe models is eafily explained by the fact that they were created to be ufed as *patterns* by thofe who executed the embroideries. This operation was of courfe the caufe of originals' annihilation.

It is ufelefs to indicate how advantageous thefe beautiful difpofitions for ftuffs of every defcription, grounds, inlaid jewelry, chifelling, emboffed leather, ladies works &c., may prove to contemporary induftrial arts. (*Fac-fimile.*)

Nous donnons aujourd'hui, comme une bonne fortune, à nos lecteurs, des reproductions de quelques planches de *broderies* du temps de Louis XIII, dont nous avons pu réunir une collection précieuse au double titre de la rareté de ces pièces & de l'élégance & de la variété des dispofitions.

Nous n'avons aucune donnée fur le nom du maître brodeur auquel on doit les attribuer. Ce qui en explique la rareté, c'eft que ces modèles ont été faits pour fervir de *patrons* à ceux qui exécutaient ces broderies, opération qui devait amener la deftruction des originaux.

Inutile d'indiquer à l'art induftriel contemporain l'excellent parti à tirer de ces belles dispofitions pour étoffes de toutes natures, fonds, nielles d'orfévrerie & de cifelure, cuirs repouffés, ouvrages de femmes, &c. (*Fac-fimile.*)

Première Année.   N° 5.   15 Mars 1861.

L'ART·POUR·TOUS

ENCYCLOPÉDIE
DE · L'ART · INDUSTRIEL · ET · DÉCORATIF
Paraissant le 15 et le 30 de chaque mois
M. ÉMILE REIBER, ARCHITECTE
Directeur-Fondateur.

Abonnement annuel :
Pour toute la France : 18 fr. — Pour l'Étranger, même prix, plus les droits de poste variables.

Librairie Morel & Cie

Pour toutes demandes d'abonnements, réclamations, etc., s'adresser aux Bureaux du Journal, 13, Rue Bonaparte, à Paris.

XVIIᵉ SIÈCLE. — ECOLE FRANÇAISE (LOUIS XIV).   BORDURES — CADRES
PAR
JEAN LEPAUTRE.

Plate drawn from a fet of *Frames and Borders* of *J. Lepautre* (p. 5); it reprefents three parts of borders for frames, ornamented with medallions.

The upper part is intended for the lower portion of a fquare frame with rounded concave angles; the middle one is likewife for the low part of an octagonal frame. The inferior defign reprefents the fuperior pediment of a frame or panel with rounded convex corners.

本页所示插图来自约翰·勒坡特 (J. Lepautre) 的《边框与边饰》（参见第 5 页）；图中展示了 3 种边框花纹，其中还镶嵌有圆形浮雕。

最上面的部分取自一个方形框架的底部，是一个圆形的凹的角度；中间的部分同样，但来自于一个八边形框架的底部。最底部的图案展示的是一个三角形画框或者镶板的一部分，饰以圆形凸角的花纹。

24

Planche tirée d'une fuite *D'encadrements & Bordures* de *J. Lepautre* (p. 5); elle repréfente des portions de trois bordures diftinctes de cadres à médaillons.

Le deffin du haut de la planche eft deftiné à la partie baffe d'un cadre carré à angles arrondis concaves; celui du milieu, *également* à un bas de cadre carré à pans coupés : le deffin inférieur repréfente l'amortiffemeut fupérieur d'un cadre ou panneau à coins arrondis convexes.

我们承认对于伟大的15世纪表示同情，它见证了人类天才最杰出的表现之一。它虽然缓慢，但在它的过程中却不断进步，它似乎不时地停下来，但总是从遥远的间隔中，从它的活力和不断上升的进程中获得辉煌的证明。

中世纪时期是研究和阐述的时代之一。僧侣们默默地劳作，准备了这些材料，将材料塑造成自己的模样。艺术的复兴完美地体现了这种新精神。从此，没有讨论，没有抽象。美术有了人的灵性：它是被现代灵感注入生气的古物。通常，中世纪的传统已经存在，并且滋养了新的发展。

因此，当印刷术开始的时候，人们就开始努力复制这些精美的手稿，用大写字母和彩饰画来装饰它们，这是在查理大帝统治下和十字军东征之后，从东方吸纳引进的。

精美的卷首插画、丰富的花边、花体字母、印刷符号（徽章和箴言）、考究的铜版印刷插图，所有这些，一点点地增加了书籍的装饰，使装饰的艺术得到了发展。

艺术复兴的精神赋予了艺术家们更多创作的自由，让他们对作品吐露心声。

我们已经看到了让·古戎（J. Goujon，参见第6页）本人与法国印刷商的合作。

在这一页，我们展示了那个时代意大利艺术的一件很好的范本。它充分证明了艺术家对他们所实践的艺术的尊敬和热爱。

这件作品虽然以最大可能的简单地完成，但却让人想起了大师们的宏伟意图。

我们可以观察到作者是如何用天才地描绘出美丽的轮廓并使之与边框的内部完美融合，托起底部的箴言，和椭圆形浮雕中描绘贡扎格的家族纹章。纹章的两旁，一侧是狩猎女神黛安娜（Diana），另一侧是战神玛尔斯（Mars）。

西班牙菲利普二世的徽章，看起来似乎是在作品顶部状似圆形的垂饰上。这本书是一部骑士风格的诗篇，体现了当时的品位，1582年由贾科莫·拉斐内罗（Giacomo Ruffinello）出版。（摹本）

IL FIDO AMANTE·
POEMA EROICO,
DI CVRTIO GONZAGA, FIGLIVO
LO DI LVIGI DELL'ANTICHISSIMA CASA
DE' PRENCIPI DI MANTOVA·

Con Priuilegio della Santità di N. Signore & della Maestà del Rè Catolico per Napoli, per Sicilia, & per Milano, & di tutti gli altri Prencipi d'Italia. per anni dieci.

IN MANTOVA.

Nous avouons hautement nos sympathies pour ce grand XVIᵉ siècle qui fut le témoin d'une des plus brillantes expansions du génie de l'humanité. Lente mais progressive dans sa marche, celle-ci semble se recueillir parfois pour donner, à des intervalles souvent éloignés, des preuves éclatantes de sa vitalité & de sa marche toujours ascendante.

La période du moyen âge fut une de ces époques d'étude, d'élaboration. Les travaux des moines préparèrent dans le silence des cloitres les éléments qui devaient bientôt se formuler en principes, & les arts de la *Renaissance* représentent parfaitement cet esprit nouveau. Alors plus d'abstractions, plus de discussion. L'art devient humain & vivant : c'est toute l'Antiquité animée du souffle moderne ; souvent même la tradition du moyen âge subsiste & fournit matière à de nouveaux développements.

Ainsi l'imprimerie à ses débuts s'efforça de donner à ses produits l'aspect de ces beaux manuscrits ornés de majuscules & de miniatures, si en faveur depuis leur importation d'Orient sous Charlemagne & à la suite des Croisades. — De beaux frontispices, de riches entourages, des lettres ornées, les marques des imprimeurs (emblèmes & devises), de belles planches gravées sur bois, &c., vinrent peu à peu augmenter les ressources que prêtait au développement du goût l'ornementation des livres.

L'esprit de la Renaissance donna plus de liberté aux compositions des artistes de talent chargés de ces sortes de travaux.

Nous avons vu (page 6) J. Goujon lui-même se prêter au concours que lui demandaient les imprimeurs français.

Nous donnons ici un beau spécimen de l'art italien de cette époque ; il témoigne surabondamment de l'amour passionné & du respect des artistes de ce grand siècle pour les arts qu'ils cultivaient.

La composition, quoique rendue avec la plus grande simplicité, rappelle l'ampleur magistrale des œuvres de nos maîtres. — Nous ferons remarquer avec quel art la belle ligne des Fleuves couchés vient relier le contour inférieur du cadre portant l'inscription avec le riche cartouche portant les armes de Gonzague & ayant pour tenants la Diane chasseresse d'un côté, de l'autre le dieu Mars accompagné de l'Amour. — Le cartouche supérieur paraît être aux armes de Philippe II d'Espagne. — Le livre, poème chevaleresque dans le goût du temps, a paru à Mantoue en 1582, chez *Giacomo Ruffinello*. (Fac-simile.)

We confess all our sympathies for this grand sixteenth century, which was the witness of one of the most brilliant expressions of human genius. Slow, but progressive in its course, it appears to stop now and then, but always gives from distant intervals splendid proofs of its vitality and ever ascendant course.

The middle age period was one of these epochs of study and elaboration. The silent labours of the monks prepared the materials which soon were to shape themselves into principles. The *revival of arts* represents perfectly well this new spirit. Thenceforth no discussions, no abstraction. The fine arts become human, vital : it is Antiquity animated by modern inspiration. Often enough, the middle age tradition exists and furnishes new developments.

Thus, printing, when it began, endeavoured to copy the appearance of these fine manuscripts ornamented with capital letters and miniatures, which were so much in favour ever since their importation from Orient, under the reign of Charlemagne and after the crusades. — Fine frontispieces, rich borders, ornamented letters, printers' tokens (emblemes and mottoes) handsomely engraved plates : all these, little by little, increased the resources which the ornamentation of books lent to the development of state.

The spirit of the revival of arts gives more liberty to the compositions of talented artists confided with works of that kind.

We have seen (page 6) J. Goujon himself co-operate with the French printers.

We give here a fine specimen of the italian art at that epoch. It proves superabundantly the respect and passionate love of the artists living in the great century for the fine arts they practised.

The composition, though achieved with the greatest possible simplicity, recalls the majestic way of the masters. — We will observe with what talent the beautiful outlines of the reclining Rivers unite the interior part of the border, bearing the inscription, with the rich medaillon on which is the emblazonry of the Gonzague family and which has for supporters the huntress Diana on one side, and the god Mars with Cupidon the other. — The armorial bearings of Philip the second of spain are, it seems, on the upper medallion. — The book, a chivalrous poem, in the taste of the time, was published in Mantua in the year 1582 by *Giacomo Ruffinello*. (Fac-simile.)

26

Outre la collection de *grands vaſes* (p. 7), nous poſſédons auſſi d'*Enée Vico* quelques planches curieuſes repréſentant des deſſins de *Candélabres* ou *Flambeaux* en grandeur d'exécution, compoſitions inſpirées de l'antique et auxquelles le burin de l'artiſte a ſu donner un caractère original. Ces planches ne portent point de date ; mais le caractère particulier des ornements de la partie ſupérieure du chandelier ci-deſſus fait bien voir que ce deſſin n'a pu être compoſé que vers les dernières années de la vie du maître. (*Fac-ſimile.*)

除了本书第 7 页展示的作品《大器皿》(参见第 7 页) 之外，我们还收藏有埃内亚·维科（Aeneas Vico）其他一些奇特的作品插图。包括与实物同尺寸的画作、枝形大烛台和蜡烛台。这些作品，以古物为灵感，被雕刻艺术家赋予不同寻常的风格。本页所展示的插图作品，日期不明，但是枝形烛台上部的装饰特点明确地反映出这件作品属于大师晚期的创作。（摹本）

Beſides his collection of *Great Vaſes* (p. 7) we poſſeſs alſo a few curious plates by *Æneas Vico*. They conſiſt in drawings for *candelabrums* or *candleſtiks* of execution ſize. Theſe compoſitions, which were inſpired by antiquity, have received from the artiſt's graver an unuſual ſtyle. The plates we ſpeak of are undated, but the character of the Chandelier's upper ornaments cleary indicates that it was compoſed towards the end of the master's life. (*Fac-ſimile.*)

P. E. Babel, architecte & graveur, élève de *J. F. Blondel*, voua principalement fon burin élégant à l'illuftration des livres d'art (vignettes, têtes de pages, culs-de-lampe, &c.) ornements qu'il deffinait avec facilité. Ceux-ci sont empruntés au *Vignole* ou *Règles des cinq ordres*, de *Jombert* (in-4°).

巴贝尔（P. E. Babel），建筑师、雕刻家，师从布隆德尔（Blondel），将其奉为标杆，并以此为启发运用于艺术书籍中（蔓藤花饰、页眉、尾花等）。图中所展示的纹样，来自于维诺乐（Vignole）或是让贝赫特（Jompert）的《五本建筑订单》。

P. E. Babel, an architect and an engraver, pupil of *Blondel* confecrated his elegant graver principally to the illumination of artiftical books (vignettes, titles of pages, lamp-ftands) which ornaments he drawed with great facility The prefent ones are taken from the *Vignole* or *Statutes* *the five architectural orders*, by *Jompert* (in-4°).

Première Année.   Nº 6.   30 Mars 1861.

50 centimes le Nº

L'ART·POUR·TOUS

ENCYCLOPÉDIE
DE · L'ART · INDUSTRIEL · ET · DÉCORATIF
Paraissant le 15 et le 30 de chaque mois
M. EMILE REIBER, ARCHITECTE
Directeur-Fondateur.

BUREAUX à PARIS   18. R. VIVIENNE

Librairie Morel & Cie

Abonnement annuel :
Pour toute la France : 12 fr. — Pour l'Étranger,
même prix, plus les droits de poste variables.

Pour toutes demandes d'abonnements,
réclamations, etc., s'adresser aux Bureaux du Journal,
18, rue Vivienne, à Paris.

XVIIIᵉ SIÈCLE. — ÉCOLE FRANÇAISE (LOUIS XV).   DÉCORATIONS INTÉRIEURES.
DESSUS DE PORTE,
PAR DE LA JOUE.

de la Joüe in.   Huquier sculp.

33

Les sujets de pêche & de chasse font ordinairement les frais des décorations des Salles à manger. Aussi ces sujets ont-ils été traités avec la plus grande variété. Le *Dessus de porte* que nous donnons, & dont la composition heureuse rachète les négligences du dessin, fait voir le bon effet de quelques lignes architecturales dans cette catégorie de peintures.

Composition de *De la Joüe* (vers 1765), gravure de *Huquier*. — (Fac-simile.)

餐厅中最常见的装饰主题莫过于展现渔猎之趣了。因此，现存的大量作品都是表达这一主题的。这幅门楣上的装饰作品，是一幅简洁优雅的画作，体现了建筑师们对于上述这一主题的把握。

德·拉·朱莉（De la Jolie），约 1765 年创作；休齐耶（Huquier）雕刻。（摹本）

For Dining-rooms, the most frequent decorations are subjects taken from fishing and hunting. For that reason there exists a great quantity of these compositions. The *top part of a door*, which we give, and on which an elegant composition atones for the negligence of the drawing, shows the fine effect produced by a few architectural lines in subjects of that kind.

Composition by *De la Joie* (towards 1765), engraved by *Huquier*. — (Fac-simile.)

Nous commençons aujourd'hui par une des planches de *Pilaſtres ioniques* (pl. 18 de la première édition, pl. 100 de la deuxième), la reproduction de l'Œuvre, ſi important au point de vue décoratif, de *Wendelin Dietterlin,* peintre & graveur à l'eau-forte (né à Straſbourg en 1550, mort en 1599). Cette planche eſt tirée de ſon *Ordonnance des cinq colonnes,* livre dont la rareté, & l'eſpèce d'engouement dont il a été l'objet dans ces derniers temps nous font un devoir de pourſuivre avec aſſiduité la réimpreſſion. — *(Fac-ſimile.)*

本页所示的作品是爱奥尼亚式壁柱的图样，身为画家、雕刻家的文德林·迪特林（Wendelin Dietterlin），用硝酸制作的再版（18世纪首次出版，20世纪再版）。他1550年生于法国斯特拉斯堡，死于1599年。这幅作品选自他的《五柱布局》。这本书非常珍贵，因此我们有责任努力将其再版。（摹本）

We begin to-day, with one of the drawings of *Ionian pilaſters* (18ᵗʰ plate of the firſt edition, 100ᵗʰ of the ſecond), the re-printing of the important, what concerns the exornation, Works of *Wendelin Dietterlin,* painter and engraver with aqua fortis. Born at Straſburgh in 1550, he died in 1599. This drawing is chooſed out of his *Ordonnance of the five columns,* which book has become rare and has latterly been the objeĉt of a kind of infatuation ; therefore we ſhall conſider as a duty for us to continue with aſſiduity its reprinting. — *(Fac-ſimile.)*

Le Potre fecit cum privil.

La préfente planche fait partie, dans l'œuvre de *J. Lepautre* (p. 5, 17), d'une fuite de *fix Grandes Cheminées*, & fa compofition paraît convenir à un cabinet d'étude ou à une bibliothèque.

La décoration générale de la pièce fe compofe de panneaux de tapifferie encadrés par de fortes moulures dont l'enfemble forme un lambris de hauteur ; le tout, compris la cheminée, paraît devoir être exécuté en chêne fculpté. Cette difpofition donne beaucoup de févérité à un intérieur.

Le cadre de la cheminée contient un fujet de peinture ; le motif du cartouche en fonte formant contre-cœur eft l'enlève-ment de Proferpine. — *(Fac-fimile.)*

这幅作品来自吉约翰·勒坡特（J. Lepautre），是六个大壁炉系列作品之一，看起来像是为书房或者藏书室设计创作的壁炉作品。

这个房间的布置由带挂毯的嵌板构成，嵌有大型铸模，有橡木雕刻而成的炉壁。这样的布置给室内装饰以庄严朴素之感。

壁炉的框架上有一系列绘图，上面的图章由铸铁制成，构成了烟道的背景，描绘了"抢掠普罗塞尔皮娜（Proferpina）"。（摹本）

This drawing belongs, among the works of *J. Lepautre,* to a feries of *fix great Fire places,* and its compofitions feem to fuit a ftudy-room or a library.

The general fcenery of this room confifts of pannels with tapeftry, inferted in large mouldings, the whole of which forms a high lining. It appears that the whole, with the chimney, they ought to execute it in fculptured oak-wood. This arrangement gives a great feverity to an interior.

The frame of the chimney contains a fketch of drawing ; the medallion, made of caft iron, which forms the chimney-back, reprefents the rape of Proferpina. — *(Fac-fimile.)*

Juftus, Joft or Hiobft *Amann* (or Ammon), a defigner, a painter on glafs, an etcher and an engraver on wood, born in Zurich in 1539, died in the year 1591 in Nuremberg where he had eftablifhed himfelf towards the year 1560. He applied himfelf principally to the illumination of books, and produced an enormous quantity of wood-engravings of which the greater part was ufed for the ornamentation of the numerous works publifhed by the celebrated *Siegmund Feyerabend*, in the city of Francfort on the Mayn.

Among thefe books, which are generally all great curiofities, the *Book of War*, by Leonhard Fronfperger, 1578, is to be found. It is very interefting on account of the German military coftumes of the end of the fixteenth century and alfo of the rich borders with which the artift ufually ornamented all his compofitions.

The firft of our plates reprefents a colonel and two fergeants performing a round through the camp; the fecond, a main body of cavalry marching forth. — (*Fac-fimile.*)

36

Joffe (Juft, Joft ou Hiobft) *Amann* ou Ammon, deffinateur, peintre-verrier, graveur à l'eau-forte & fur bois, né à Zurich en 1539, mort en 1591 à Nuremberg où il f'était établi vers 1560. Il f'adonna principalement à l'illuftration des livres, & produifit une quantité énorme de gravures fur bois, dont la majeure partie fervit à l'ornementation des nombreux ouvrages qu'éditait le fameux *Siegmund Feyerabend*, à Francfort-fur-le-Mein.

Au nombre de ces livres, généralement tous très-curieux, fe trouve le *Livre de Guerre* de *Léonard Fronfperger*, 1578, intéreffant au point de vue des coftumes militaires allemands de la fin du XVIᵉ fiècle, & des entourages riches & variés dont l'artifte avait l'habitude d'orner toutes fes compofitions.

La première de nos planches repréfente un colonel accompagné de deux fergents, faifant la ronde au camp; la feconde, un gros d'élite de cavalerie en marche. — (*Fac-fimile.*)

贾斯特斯（或若斯特，约布斯特）·阿曼（或阿蒙，Justus, Jost or Hiobst Amann or Ammon），设计师、玻璃画家、蚀刻师、木雕雕刻师，1539年生于瑞士苏黎世，1591年逝于德国纽伦堡，成名于1560年。他主要创作了书籍的插图和大量的板画，其中大部分用于装饰著名的西格蒙德·费耶阿本德（Siegmund Feyerabend）的许多作品，发表于法兰克福市。

在这诸多珍贵的书籍当中，莱昂哈德·弗朗斯伯格（Leonhard Fronsperger）写于1578年的《战争之书》特别值得一提。这本书非常有趣，其中有关于16世纪末期德国军队的制服和大量作者常用的装饰花边等内容。

本篇的第一幅插图描绘一名上校和两位士官在营地巡视；第二幅插图表现的是骑兵大部队正在行军。（摹本）

37

Première Année. N° 7. 15 Avril 1861.

50 centimes le Numéro

L'ART·POUR·TOUS

ENCYCLOPÉDIE
DE · L'ART · INDUSTRIEL · ET · DÉCORATIF
Paraissant le 15 et le 30 de chaque mois

ÉMILE REIBER, ARCHITECTE
Directeur-Fondateur

Abonnement annuel :
Pour toute la France, 12 fr.
Pour l'Étranger, même prix, plus
les droits de poste variables.

Pour toutes demandes
d'abonnements, réclamations, etc.
s'adresser au Bureau du Journal,
18, rue Vivienne, à Paris.

XVIᵉ SIÈCLE. — ÉCOLE FLAMANDE.　　ENTOURAGES. — NIELLES,
PAR THÉODORE DE BRY.

Le préfent entourage, à cadre intérieur ovale, fert de *paffe-partout*, avec quelques autres de compofition analogue, à une fuite de fujets de l'Ancien Teftament, gravés par *Pierre van der Borcht* (école d'Anvers).

Cette intéreffante pièce appartient trop évidemment à l'école de *Théodore de Bry* pour que nous n'ayons pas penfé à y intercaler trois pièces d'orfévrerie ou *Nielles* de ce maître. Nous aurons fouvent l'occafion de revenir, & fur les *Nielles*, & fur les confciencieux travaux des maîtres orfévres-graveurs du XVIᵉ fiècle. (*Fac-fimile.*)

这种环绕式的装饰，中间有一个椭圆形的框架，通常用作画框（可移动的边框），正如同一些其他类似的作品，这些素描作品选自《圣经·旧约》，出自雕刻师彼得·范德·波士特（Peter van der Borcht）之手（安特卫普学派）。

这幅引人注意的插图明显属于特奥多尔·德·布里（Theodor de Bry）的风格，因此我们认为作品中嵌入了3片金或乌银制品。我们后面会再次把15世纪杰出的金匠雕刻家的珐琅装饰和竞兢业业的精神展现出来。（摹本）

This furrounding exornation, with an interior oval frame, is ufed as a *paffe-partout* (moveable border), with any others of fimilar compofition, to a feries of hiftorical fketches felected in the old Teftament and engraved by *Peter van der Borcht* (School of Antwerp).

This interefting piece evidently belongs to the manner of *Theodor de Bry*; therefore and of courfe we have thought we muft infert therein three pieces of goldfmith- or niello-works, made by this mafter. We fhall frequently have the opportunity of perpending again the enamelled ornaments and the confcientious labours of the eminent engravers of goldfmith-works in the fixteenth century. (*Fac-fimile.*)

ENSEMBLES DE DÉCORATIONS INTÉRIEURES.

CHAMBRE DE PARADE, PAR CONTANT.

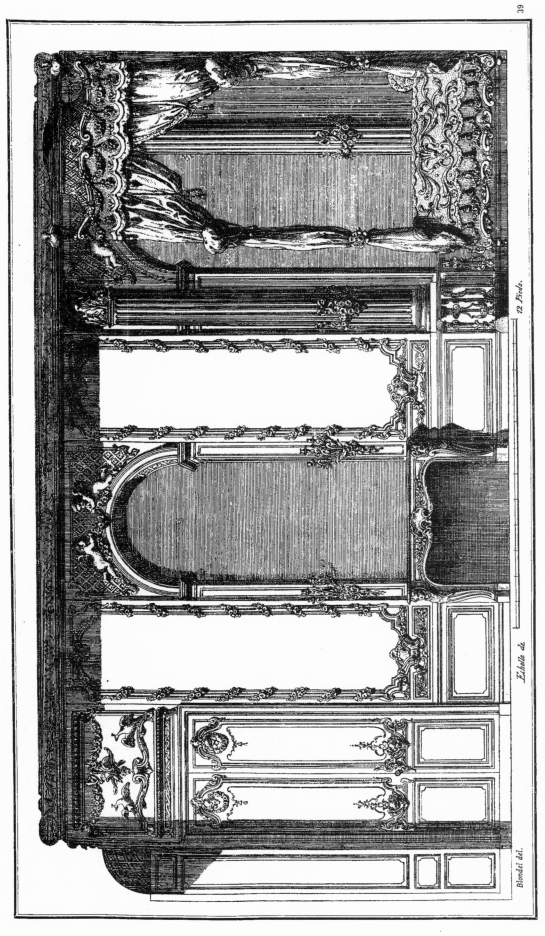

Blondel del.

Echelle de.

12 Pieds.

39

L'ufage des *Chambres de parade* devait fon origine aux goûts faftueux de la cour de Louis XIV. Les principes d'égalité proclamés par la Révolution française, & les grands avertiffements donnés aux rois depuis cette époque, femblent avoir complètement profcrit l'ufage de ces fortes d'appartements, en ramenant les princes & les grands à des goûts de fimplicité dans leur vie privée.

Les *Chambres de parade* fe diftinguaient des chambres à coucher ordinaires en ce que le lit était féparé de la chambre par une baluftrade accompagnée de colonnes. Il était de règle que la forme de la chambre fût oblongue, & telle, que l'efpace entre les croifées (auxquelles le lit faifait face) & la baluftrade fût carré. C'eft là que fe tenait la foule des courtifans admis au *petit* ou au *grand lever* du roi. La décoration ordinaire de cet efpace était un lambris de hauteur avec cheminées, glaces & portes d'accès. Le pourtour intérieur de l'alcôve était tendu d'étoffes de prix, femblables à celles du lit & des meubles, avec lambris d'appui dans le bas.

Nous avons choifi pour modèle la chambre de parade des appartements de l'ancienne ducheffe d'Orléans au Palais-Royal, dont la belle ordonnance était due au fieur Contant, architecte du roi Louis XV. Nous donnerons ultérieurement l'élévation du *Lit de parade*, ainfi que le plan de toute la pièce, afin d'offrir un fpécimen complet de ces fortes de décorations.

The cuftom of *State Rooms* owed its origin to the gorgeous taftes of Louis the fourteenth's court. The principles of equality which were proclaimed by the French Revolution, and the terrible warnings given to kings fince that period, feem to have completely profcribed the cuftom of thefe forts of apartments, and to have brought back kings and princes to fimplicity in their private life.

The *State Rooms* diftinguifhed themfelves from all others by the baluftrade with pillars which feparated the bed from the reft of the room. According to a rule, the room was oblong, and fo built, that the fpace between the windows (oppofite which was the bed) and the baluftrade, was fquare. It was there the courtiers admitted to witnefs the *King's levee* placed themfelves. The ordinary decoration of that fpace was an elevated wainfcoat with mantel pieces, looking glaffes and doors of admittance. The interior circumference of the alcove was hung up with the fame valuable ftuff which covered the bed and the furniture; panellings were alfo to be feen on the lower part of that fpace.

We have chofen as a model the *difplay room* of the former duchefs of Orleans at the Palais-Royal. The beautiful ordonnance of thefe apartments is owed to *Contant*, the architect of Louis the fifteenth. We will fubfequently give the elevation of the *difplay bed*, as well as the plan of the whole piece, in order to offer a complete fpecimen of thefe forts of decorations.

起居室的习俗来源于易于路易十四时期宫廷的华丽品位。法国大革命所宣场的平等原则，以及自那以后给予国王的可怕警告，似乎完全摒弃了这种华丽风格寓所的习俗，并使得国王和王子们私人生活简朴化。

起居室的房间与其他房间的区别在于，起居室的房间用柱子把床和房间其他部分的空间分隔开。依照规矩，房间是长方形的，按照这样建造。窗户（在床的对面）与栏杆之间的起居，就在那里，大臣们承认见证了国王的起居。那个空间的普通装饰是一个带有高大镶板的壁炉架，还有带通道装饰的门。墙壁的内围挂着与床和家具上的饰品同样贵重的装饰物，在这个空间的下半部分可以看到嵌板。

我们选择了前奥尔良公爵夫人昔日藏的展出室作为范例，这些房间漂亮的布置都归功于路易十五时期的建筑师孔唐（Contant）。随后，我们将展示床的正面图以及整个作品的平面图，以便提供这些装饰物的完整样本。

Les arts décoratifs d'un pays ne font pas feulement l'expreſ-
fion de fa civiliſation, mais auſſi de fon climat, dont l'influence
fur les mœurs eſt ſi conſidérable. Auſſi voit-on dans les pays du
Nord certaines parties de l'habitation offrir des développements
bien plus complets que dans les pays méridionaux. Telles ſont
les *Cheminées*, partie du logis que les Italiens ont
peu développée ; tels ſont ces vaſtes *amortiſſements* (pignons, &c.) accuſant la pente d'un toit, très-inclinée pour l'é-
coulement des eaux dans les climats pluvieux, & de la décoration deſquels les artiſtes du Midi n'ont jamais eu à ſe préoccuper.
C'eſt dans la vallée du Rhin ſurtout (*Architecture du Palatinat*)
& dans les Flandres que ces ſortes de décorations exercèrent
l'imagination des artiſtes. — La planche que nous donnons, tirée du *Livre des Lucarnes de Vrieſe* (p. 13), donne quatre motifs différents de ces ſortes de couronnements de façades, ainſi
que pluſieurs motifs variés d'arrangements d'angles. (*Fac-ſimile.*)

一个国家的装饰艺术不仅是其文明的表现，也是气
候的表现，它对风俗有相当大的影响。因此，在北方国家，
住宅的某些部分要比南部国家发达得多。像这样的烟囱，
意大利人的房子就相对使用较少。在多雨的气候下，大
量的山形墙和三角楣饰，形成有坡度的倾斜屋顶，有利
于让雨水流动下来，南方的艺术家们就不会使用这样的
装饰。在莱茵河流域（帕拉帕德的建筑）和佛兰德的那
些装饰中，艺术家们发挥了最大的想象力。我们在这里
给出的插图，是从弗里塞（Vriese，参见第 13 页）的《梦
想家》一书中选取的，包含了四个不同冠状屋顶的例子，
还有几个不同的视角。

The decorative arts of a country are not only the expreſſion
of its civilization, but alſo of the climate, which has a conſi-
derable influence on the cuſtoms. Thus it is that in northern
countries certain parts of the reſidences are much more deve-
loped than in ſouthern countries. Such are the *chimneys*, of
which the Italians have comparatively but little occupied themſelves with. In rainy climates there are vaſt *pediments* (ga-
bles, &c.) ſhowing the ſlope of an inclined roof, for the flowing
of waters, the decoration of which has never preoccupied
ſouthern artiſts. In the valley of the Rhine (*Palatinate's Architecture*) and in Flanders thoſe kind of decorations, exert the
moſt the imagination of artiſts. The plate we give here, which
is taken from the book of *Dromers by Vrieſe* (p. 13) contains
four different examples of theſe *Crownings of forefronts* and
alſo ſeveral models of arrangements of angles.

Voir p. 36 (9ᵉ Nᵒ) la partie complémentaire du *rapport de longueur*, avec la notice des couleurs. (*Inédit.*)

请参见第 36 页第 9 篇完整编织图的相对长度，以及关于颜色的描述。（未发表）

See (p. 36, Nᵒ 9) the completing part of the relative length of the woven drawing, and an account on the colours. (*Unpublished.*)

Première Année.

N° 8.

30 Avril 1861.

L'ART · POUR · TOUS

ENCYCLOPÉDIE
DE · L'ART · INDUSTRIEL · ET · DÉCORATIF
Paraissant le 15 et le 30 de chaque mois

ÉMILE REIBER, ARCHITECTE
Directeur-Fondateur

Abonnement annuel :
Pour toute la France, 18 fr.
Pour l'Étranger, même prix, plus
les droits de poste variables.

Pour toutes demandes
d'abonnements, réclamations, etc.
s'adresser aux Bureaux du Journal,
13, rue Bonaparte, à Paris.

XVIIIᵉ SIÈCLE. — ÉCOLE FRANÇAISE.

CADRE DE GLACE
PAR J.-F. BLONDEL.

COURONNEMENT DE CHEMINÉE ORNÉE D'UN TABLEAU

Dessein de la traverse d'en bas

Echelle de ━━━━━━━━━━ 4 Pieds

42

雕刻家、绘图员、建筑学教授詹姆斯·弗朗西斯·布隆德尔（James Francis Blondel）是著名的布隆德尔（Blondel）的侄子，他是圣德尼门的建筑师，出版了几本关于他所实践的艺术作品的书。1737 年，他撰写了一部杰出的《建筑装饰论》（参见第 2 卷第 4 篇）专著，是那个轻浮的时代最严肃和最清晰的艺术书籍之一，我们经常会从中借鉴。举例来说，这幅画是一幅构图和一件雕刻作品。我们似乎没有把注意力集中在这一小块作品的优雅简洁上。（摹本）

他的《法国建筑》（参见第 4 卷），500 个铜板插图构成，首次出版于 1751 年，是那个时期兼科学性、历史性和延续性于一体的杰作。他也是《建筑学讲座》（参见第 6 卷和第 3 卷第 8 篇）的作者，这也是他在艺术学院开设的一门课程。他的学生和接班人帕特（P. Patte）继他之后发表了这本实用性著作的最后一卷。

James Francis Blondel, an engraver, a draftsman and a profeſſor of architecture, nephew of the *celebrated Blondel*, the architect of the *porte Saint-Denis*, publiſhed ſeveral works on the particular arts he practiſed. In *1737*, he compoſed a remarkable *Treatiſe on the decoration of buildings* (2 vol. in-4°) one of the moſt ſerious and clear artiſtical books of that frivolous epoch. We will often borrow plates from it. This one, as for inſtance, is a compoſition and an engraving of the maſter. We deem it uſeleſs to call the attention on the graceful ſimplicity which belongs to this little piece. (*Fac-ſimile.*) — His *French architecture* (4 vol. great in-fol.), illuminated with 500 copper-plates, and which firſt appeared in *1751*, is a ſcientifical and at the ſame time hiſtorical and typographical monument. He is alſo the author of *Lectures on Architecture* (6 vol. and 3 vol. of plates in-8°, *1771*), which is a ſort of recapitulation of the leſſons of his *School of Arts*. His pupil and ſucceſſor *P. Patte* continued and publiſhed the laſt volumes of this uſeful work.

Jacques-François Blondel, deſſinateur, graveur & profeſſeur d'architecture, neveu du *grand Blondel*, l'architecte de la porte Saint-Denis, publia pluſieurs ouvrages ſur la branche des arts qu'il cultivait. — En *1737* parut de lui un remarquable *Traité de la décoration des édifices* (2 vol. in-4°), un des ouvrages d'art les plus ſérieux & les plus purs de cette époque frivole, & auquel nous emprunterons ſouvent de remarquables planches. Celle-ci, qui en eſt tirée, eſt une compoſition & une gravure du maître. Inutile de faire reſſortir la gracieuſe ſimplicité qui fait le charme de cette petite pièce. (*Fac-ſimile*). — Son *Architecture françoiſe* (4 vol. gr. in-fol.), illuſtrée de 500 planches en taille-douce, & qui vit le jour en *1751*, eſt un monument ſcientifique, hiſtorique & typographique à la fois. Enfin ſon *Cours d'Architecture* (6 vol. & 3 vol. de planches in-8°, *1761*) réſume ſes leçons profeſſées à ſon *École des arts*. Son élève & ſucceſſeur *P. Patte* continua & acheva de faire paraître les derniers volumes de cet utile ouvrage, auquel nous avons déjà emprunté la planche 30 (n° 7).

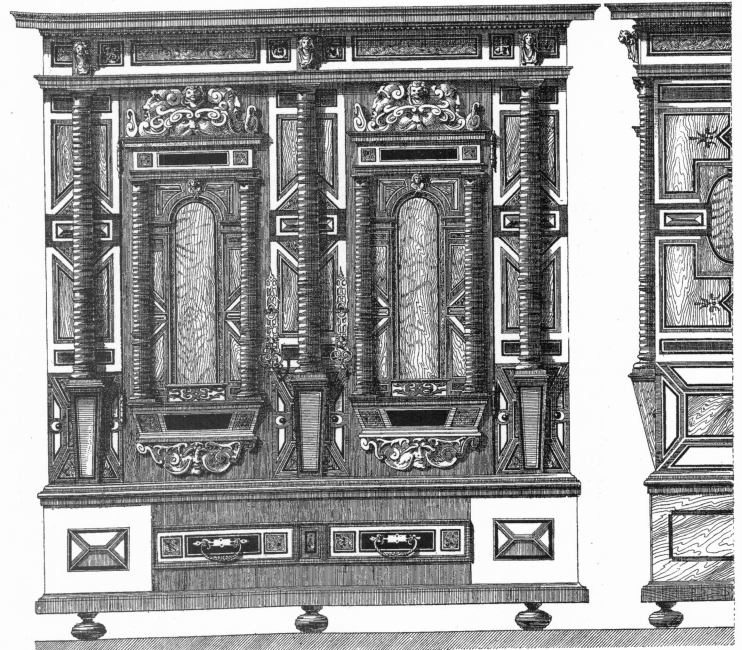

44

Ces fortes de meubles font encore de nos jours extrêmement communs dans la vallée du Rhin : c'est le type le plus répandu que nous avons choifi, fauf à donner plus tard des échantillons plus purs. Les bois employés pour le travail de marqueterie font l'ébène, l'érable, le frêne, le chêne (moulures), le châtaignier, la ronce d'orme, plaqués sur panneaux de fapin ; la fculpture fur tilleul. Nous donnons le détail de trois chiffres différents de la date 1664 que porte la frife. Profondeur de l'armoire 0ᵐ,58. — Réduit au dixième de l'exécution. — Collection de M. R. B. (Inédit.)

这种家具至今仍在莱茵河流域很常见，我们选择了最本土、最常见的一些样式，但我们将在后面绘出更为典型的样本。这些用于绘制方格图案的不同木材分别是黑檀木、枫木、白蜡木、橡木、栗木、榆木等，嵌入冷杉木面板当中。条状的木材主要用于雕刻。我们特别给出了 1664 年的 3 种不同的图案，可以在带状装饰物上看到。图案纹章的深度规格是 58，缩小到实物的十分之一。藏品属于 R. B. 先生。（未编辑）

This kind of furniture is, ftill to-day, very common in the valley of the Rhine; we have chofen the moft vulgar of thefe models, but we fhall give in a fhort time purer samples. The different woods ufed for checkerwork are ebony-wood, maple-wood, afh-wood, oak-wood (mouldings), cheftnut-wood, elm-brambles plated on panels of fir-wood. The line-tree is chiefly for fculpture. We give the particulars on the three different ciphers of the date 1664, which can be feen on the frieze. Depth of the armorial bearing 0ᵐ,58; reduced to the tenth of execution fize. Collection belonging to Mr. R. B. (Unedited.)

45

Cette pièce, une des plus caractéristiques de l'œuvre de *Jean Bérain*, & gravée à Augsbourg fous les yeux de l'artifte pendant fon exil qui fuivit la révocation de l'édit de Nantes, eft le deffin d'une de ces grandes Tapifferies dont on avait alors l'habitude de tendre les parois des appartements de réception.

Le motif eft une *Paftorale* avec mife en fcène théâtrale ; le théâtre arrangé en baldaquin, les acteurs, la place des muficiens, les loges des fpectateurs, &c., font indiqués avec goût ; une grande harmonie & une belle filhouette font le mérite de cette compofition. (*Fac-fimile.*)

这是让·贝朗（Jean Berain）的诸多作品中最具特色的作品之一，贝朗亲自负责雕刻于奥格斯堡。在那个时期，随着南特敕令的撤销，他与其他许多人一起被放逐。以上的设计是一件伟大的挂毯，按照习俗应该被悬挂于接待室的墙壁上。

这件挂毯图案的主题是剧院里演绎牧歌的场景。画面里有华盖形式的舞台，有演员、音乐家的位置，观众包厢等等，彰显了艺术家的品位。整体的和谐和精致的轮廓是这件作品的主要亮点。（摹本）

This piece, one of the moft characteriftical of *Jean Berain's* works, was engraved in Augsburg under the eyes of the artift himfelf. He was at that period banifhed, with many others, by the revocation of the edict of Nantes. The above is the defign of one of thefe great tapeftries with which it was the cuftom to hang up the walls of reception apartments.

The fubject is a *Paftoral* difpofed as a theatrical fcene. The ftage of a canopy form, the actors, the place for muficians, the boxes for fpectators, &c., &c., are taftefully indicated. A general harmony and a fine filhouette are the principal beauties of this compofition. (*Fac-fimile.*)

46

Cherubino Alberti (le Chérubin), un des graveurs les plus diftingués de l'école romaine, reproduifit par le burin les peintures décoratives de la *Chapelle Sixtine* (Michel-Ange) & de la *Farnéfine* (Raphaël). On a de lui une férie de *Vafes* d'après *Polidore Caravage*. Il fut fur la fin de fa vie éditeur d'eftampes & grava quelques compofitions de figures décoratives avec une liberté de burin fort remarquable, mais d'un travail quelquefois trop lâche. — Mort vers 1620. — La figure ci-deffus eft dédiée par fes héritiers au cavalier Pozzo.

凯鲁比诺·阿尔贝蒂(Cherubino Alberti,《切尔布》) 是罗马学派最杰出的雕刻家之一，他的雕刻作品是罗马 西斯廷教堂［米开朗基罗（ Michael Angelo）］和法尔 内西纳［拉斐尔（ Raphael）］的装饰画。他留下了一 系列波吕多洛斯卡拉瓦乔风格的花瓶。在其生涯晚期， 他把自己定位为一名版画雕刻师，并雕刻了几件装饰画 作品，但却被忽视了。他于 1620 年去世。
他的继承人把这件作品献给了骑士波佐（ Pozzo）。

Cherubino Alberti (the Cherub), one of the moft diftinguifhed engravers of the Roman fchool, reproduced with the graver the decorative paintings of the *Sixtine Chapel* (Michael Angelo) and of the *Farnefina* (Raphael). He has left a feries of *vafes* in the ftyle of *Polydorus Caravaggio*. Towards the end of his life he eftablifhed himfelf as an engraver of prints, and engraved feveral compofitions of decorative figures with a very remarkable eafinefs of execution, but fometimes in a fomewhat negleƈted manner. He died in 1620. — His inheritors dedicated the prefent figure to the cavalier Pozzo.

Première Année.

Nº 9

15 Mai 1861.

L'ART·POUR·TOUS

ENCYCLOPÉDIE
DE·L'ART·INDUSTRIEL·ET·DÉCORATIF
Paraissant le 15 et le 30 de chaque mois

M. ÉMILE REIBER, ARCHITECTE
Directeur-Fondateur.

BUREAUX à PARIS — 13, R. VIVIENNE

Librairie Morel & Cie

Abonnement annuel :
Pour toute la France : 18 fr. — Pour l'Étranger,
même prix, plus les droits de poste variables.

Pour toutes demandes d'abonnements,
réclamations, etc., s'adresser aux Bureaux du Journal,
13, Rue Bonaparte, à Paris.

XVIᵉ SIÈCLE. — ÉCOLE FLAMANDE.

PUITS
PAR VREDMAN VRIESE

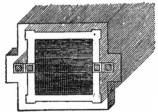 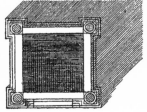 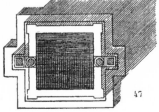

La férie des *Puits & Fontaines* tient une place importante dans l'œuvre de *V. Vriefe* (p. 13, 40). Nous en extrayons, en les complétant, les trois compofitions ci-deffus, auxquelles nous avons joint les croquis des plans, qui expliqueront suffifamment la difpofition des fupports du couronnement.

Faifons remarquer le grand parti que l'Induftrie contemporaine pourra tirer de ces deffins pour de nouvelles combinaifons de cheminées, panneaux, enfembles et détails de meubles, portes, &c. (*Fac-fimile.*)

水井和喷泉系列作品在弗里塞（V. Vriese）的作品中占有重要的地位（参见第13页）。这3幅作品都取自其中。我们已经完成并且加上了作品的草图以充分展示井口部分的形状和设计。

我们希望大家更多关注当代工业与烟囱、镶板、家具、门等设计的结合及其带来的益处。（摹本）

The feries of *Wells* and *Fountains* holds an important place in the work of *V. Vriefe* (p. 13, 40). Thefe three compofitions are taken from it. We have completed them and added the fketches of the plans which will explain fufficiently the difpofition of crowning bearers.

We call the attention on the great profit which contemporary Induftry could find for new combinations of chimneys, panels, furniture, doors, &c. (*Fac-fimile.*)

48

Le goût des guirlandes, des panaches & des *draperies* torme un des caractères faillants de l'époque qui précéda la Révolution française. Assurément le règne de Louis XVI dut être l'âge d'or des tapissiers. L'architecture elle-même ne put échapper à la contagion ? la frise extérieure du Panthéon à Paris en est un exemple. — La comparaison de notre *Lit à la Polonaise* avec la p. 10 (*Modes de la même époque*) fait voir les liens intimes qui unissent le *Costume* avec l'*Ameublement*. Composition de *Ranson* (p. 4); gravure de *Berthault*. (*Fac-simile*.)

在法国大革命之前，人们对花环、羽毛和帷幔的喜好是那一时期最显著的特征之一。路易十六统治时期毫无疑问是装潢商们的黄金时代。建筑本身也无法不受到这一风潮的影响。巴黎万神殿的外饰就是一个例子。

本页展示的波兰风格的床和第 10 页（那个时期的时尚），展示了将帷幔与家具结合在一起的亲密纽带。作品来自朗松（Ranson，参见第 4 页）；由贝尔托（Berthault）雕刻。

The taste for garlands, plumes, and *draperies* is one of the most striking characteristicals of the epoch which preceded the french Revolution. The reign of Louis the sixteenth must have surely been the golden age of upholsterers. Architecture itself could not escape the contagion. The exterior frieze of the Pantheon, in Paris, is an example of what we fay. — The comparison between our *Bed à la Polonaise* and the 10th page (*Fashions* of that period) shows the intimate bonds uniting *the Costumes* with *the Furniture*. Composition by *Ranson* (p. 4); engraving by *Berthault*. (*Fac-simile*.)

CARROSSERIE.
COCHE ROYAL
PAR J. ANDROUET DUCERCEAU.

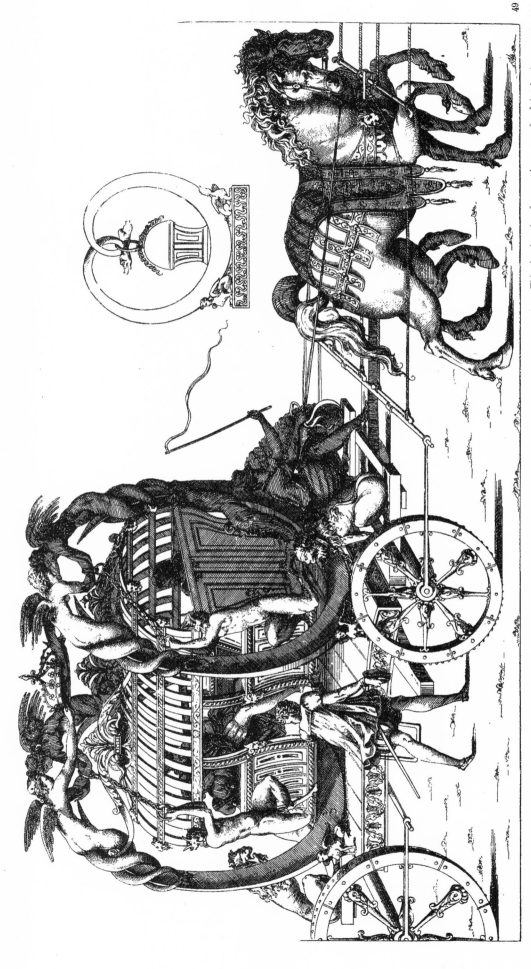

49

XVIᵉ SIÈCLE. — ÉCOLE FRANÇAISE.

Cette pièce, curieuse à plus d'un titre, eſt tirée d'un ouvrage du plus haut intérêt artiſtique & ſcientifique. Nous voulons parler du *Théâtre des Machines de J. Beſſon* (Lyon, Horace Cardon, 1579) in-fol, & illuſtré de 60 gravures donnant les deſſins détaillés d'un pareil nombre de machines & engins.

La diverſité que juſqu'ici l'on a cru remarquer dans la manière dont ces planches ſont traitées, les a fait attribuer à pluſieurs artiſtes anonymes. Nous pouvons fixer tous les doutes à cet égard. La longue étude que nous avons faite de la *manière de* notre inimitable *J. A. Ducerceau* (p. 9) et l'examen attentif du livre, nous ont démontré juſqu'à l'évidence que *toutes les Planches qui compoſent cet ouvrage* (la 51ᵉ ſeule exceptée) *ſont de la main du Maître.* Les différences d'aſpect proviennent de l'emploi, pour pluſieurs d'entre elles, du *burin*, dont l'artiſte n'avait pas une grande habitude et qu'il a dû délaiſſer bientôt pour le procédé plus expéditif de l'*eau-forte.* Heureux de pouvoir fournir aux amateurs nouveaux pour le crowning, nous publierons inceſſamment d'autres *fac-ſimile* puiſés dans cette intéreſſante collection.

Quant à notre *Carroſſe*, qu'il nous ſuffiſe d'appeler l'attention de nos lecteurs ſur le mode de ſuſpenſion à la fois ingénieux & naïf de ce véhicule, ainſi que ſur la manière logique dont la décoration reſſort de la conſtruction même. Le double croiſſant qui ſert de *berceau* à toute cette machine, & qui fournit un ſi beau motif de couronnement, rappelle le chiffre de Diane de Poitiers. La petite figure jointe à la planche eſt un croquis de la même conception, avec arrangement plus ſimple. (*Fac-ſimile.*)

This piece is curious for more than one reaſon. It is taken from a work which offers the higheſt artiſtical and ſcientifical intereſt. We ſpeak of *J. Beſſon's Theatre of machines* (Lyons, Horatio Cardon, 1579) in folio and illuminated with more than 60 engravings which give the details of the ſame number of engines or machines.

The diſſimiltude which has been till now obſerved in the ſtyle of execution of theſe plates, has cauſed them to be attributed to ſeveral anonymous artiſts. We can diſpel all doubts on that ſcore. A long ſtudy on the ſtyle of our inimitable *J. A. Ducerceau* (p. 9) and an attentive ſurvey of the book has proved to us obviously that *all the Plates which compoſe the work* (the 51ˢᵗ excepted) *are by the Maſter's own hand.* The difference of aſpect is occaſioned by the uſe of the *graver* to which the artiſt was not accuſtomed and which he relinquiſhed for the more expeditious proceſs of *Et-ching.* We are happy to preſent new elements of intelligent purſuit to modern amateurs, and we will ſoon publiſh other *fac-ſimile* drawn from this intereſting collection.

As to our *Coach,* we only call the reader's attention on the ſuſpenſion of the vehicle which is at the ſame time ingenious and ſimple. The decoration ſeems to be a natural conſequence of the conſtruction. The double creſcent which ſtands as *cradle* to the whole machine and which furniſhes ſuch a beautiful motive for the crowning, reminds us of Diana de Poitiers' emblem. The ſmall figure accompanying the plate is a ſketch of the ſame conception with a plainer arrangement. (*Fac-ſimile*).

这是一件不同寻常的作品，说其不同寻常，有以下几点原因。它来自于一件具有极高艺术性和科学吸引力的作品。当我们论及雅克·贝松（J. Besson）的《机械剧场》〔里昂，霍拉肖·卡东（Horatio Cardon），1579 年〕的时候，就是在于此。书中刊载着六十多张版画，刻画了各种引擎和机械部件的细节。然而由于不同之处在于，里面收录有六十多张版画，刻画了各种引擎和机械部件的细节。

迄今为止，人们认为这些版画在制作手法上的多样性使得它们被认为出自数位匿名艺术家之手。我们可以消除所有的疑问。我们对风格独一无二的雅克·安德鲁埃·迪塞尔（J. A. Ducerceau，参见第 9 页）的长期研究和那本书的细致调查，已经很明确地证实了那些作品（第 51 号作品除外）都是由大师亲手创作的。不同之处在于使用了艺术家不习惯的刻刀，而他为了更快速的蚀刻过程而放弃了刻刀。我们很乐意向现在的艺术爱好者展示这些新的元素，而且我们将很快推出这个收藏集里的其他摹本。

关于本页展示的这辆马车，我们只希望读者注意它的悬挂系统，这个悬挂设计巧妙而又简洁。它的装饰根据车的结构构成了车的设计自然而为之。一对新月状的装饰构成了车的支架，与车顶的装饰交相辉映，格外漂亮，这种设计让我们想起了戴安娜·瓦捷（Diana de Potier）的徽章表饰。图片右上部处的图形是同一设计概念下朴素版的造型。

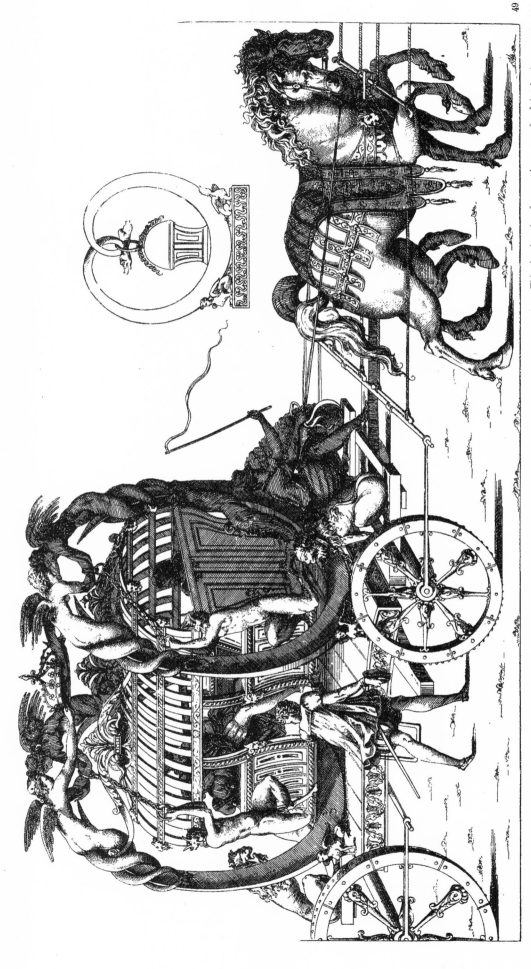

· 35 ·

L'élégance & l'originalité de la difpofition, la beauté du deffin, nous ont engagé à donner en grandeur d'exécution cette étoffe, qui eft une *Soierie de Tenture* de l'époque de la Régence. Le rapport de *largeur* eft indiqué fuffifamment par notre deffin : la préfente planche complète, avec la p. 28, le rapport de *longueur*.

Couleurs. — L'étoffe eft blanche à fond fatiné, ce qui donne à celui-ci, au *reflet*, un ton gris de lin foncé ; — difpofition inverfe au *contrereflet*, les maffes de fleurs fe détachant alors en vigueur fur fond blanc fatiné. Les contours des grandes fleurs, les branches & petits feuillages en vert émeraude foncé (ton noir du deffin) ; les contours des grappes de petites fleurs en bleu foncé (contour noir), l'intérieur broché de bleu clair ; — ou en vermillón pur (contour gris) broché de rofe clair. La valeur bleue domine dans l'effet général. — Coll. de M. E. Reiber. (*Inédit.*)

气质优雅，创意新颖，设计美观，使我们想要在本页的插图中展示这样一幅作品，这是一件摄政时期的丝绸幔帐。我们的图充分显示了作品的幅面，图片完整展现了作品，第 28 页描述了作品的长度。

关于颜色，这件作品的图案是白色的，亚麻灰色调缎面的底子。大簇大簇的花纹在白色织缎的底子上舒展开，与亚麻灰底地形成了强烈鲜明的对比。大花的轮廓、树枝和小树叶都是翠绿色的（在我们的插图中是黑色的色调）；小花簇的轮廓是深蓝色的（黑色的轮廓），内部是淡蓝色的，或是朱红色（灰色轮廓）配以浅桃红色。整幅作品中，蓝色占了主导。藏品属于瑞博先生（E. Reiber）。（未编辑）

The elegance and originality ot the difpofition, the beauty of the defign, has induced us to give in execution fize this ftuff, a *Silk hanging* of the epoch of the Regency. The *breadth* is fufficiently indicated by our drawing : the prefent plate completes, with the page 28, the ftatement of *length*.

Colours. — The ftuff is white with a fatin ground which gives to the *reflection* a dark gridelin tone. This effect is inverted by the *oppofite reflect* ; the heaps of flowers detach themfelves vigoroufly on a white fatin ground. The outlines of the large flowers, the branches and fmall foliage are dark emerald green (black tone in our drawing) ; the contours of the clufters of fmall flowers are dark blue (black outline), the interior figured with pale blue ; — or pure vermilion (grey contour) figured with pale pink. Blue predominates in the general effect. — Coll. of Mr. E. Reiber. (*Unedited.*)

Première Année.   Nº 10.   31 Mai 1861.

L'ART·POUR·TOUS

ENCYCLOPÉDIE
DE · L'ART · INDUSTRIEL · ET · DÉCORATIF
Paraissant le 15 et le 30 de chaque mois
M. ÉMILE REIBER, ARCHITECTE
Directeur-Fondateur.

BUREAUX à PARIS   8·R·VIVIENN
Librairie Morel & Cⁱᵉ

Abonnement annuel :
Pour toute la France : 18 fr. — Pour l'Étranger,
même prix, plus les droits de poste variables.

Pour toutes demandes d'abonnements,
réclamations, etc., s'adresser aux Bureaux du Journal,
13, Rue Bonaparte, à Paris.

ART INDUSTRIEL CONTEMPORAIN.   DEVANT DE CHEMINÉE.
TAPISSERIE A L'AIGUILLE.   PAR
Mᵐᵉ LA MARQUISE DE RANC**.

Nous constatons avec plaisir qu'après peu de femaines d'existence, déjà *L'Art pour tous* commence à porter fes fruits. — Conçue avec un goût qui fait honneur à la perfonne qui l'a imaginée, la difpofition de ce *Devant de cheminée*, qu'on a bien voulu nous communiquer, est une combinaifon de matériaux déjà publiés par nous. — Avec un arrangement analogue à celui de la pl. 38 (p. 25, nº 7), l'ovale intérieur reproduit le motif principal de l'Aiguière de Ducerceau (p. 9, nº 3) repréfentant le *Triomphe de la Chafteté fur l'Amour*. Autour de cet ovale, une banderole flottante, fe détachant fur des rinceaux de feuillages, porte les infcriptions fuivantes, en ftyle du temps de Louis XII : *Haulte dame Phœbe, fœur d'Apollo, terrienne emperiere* (impératrice de la terre) ; — *Cupido enchaifné & cautif* (captif). Nous donnons à ce propos, p. 40, l'alphabet des lettres *minufcules* de cette époque. — En cours d'exécution dans les ateliers de madame *Legras* pour le château d'*Herbaut* (Loir-&-Cher.)

我们很高兴地知道，仅仅几周的时间，我们这套书就产生了一些影响。本书的作者本着尊重作品创作者的立场，比如这个壁炉镶板的布置排版，还有一件挂毯作品的展示，都有跟我们沟通，是已经刊登作品的合集。通过类似于本书中图 38 号（参见第 25 页第 7 篇）作品的安排，本页作品中椭圆形环饰内部的画作再现了迪塞尔索（Ducerceau）的作品大口水壶上面的主题，表达了"贞洁胜过爱"。椭圆形图案周围的是漂浮在叶子上的带状装饰，刻在带状装饰上的铭文就是典型的路易十二世时期的风格："强大的菲比女神，阿波罗的姐姐，大地的女皇；丘比特带上枷锁，被你俘虏。"在第 40 页中，我们将展示那个时期的小写字母。由勒格拉斯（Legras）女士为埃尔博尔（卢瓦尔·谢尔省）创作。

We afcertain with great pleafure that after but very few weeks' exiftence, the *Art pour tous* has already produced fome of its effects. — Compofed with a tafte which honours the author, the difpofition of this *Chimney-board*, a tapeftry-work which has been communicated to us, is a combination of materials already publifhed by us. With an arrangement analogous to that of our plate 38 (p. 25, nº 7), the interior oval reproduces the fubject of Ducerceau's Ewer (p. 9, nº 3), reprefenting the *Triumph of Chaftety over Love*. Around the oval is a floating bannerol on foliage. The following infcriptions in the ftyle of Louis the Twelfth's reign are on the bannerol : *Powerful dame Phœbe, fifter of Apollo, emprefs of earth; — Cupido chained and a captive*. We give, p. 40, the alphabet of *fmall capital letters* of that period. — Executed by Mᵐᵉ *Legras* for the caftle of *Herbault* (Loir-& Cher.)

Une centaine de *Cartouches* différents (ſtyle Louis XIII) rehauſſent les Titres des 82 planches gravées du livre intitulé l'*Architecture des Voûtes ou l'Art des Traits*, par le P. Franç. *Derand*, jéſuite. Nous ferons part à nos lecteurs de cette Suite précieuſe par la diverſité des motifs. — Nous attribuons notre nᵒ 56 à la main du ſieur *St.-Igny*, peintre graveur. (*Fac-ſimile.*)

大约有 100 种不同的边饰（路易十三世统治时期的风格），在《拱顶的建筑艺术》（Architecture of Vaults）或《拱顶的知识》（Knowledge of Shokes）一书当中，装饰了 82 页带有雕刻图案的页眉，这本书的作者是神甫弗朗茨·德兰（Franz Derand），一名耶稣会士。我们将向读者展示这个系列，其可贵之处就在于主题的多样性。56 号作品出自圣伊尼（St.-Ignr）之手，他是一位画家、雕刻师。（摹本）

About a hundred different *Modillions* (ſtyle of Louis the Thirteenth's reign) embelliſh the head of pages of 82 engraved plates, in the book entitled the *Architecture of Vaults or the Knowledge of Jhokes* by father Franz *Derand*, a Jeſuit. We will communicate to our readers this ſeries, which is precious by the variety of the ſubjects. — Number 56 is attributed to the hand of *St.-Igny*, a painter and an engraver. (*Fac-ſimile.*)

del Polidoro   del Caval Lanfranco

Il nous a paru intéressant de donner en parallèle des deffins de *Vafes* de deux maîtres de l'École romaine, qui ont brillé à un fiècle de diftance.

Polidore de Caravage, fils d'artifan, né en 1495 au bourg de ce nom, dans le Milanais, fentit fa vocation éclater en fuivant les travaux des difciples de *Raphaël* qui l'employaient à leur porter le mortier dont ils avaient befoin pour la Peinture à frefque. Après de férieufes études d'après l'Antique, il fe voua à la grande Décoration. Il eut une part importante dans l'exécution des *Loges* de Raphaël qui l'avait admis au nombre de fes élèves. Mort en 1543. La plus grande partie de fes ouvrages eft peinte à la frefque & à la détrempe. — Le Vafe ci-deffus eft tiré de la décoration peinte de la façade du palais de la *Machefra d'Oro* à Rome.

Le cavalier *Jean Lanfranc*, né à Parme, 1581, eut une vie des plus heureufes, & mourut à Rome, en 1647, au fein de fa famille, comblé de biens & d'honneurs. Le comte *Scotti* l'avait fait fortir des pages pour développer fes aptitudes fous *Auguftin & Annibal Carrache* (p. 3) ; il étudia *Raphaël* & furtout le *Corrège*. La coupole de *S. Andrea della Valle* à Rome eft de lui. Ses frefques font plus eftimées que fes tableaux de chevalet. — Le vafe que nous donnons eft tiré de fes décorations intérieures de la *Villa Borghefe*.

我们觉得有趣的是，在本页同时展示的两个器皿的设计出自罗马学派两位大师之手，但他们生活的年代相去一个世纪之久。

波吕多洛斯·卡拉瓦乔（Polydorus Caravaggio），一个工人的儿子，1495 年出生于一个名叫米兰的小镇。在追随拉斐尔的门徒学习之后，他才确定了他的职业方向，他用他来为壁画上砂浆。在认真研究古物之后，他投身于装饰行当，他的师长拉斐尔（Raphael）的作品《小屋》就是由他制作的。波吕多洛斯逝于 1545 年，他的作品中大部分运用了湿壁画技法和胶画颜料。这里展示的器皿就是从罗马宫殿装饰画作《黄金面具》中选取的。

乔瓦尼·兰弗兰科（Giovanni Lanfranco）骑士 1581 年出生于帕尔马，他的一生十分幸福。1647 年，他逝世于家人的围绕，以及财富和荣誉的包围中。斯科蒂（Scotti）伯爵选中了他并让他跟随奥古斯汀（Augustin）和阿尼巴尔·卡拉奇（Annibal Carracci），以培养他在艺术上的性情（参见第 3 页）。那件在罗马的圣安德鲁教堂的穹顶可以算是他最为杰出的作品之一了。他的壁画比绘画更为受人推崇。本页这件器皿作品就是取材于波勒兹别墅的内部装饰。

We have thought interefting to give at the fame time the defigns of *Vafes* from two mafters of the Roman School, who lived at a century's diftance.

Polydorus Caravaggio, fon of a workman, was born in 1495, at a fmall Milanefe town bearing this name. His vocation became determined while following the woorks of *Raphael*'s difciples, who ufed him to fetch the mortar they needed for the Frefco painting. After having ferioufly ftudied the Antique, he devoted himfelf to Decoration. A great part of his mafter Raphael's *Loges* were executed by him. He died in the year 1545. The greateft portion of his woorks is painted in frefco or diftemper. The vafe here above is taken from the palace *Mafchera d'Oro*'s painted decoration of the forefront in Rome.

The cavalier *Giovanni Lanfranco*, born in Parma (in 1581), had a very happy life. His death took place during the year 1647, while furrounded by his family, and overwhelmed with richs and honours. Count *Scotti* had taken him out of the pages and placed him under *Auguftin* and *Annibal Carracci* for the development of his artiftical difpofition (p. 3). He ftudied *Raphael* and above all the *Corregio*. The cupola of *S. Andrea della Valle* in Rome counts among the moft remarkable of his works. His frefcoes are held in higher efteem than his eafel-paintings. The vafe which we give is taken from his interior decorations of the *Villa Borghefe*.

Alphabet tiré d'un Traité de *Calligraphie* exceſſivement rare, publié ſous forme de brochure au commencement du XVIᵉ ſiècle & portant le nom de *Ludovicus de Henricis Vincentinus Romæ scribebat.* Ces lettres préſentent un grand intérêt par l'indication de leur mode de construction qui procède du cercle & de la ligne droite. *Fac-ſimile.*)

字母画来自于一种非常罕见的书法专著，在 16 世纪初期，这种专著以小册子的形式出版，并以 "Ludovicus de Henricis Vincentinus Romae seribebat" 的名字命名。这些字母的结构表现出了对于圆和直线的高度兴趣。（摹本）

Alphabet drawn from an exceedingly rare treatiſe on *Caligraphy*, publiſhed under ſhape of pamphlet at the beginning of the xvɪᵗʰ century, and bearing the name of *Ludovicus de Henricis Vincentinus Romæ ſcribebat.* Theſe letters preſent a high intereſt by their conſtruction which partakes of the circle and the ſtraight line. (*Fac-ſimile.*)

59

Première Année.   Nº 11.   15 Juin 1861.

L'ART·POUR·TOUS

ENCYCLOPÉDIE

DE · L'ART · INDUSTRIEL · ET · DÉCORATIF

Paraissant le 15 et le 30 de chaque mois

M. ÉMILE REIBER, ARCHITECTE

Directeur-Fondateur.

BUREAUX à PARIS   8·R·VIVIENNE

Librairie Morel & Cie

Abonnement annuel :
Pour toute la France : 18 fr. — Pour l'Étranger,
même prix, plus les droits de poste variables.

Pour toutes demandes d'abonnements,
réclamations, etc., s'adresser aux Bureaux du Journal,
13, Rue Bonaparte, à Paris.

XVIᵉ SIÈCLE. — ÉCOLE FLAMANDE.

PANNEAU
PAR JACQUES FLORIS.

The different decorative schools, which, in the beginning of the Revival of arts, had sprung from very dissimilar ideas, after working together towards the middle of the XVIᵗʰ century, seem to reconcile themselves one with another. The *Compartiment decoration* drawn from the ancient arabesques and put in favour by the Italian masters of the school of Fontainebleau (gallery of Francis the First, emblems and mottoes by Ruscelli, engraved by Domenico Zenci, &c.), was the band of this tendency, and took an important development in Flanders. The school of Antwerp (p. 25) distinguished itself above all others in this new path, which was to give birth to the *Palatinate's* school (Th. de Bry, Vriese, Joft Amann, Dietterlin : palaces of Heidelberg, Stuttgard, Munich, &c.). We borrow to-day from our private collection one of the *panels* of the rare and precious series of decorative works by *Jacobus Floris*. They were engraved by *Hier. Cock* (p. 13) and edited in Antwerp, during the year 1567 under the title of *Compertimenta pictoriis flosculis manubiisque bellicis variegata*. (Fac-simile.)

Parties de points de vue bien différents à l'origine de la Renaissance des arts, les différentes Écoles décoratives semblent, à la suite du travail commun, tendre vers un rapprochement au milieu du XVIᵉ siècle. La *Décoration à compartiments*, puisée dans les arabesques antiques, & mise en faveur par les maîtres italiens de l'École de Fontainebleau (galerie de François Iᵉʳ, emblèmes & devises de Ruscelli, gravés par Domenico Zenci, &c.), fut le lien de cette tendance, & prit notamment un grand développement dans les Flandres. L'École d'Anvers surtout (p. 25) se distingua dans cette voie nouvelle qui devait donner naissance à l'École du *Palatinat* (Th. de Bry, Vriese, Joft Amann, Dietterlin : châteaux de Heidelberg, Stuttgard, Munich, &c.). — Nous empruntons aujourd'hui à notre collection particulière un des *panneaux* de la rare & curieuse suite des œuvres décoratives de *Jacques Floris*, gravées par Jér. Cock (p. 13) & éditées par ce dernier à Anvers en 1567 sous le titre : *Compertimenta pictoriis flosculis, manubiisque bellicis variegata.* (Fac-simile.)

在文艺复兴初期，不同的装饰学派源于不同的思想。16世纪中叶，它们相互作用，反而互相融合了。这幅隔间装饰，取材于古老的蔓藤花纹，为意大利枫丹白露学派的大师们所喜爱〔弗朗索瓦一世的画廊，鲁谢利（Ruscelli）的《徽章与格言》，多米尼克（Domenico Zenci）雕刻等〕，随着这一趋势的影响，最终在佛兰德斯获得了重大发展。安特卫普学派（参见第25页）在这条新的道路上比其他学派做的更为突出，由此促使了巴拉丁领地的学派的诞生〔如特奥多尔·德·布里（de Bry）、弗里

塞（Vriefe）、若斯特·阿曼（Joft Amann）、迪特林（Dietterlin）等人；海德堡、斯图加特、慕尼黑的宫殿等〕。今天这件稀有且珍贵的嵌板作品来自我们的私人收藏，它是雅克布斯·弗洛里斯（Jacobus Floris）的系列装饰作品之一。由希罗尼穆斯·柯克（Hier. Cock）雕刻（参见第13页），编辑于安特卫普，1567年被命名为"Compertimenta pictoriis slosculis manubiisque bellicis variegata"。（摹本）

The two plates taken from the *Kriegsbuch* by *Fronsperger* are intended as a continuation to p. 24. The first represents an artillery man holding a lighted match and surrounded by pieces of ordinance; the want of perspective seems to give the composition an anxious look. The second represents the pleasures of lansquenet in a camp : wine, sport and love; further off, two serjeants are seen leading a spy to the general's tent.

Let us take advantage of the space we have to-day, to give an analysis of the most curious book, from which the above mentioned plates are taken. — The complete German title will be found in our text in the same language.

The work is divided in three parts. The first treats of the management of arms, of the organization of the army, of the different ranks and of the prerogatives; the second is for castrametation, flying camps, &c. : this portion is ornamented with large and curious plates etched by *J. Amann*, giving views taken from above, offering an idea of the general appearance of these kinds of provisional intrenchments; the third is for the study of fortifications, fortresses, bastions, &c.

The city of Strasburg's library possesses a splendid copy of this book.

61

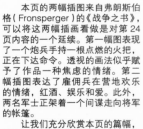

本页的两幅插图来自弗朗斯伯格（Fronsperger）的《战争之书》，可以将这两幅插画看做是对第24页内容的一个延续。第一幅图表现了一个炮兵手持一根点燃的火把，正在下达命令。透视的画法似乎赋予了作品一种焦虑的情绪。第二幅插图表达了雇佣兵在营地欢乐的情绪，红酒、娱乐和爱。此外，两名军士正架着一个间谍走向将军的帐篷。

让我们充分欣赏本页的篇幅，从这两幅插图出发来分析一下这本有趣的书。我们的介绍中给出了此书的完整版德文书名。

这部作品分为三部分。第一部分是武器的操纵，军队的组织结构，不同级别的权利。第二部分是营地布防和轻便营帐等，这个部分是由阿曼（J. Amann）装饰的，如上图所示，提供了这些临时防卫工事的概貌。第三部分是对于防御工事、堡垒和要塞的研究等等。

斯特拉斯堡图书馆保存有这本书的精美副本。

Ces deux planches, tirées du *Kriegsbuch* de *Fronsperger*, font suite à la p. 24. La première représente un artilleur, mèche allumée, entouré de pièces d'artillerie, auxquelles le défaut de perspective semble donner un air inquiet; la seconde, les loisirs du lansquenet au camp: le vin, le jeu, les belles. Au fond, deux sergents mènent un espion vers la tente du général.

Profitons de l'espace pour analyser le curieux livre d'où ces planches font tirées. — Nous faisons grâce à nos lecteurs du titre original complet que l'on trouvera dans le texte allemand ci-contre.

L'ouvrage se divise en trois parties. La première traite du maniement des armes, de l'organisation de l'armée, des grades & de leurs attributions, &c.; la seconde, de la castramétation, des camps volants, &c. : elle est ornée de grandes & curieuses planches gravées à l'eauforte par *J. Amann*, donnant des vues à vol d'oiseau de l'ensemble de ces fortes de retranchements provisoires; la troisième s'occupe de la fortification, bastilles & bastions, &c.

La bibliothèque de la ville de Strasbourg possède un très-bel exemplaire de ce livre.

62

63

Les *plafonds de peinture* font d'origine italienne; leurs applications furent très-nombreufes fous le règne de Louis XIV, à caufe des reffources qu'ils offrent pour la décoration des grandes Salles dans les édifices privés & publics. Par les artifices de la perfpective & la magie de la couleur, le plan fur lequel les fujets font peints fe trouve reculé, éloigné de l'œil du fpectateur, & l'efpace au-deffus de fa tête augmenté, ce qui ajoute puiffamment à l'effet général. Le *plafond* que nous donnons aujourd'hui eft tiré de l'œuvre important de *Daniel Marot*, architecte français, que l'impolitique révocation de l'édit de Nantes envoya dans l'exil avec bien d'autres hommes de mérite. Il s'établit à la cour du prince d'Orange, qui fut depuis Guillaume III, roi d'Angleterre & grand ftathouder de Hollande. — Nous ne tarderons pas à reproduire d'autres pièces de ce maître. (*Fac-fimile.*)

彩绘天花板起源于意大利。 在路易十四统治时期，因为他们在公共或私人建筑物里为室内装饰提供设计，使得彩绘天花板很受青睐。 通过透视的设计，色彩的变化，画作不是展现在观众的眼前而是头顶，营造出一种空间感，同时极大地增强了视觉效果。 这件彩绘天花板作品出自法国建筑师丹尼尔·马罗特（Daniel Marot），和许多其他的天才人物一样，他也因南特敕令的撤销而流亡海外。他在奥兰治亲王的宫廷中建立了自己的地位，奥兰治亲王就是后来的威廉三世，英国国王与荷兰总督。我们即将在后面展示这一类型的其他作品。（摹本）

Painted Ceilings are of Italian origin. They were in great favour during the reign of Louis the Fourteenth, on account of the facilities they offered for the decoration of Halls in public or private edifices. By the contrivances of perfpective, by the magy of colour, the plan on which the fubjects are painted is pufhed back, removed from the fpectator's eye and the fpace above his head greatly increafed, which adds powerfully to the general effect. The *Ceiling* we give to-day is taken from the important work of *Daniel Marot*, a French architect, who, with many other talented men, was fent in exile by the impolitic revocation of the edict of Nantz. He eftablifhed himfelt at the court of the prince of Orange, who was afterwards William the Third, king of England and ftadtholder of Holland. — We foon reproduce other pieces from this mafter. (*Fac-fimile.*)

Cette eſtampe, qui remonte aux premiers temps de la gravure au burin en Italie, eſt d'une inſigne rareté & paſſe avec
la *Bacchanale à la cuve* pour un des chefs-d'œuvre d'*Andrea
Mantegna* (Andrea di Mantova), ſon auteur 1426-1505). Elle
eſt exécutée dans la manière des premiers eſſais de gravure
des orfévres florentins, & intéreſſe autant par la nobleſſe du
deſſin que par la ſimplicité de l'exécution. — S'il nous était
permis de haſarder une opinion toute perſonnelle, la figure
de droite ne repréſenterait pas ſaint Paul, mais l'empereur
Conſtantin : la compoſition deviendrait ainſi un ſymbole de
la conſtitution politique du moyen âge & figurerait *l'Empire
& la Papauté* conſtitués par le *Chriſt*.   (Fac-ſimile.)

　　这件作品，创作于意大利雕刻风格兴起的头几年，
作品十分罕见，与《酒神狂欢图》一道，被认为是安德
列亚·曼特尼亚（Andrea Mantegna，1426~1505 年）
的祭坛绘画作品。它的创作使我们想起佛罗伦萨金匠的
第一篇关于雕刻的文章，以及设计的威严性和制作的平
实性。这里我们想表达一些对于画面中被武装起来的人
物形象，也就是君士坦丁大帝的观点。这一主题，这个
作品，成为了中世纪政治宪法的象征，并向我们展示了
由耶稣基督建立的帝国和教皇的场景。（摹本）

This print, which was created in the firſt years of Italian
ſtroke engraving, is a great rarity, And with the *Bacchanal*
is conſidered as one of the maſter-pieces of *Andrea Mantegna*
(Andrea di Mantova), its author (1426-1505). Its execution
reminds us of the Florentine goldſmiths'firſt eſſays on engraving, and intereſts as much by the majeſty of the deſign, as
by the plainneſs of the execution. — We here beg leave to
expreſs our own opinion as to the armed perſonage which
we mean for the emperor Conſtantine. The ſubject, the compoſition thus becomes a ſymbol of the middle age's political
conſtitution and ſhows us *the Empire and the Papacy* eſta-
bliſhed *by Chriſt*.   (Fac-ſimile.)

Première Année.   N° 12   30 Juin 1861.

L'ART·POUR·TOUS

ENCYCLOPÉDIE

DE·L'ART·INDUSTRIEL·ET·DÉCORATIF

Paraissant le 15 et le 30 de chaque mois

M. ÉMILE REIBER, ARCHITECTE

Directeur-Fondateur.

Abonnement annuel :
Pour toute la France : 18 fr. — Pour l'Étranger,
même prix, plus les droits de poste variables.

Pour toutes demandes d'abonnements,
réclamations, etc., s'adresser aux Bureaux du Journal,
13, Rue Bonaparte, à Paris.

XVIIIe SIÈCLE. — ÉCOLE FRANÇAISE.   TABLE. — CONSOLES
PAR PICAU

Quoique notre programme nous impose une certaine retenue dans la critique des œuvres que nous reproduisons, il nous paraît utile de prémunir à l'occasion nos lecteurs contre certains *excès de style* qui caractérisent les époques de décadence. Il ne suffit pas qu'une œuvre d'art plaise à l'œil par des ajustements inspirés d'un goût délicat, il faut encore qu'elle soit *vraie*. Pour ceux de nos lecteurs, pénétrés de ce principe que la *décoration* doit toujours ressortir de la *construction*, la comparaison de notre table avec celles de la page 13 ne met-elle pas en relief ce fait qu'ici la *décoration* dépasse son but, & que la *construction* est sacrifiée au point qu'on est embarrassé de désigner la *matière* dont notre meuble est formé? Nous compléterons la série de ces 6 planches.
(*Fac-simile.*)

虽说我们的书籍当中所复制的保留作品受到一定程度的谴责，但我们认为有必要提醒读者反对某些过时的风格，它们表现了艺术衰落时代的特征。艺术作品仅仅通过有品位的设计来取悦眼睛是不够的，它必须是真实的。那些认为装饰艺术是建筑的结果的读者，通过本页的桌子和第13页展示的桌子相比较，就会相信装饰艺术的目的和作用不止于此，而建筑整体与之相比就要有所牺牲，以至于难以判断出展示的这个桌子是什么材料做成的。后边将会展示这一系列6幅完整的插图。(摹本)

Though our programme itself imposes us a degree of reserve in the censure of the works reproduced by us, we think it necessary to caution our readers against certain *excesses of style* which characterize the epochs of decline in the arts. It is not enough that an artificial work pleases the eye by tasteful contrivances, it must be *true*. Those of our readers who think that the *Decoration* always must be the consequence of the *construction*, by the comparison between our table and those of p. 13, will be convinced plainly that the *decoration* exceeds here its aim and that the *construction* is sacrificed so that one feels embarrassed to say of what *material* our piece of furniture is formed. — The complete series of these 6 plates will be reproduced.
(*Fac-simile.*)

LES IMAGES DES DIEUX
D'ORTELIUS

Outre fes remarquables ouvrages cofmographiques (illuſtrés de nombreux *cartouches, entourages & bordures*, dont nous aurons dans la fuite à faire part à nos lecteurs), *Abraham Œrtel* (vulgo Ortelius), né à Anvers en 1527, mort en 1598, géographe du roi Philippe II d'Eſpagne, publia la collection des médailles fe rapportant aux *Images des Dieux des Anciens*, & qu'il avait recueillies dans le cours de fes longs voyages à travers l'Europe entière. Cet ouvrage a paru à Anvers & à Bruxelles en plufieurs éditions de divers formats (in-18 & in-4) fous le titre : *Abr. Ortelii, cofmogr. & geogr. Reg., Deorum Dearumque capita;* les têtes des divinités font entourées d'ornements *à compartiments*, qui caractérifent l'*École d'Anvers*, & dont nous attribuons l'exécution au graveur *H. Cock* (p. 13, 41). Cet ouvrage préfente cet intérêt, au point de vue de l'*illuſtration typographique*, qu'il eſt un des premiers où l'on ait fait abandon de la gravure fur bois, pour la remplacer par des planches en taille-douce intercalées à travers le texte, à l'imitation des productions contemporaines des inıprimeurs vénitiens (voir p. 8 les *Emblèmes de Camilli*, Venife, 1582). Ces planches font au nombre de 60, compris le frontifpice. La richeffe & la variété de leur compofition provoqueront, nous l'efpérons, des applications utiles. — Nos pages relatives à cette intéreffante férie renfermeront à l'avenir quatre de ces pièces qui feront accompagnées chacune d'une courte notice iconologique. Ces notices fe compléteront par celles que nous aurons à fournir ultérieurement pour expliquer les 20 *Images des Dieux de Jacques Binck*, d'après le *Roffo* (École de Fontainebleau), les 8 *Grands Dieux du Polydore*, gravés par *H. Goltzius*, & autres fuites analogues que nous avons en préparation.

除了他非凡的宇宙志作品（有大量的椭圆形轮廓装饰的插图，我们将完整呈现给读者），亚伯拉罕·奥特柳斯（Abraham Ortelius）1527年出生在安特卫普，于1598年去世。他是西班牙国王菲利普二世时期的地理学家，发表了他在欧洲旅行期间收集的与"上古众神像"有关的徽章集。这项工作起初是在安特卫普和布鲁塞尔时开始的，有几个不同尺寸的版本，被命名为"Abr. Ortelii, cosmogr. & geogr. Reg., Deorum Dearumque capita"。这些神明的头像都被装饰物包围着，这是安特卫普学派的特征。雕刻这些头像的是希罗尼穆斯·柯克（参见第13页，图41）。这部作品有60件，包含卷首插画在内。我们希望这部同时具备优雅性和多样性的作品能够产生实用性意义。此后，关于这个有趣的系列还有四个部分，并附有相关介绍。我们还将结合雅克布斯·宾克（Jacobus Binck）的《二十众神》，罗素雕刻；以及波吕多洛斯的《八大神》，霍尔奇·厄斯（H. Goltzius）雕刻，以及其他相似的作品进行阐述。

Befides his remarkable cofmographical works (illuſtrated with numerous cartouchs, borders, which we will give entirely to our readers), *Abraham Œrtel* (vulgo Ortelius), born in Antwerp in the year 1527, died in 1598, geographer of king Philip the Second of Spain, publiſhed the collection of medals relative to the *Images of the Ancients' Gods*, which had been collected by him in the courfe of his travels through Europe. This work appeared at firſt in Antwerp and Brufels, in feveral editions of different fizes under the title of *Abr. Ortelii, cofmogr. & geogr. Reg., Deorum Dearumque capita*. The heads of the divinities are furrounded with *compartment-ornaments*, a charafteriſtical fign of the fchool of Antwerp. The execution of thefe heads is attributed to the engraver *Hier. Cock* (p. 13, 41). The work prefents a great typographical intereſt, being one of the firſt in which wood engraving is abandoned for copper plates, intercalated in the text, ti imitate the contemporary produftions of Venitian printers (fee p. 8, *Camilli's emblems*, Venice, 1582). The plates are 60 in number, comprizing the frontifpiece. The elegance and variety of their compofition will, we hope, give birth to ufeful applications. — Hereafter, the pages relative to this interefting feries will contain four of thefe pieces, with a fhort iconological notice. The notices will be completed by the explanations we fhall give on *Jacobus Binck's twenty Images of the Gods;* from the *Roffo*, alfo the 8 *great Gods* by *Polydorus*, engraved by *H. Goltzius*, and other analogous feries which we havé in preparation.

---

1. SATVRNVS

66

2. JVPPITER

67

1. Saturnus chez les Romains, *Kronos* chez les Grecs, fils du Ciel & de Veſta (la Terre), chaſſé du trône par les Titans, puis par Jupiter, enfeigna aux Latins, chez lefquels il s'était réfugié, l'art des femailles (*satum*, d'où fon nom), & fit fleurir chez eux l'*Age d'or*. Les fêtes dites *Saturnales* fe célébraient en fon honneur. Quand fon culte fe fut confondu avec celui du Kronos des Grecs (le Temps), on le repréfenta fous la forme d'un grand vieillard maigre avec la faux, le voile, les ailes & le fablier.

2. Jupiter (*Juvans pater*), fils de Saturne & de Rhée, *Zeus* des Grecs, maître des dieux, partagea l'empire de l'univers avec fes deux frères Neptune & Pluton, auxquels il donna, à l'un la royauté des mers, à l'autre celle des enfers. Le chêne lui était confacré; le trône, le fceptre, l'aigle & la foudre étaient fes attributs.

1. 罗马的萨图尔努斯（Saturnus），希腊的克洛诺斯（Kronos），天空与大地之子，被泰坦巨神（Titans）和朱庇特（Jupiter）流放。他躲避在拉丁人中，并传播技术，从而迎来了黄金时代的统治。农神节就是纪念他的节日。在希腊人崇拜克洛诺斯时期，他被描绘成一个高瘦的老者，长着羽翼，带着面纱，手持镰刀与沙漏。

2. 朱庇特（Juvans pater）是萨图尔努斯（Satutnus）和瑞亚（Rhea）的儿子，宙斯（Zeus）在希腊文化中是众神之主，他和他的两个兄弟海神（Neptune）与冥王（Pluto）共同统治宇宙。他给了第一个海洋领域，后者有了地狱之地，橡树则赐予了他，象征着王权……

1. Saturnus, fo called by the Romans, *Kronos* among the Greeks, fon of the Sky and of Veſta (Earth), baniſhed from the throne by the Titans, then by Jupiter, he tought the Latins, among whom he had taken fhelter, the art of fowing (*fatum*, whence came his name), and brough the reign of the *Golden age*. The feſtivals known by the name of *Saturnalias* were celebrated in his honour. When his worſhip was involved in that of the Greek's Kronos (Time), he was repréfented under the figure of a tall and thin old man with a fcythe, a veil, wings, and an hour-glafs.

2. Jupiter (*Juvans pater*), fon of Saturnus and of Rhea, *Zeus* among the Greeks, maſter of the Gods, fhared the government of the univers with his two brothers Neptune and Pluto. He gàve tho the firſt the kingdom of the ocean, the latter had the infernal regions. The oak-tree was confecrated to him. The throne, the fceptre, the eagle, and thunder-bolts were his fymbols.

XIXᵉ SIÈCLE. — ÉBÉNISTERIE.

ENSEMBLE DE DÉCORATIONS INTÉRIEURES.
GRAND SALON
PAR M. Ch. BLUMER, MAITRE MENUISIER A STRASBOURG.

Le deſſin de ce Salon, exécuté a titre d'étude pour M. K***, député au Corps légis-latif, témoigne des louables efforts de nos induſtriels modernes dans la voie artiſtique. — Conçue dans le ſtyle de la Renaiſſance allemande, cette décoration conſiſte en panneaux de marqueterie à exécuter à la ſcie à vapeur, en ébène, érable, chêne & poirier. Le côté droit du deſſin eſt une variante en menuiſerie ſimple, rehauſſée de ſculpture, avec incruſtation d'émaux. — Au vingtième d'exécution. (Inédit.)

这个客厅的设计，出自斯特拉斯堡的布鲁默（Blumer）先生的研究创作，正明了现代工业遵循艺术化道路所做的值得称赞的努力。这种装饰以德国文艺复兴风格为特色，并由镶嵌的嵌板组成。这些嵌板是用乌木、枫木、橡木和梨树木以蒸汽锯制作完成的。图的右侧部分作品是用细木工技术加上法琅镶嵌物制成的。减少到第 20 个制作。（未编辑）

The deſign of this drawing-room, executed as a Study by Mr. Blumer of Straſburg, teſtifies of the praiſeworthy efforts with which modern induſtry follows the artifical path. — This decoration is compoſed in the ſtyle of the German Revival of arts, and conſiſts in marquetry panels. — Theſe panels are tho be executed with the ſteam-law in ebony, wood, maple wood, oak wood and pear-tree wood. The right ſide of the drawing is a variation in plun joinery with incruſtations of enamels. — Reduced to the 20ᵗʰ of execution. (Unedited.)

39

Les *Antéfixes* étaient des ornements de pierre ou de terre cuite fervant à indiquer, dans la décoration extérieure des Temples anciens, la place & la *tête* des *couvre-joints* (parallèles & également diftants), des dalles de marbre ou de terre cuite qui formaient la couverture du toit. Leur place naturelle était donc fur la cimaife qui terminait l'entablement de la face latérale des édifices. Cette difpofition avait pour effet de rompre la monotonie de la grande ligne horizontale qui terminait ces faces, les pignons triangulaires des deux autres faces indiquant les pentes du toit.

Les nombreufes applications de la *Polychromie* [1] à la décoration extérieure des monuments de l'ancienne Grèce durent faire rechercher dès les temps les plus reculés la production en terres cuites, recouvertes d'émaux, de cette forte d'ornements qui fe répétaient toujours en grand nombre & du même modèle fur un même édifice. Celui que nous donnons eft exécuté en trois tons : noir, vermillon & jaune vif. (*Grandeur d'exécution.*)

---

[1]. Peinture à plufieurs tons de couleurs diverfes.

装饰屋瓦作为装点古代寺庙的外部装饰，常用于庙宇的外部和顶部大理石连接处的装饰（平行且等距离），或者是构成屋顶覆盖物的瓦片。这些装饰位于波状拱顶上，延伸至建筑侧前方的柱上楣构。这种处理的优势在于，它可以减轻这些水平线的单调性（另外两个三角形山墙显示了屋顶的坡度）。大量的色彩装饰用于古希腊历史遗迹的外部装饰上，使得珐琅黏土制品在最遥远的年代受到青睐，尤其是那些想要在同一座建筑上反复出现且性质相同的装饰。我们这里给出的作品由3种颜色制作而成：黑色、朱红和浅黄色。（实际大小）

The *Antefixes* were ufed to indicate in the exterior decoration of ancient Temples the place and *head* of the *joint-coverings* (running parallel and equally diftant) from the marble flag ftones, or the tiling which formed the cover of the roof. Their natural place was then on the cymatium which terminated the entablature of the lateral front of edifices. This difpofition had the advantage of relieving the monotony deriving from the horizontal line which terminated thefe fronts (the triangular gable-ends of the two other faces indicated the flop of the roof). — The numerous applications of *Polychromy* [1] to the exterior decoration of ancient Greek monuments caufed the productions of enamelled clay to be in favour from the remoteft times, and efpecially for thefe ornaments which want to be often repeated and of the fame nature on the fame edifice. The one we give here is executed in three colours : black, vermillion and clear yelow. (*Execution fize.*)

---

[1]. Painting whit diversified colours.

Première Année. Nº 13. 15 Juillet 1861.

50·centimes·le·Numéro

L'ART·POUR·TOUS

ENCYCLOPÉDIE
DE · L'ART · INDUSTRIEL · ET · DÉCORATIF
Paraissant le 15 et le 30 de chaque mois

ÉMILE REIBER, ARCHITECTE
Directeur-Fondateur

Abonnement annuel :
Pour toute la France, 12 fr.
Pour l'Étranger, même prix, plus
les droits de poste variables.

Pour toutes demandes
d'abonnements, réclamations, etc.
s'adresser aux Bureaux du Journal,
18, rue Vivienne, à Paris.

XVIᵉ SIÈCLE. — ÉCOLE ITALIENNE.

VASE
PAR LE POLIDORE.

This Vaſe, with the one given p. 39, is taken from the palace *Maſchera d'Oro's* painted decoration. It is one of the moſt admired among this celebrated feries. It has been reproduced feveral times by talented engravers, particularly by *Cherubino Alberti* (p. 32). This Vaſe, having been totally changed, when interpreted by this engraver, will be found in the Set giving the complete work of the maſter.

To terminate the biographical notice on *Polydorus*, we will recall his violent death. He was appointed to superintend the great preparations which Meffina made for the reception of the Emperor Charles the Fifth (of Spain) when he came from the Tuniſian expedition : *Polydorus* diſtinguiſhed himſelf in the compoſition of the *triumphal Arches* which were erected on the occaſion. Having received a great Sum of money as a reward for his ſervices, he was preparing for a return in Rome where important works awaited him, when he was murdered in his bed by his ſervant, whoſe motive was cupidity.

Ce Vaſe eſt, ainſi que celui que nous avons donné p. 39, tiré de la décoration peinte du palais de la *Maſchera d'Oro*, & c'eſt un des plus admirés de cette Suite célèbre. Il a été reproduit à pluſieurs repriſes par des graveurs eſtimés, notamment par *Chérubin Albert* (p. 32). Comme ce graveur l'a rendu en l'interprétant tout différemment, nous aurons l'occaſion de retrouver ce Vaſe dans la Suite qui contiendra l'œuvre de ce maître.

Nous terminerons ici la notice biographique du *Polidore* en rappelant ſa mort violente. Appelé à diriger les grands préparatifs faits à Meſſine pour recevoir dignement l'empereur Charles-Quint lors de ſon retour de l'expédition de Tunis, il ſe diſtingua ſurtout dans l'exécution & la conduite des *Arcs de triomphe* qui furent élevés à cette occaſion. Ayant reçu une ſomme conſidérable pour prix de ſes ſervices, il ſe préparait à retourner à Rome pour y reprendre les grandes commandes qui l'y attendaient, quand ſon valet l'aſſaſſina dans ſon lit pour le dépouiller du fruit de ſes travaux.

本页插图中的器皿和第39页展示的器皿，是从宫殿的装饰画《黄金面具》中取材而来的，是这个著名的系列中最受推崇的作品。它被才华横溢的雕刻师们多次复制，尤其是凯鲁比诺·阿尔贝蒂（Cherubino Alberti，参见第32页）。这个器皿被雕刻家重新诠释，经过了彻底的改动，之后将会在大师的全套作品中看到。

为了回顾波吕多洛斯（Polydorus）的传记，我们将要谈到他的死亡。他被任命在墨西拿负责迎接从突

尼斯远征回归的西班牙国王查理五世的工作。波吕多洛斯为庆祝凯旋做了大量的准备工作，建造了胜利拱门。因此他获得了一大笔奖金，并准备回到罗马，那里有大量重要的工作等待着他。然而他却在床上被怀着贪婪动机的仆人杀害了。

LES DEVISES D'ARMES ET D'AMOURS
DE PAUL JOVE

A cette époque mémorable où, mûries par les travaux des favants du moyen âge, les idées philofophiques qui devaient enfanter l'ère moderne, purent fe faire jour, les efforts des penfeurs & des artiftes tendirent à repréfenter en *images* les réfultats obtenus. Le goût des perfonnages de qualité pour ces *fymboles* (p. 8) vint développer à propos ces tendances & donna lieu à des productions d'un haut intérêt au point de vue iconologique & décoratif. — Faifant droit à des réclamations relatives à l'abfence de notes explicatives aux emblèmes (p. 8), & aux juftes demandes de lecteurs avides de s'inftruire, nous commençons aujourd'hui, en la faifant marcher de front avec celle des *Emblèmes de Camilli*, la réimpreffion des *Devifes d'Armes & d'Amours* de Paul Jove (G. Rouille, Lyon, 1558) que nous accompagnerons de *notices hiftoriques & explicatives* fe rapportant à chacune d'elles.

在这个令人难忘的时代，在中世纪学者的努力下，孕育了当时的哲学思想，终于可以表现出自己的天赋，艺术家们努力用图像来展现他们的创作成果。插图标题的这些人物（参见第8页），他们的作品是对这一倾向的一种鼓励，然后创作产生出有趣的肖像和装饰性作品。我们收到了读者合理的建议，指出我们的书缺少对于徽章作品的阐释（图9~12），因此我们从今天开始重新加入了阐释部分，以卡米利（Camilli）的徽章作品，和保罗·焦沃（Paulo Giovo）的《武器与爱情的格言》（胡伊，里昂，1558年）为例，我们会附上历史和解释性说明。

At this memorable epoch, when, ripened by the labours of the fcholars of the middle age, the philofophical ideas, which were to give birth to the modern era, could at laft fhow themfelves favorably, artifts ftrove to reproduce with *images* the refults obtained by them. The tafte of titled perfonages for thefe fymbols (p. 8) was an encouragement to the tendency, and then highly interefting iconological and decorative productions were executed. — Having received from our intelligent readers complaints on the abfence of explanatory notes on the Emblems (pl. 9-12), we begin to-day reprinting, together with *Camilli's Emblems*, of *Mottoes of Arms and Love Devices by Paulo Giovo* (G. Rouille, Lyons, 1558) which we will accompany with *hiftorical* and *explanatory notes*.

---

1. DOM FRANÇOYS DE CANDIE
FRÈRE DE CÉSAR BORGIA, DUC DE VALENTINOIS.

2. CHARLES DE BOURBON
CONNESTABLE DE FRANCE.

3. LAURENT DE MÉDICIS
DUC DE FLORENCE

4. RAPHAEL RIARIO
CARDINAL DE SAINT-GEORGES.

1. Ce prince prit pour devife la montagne de la Chimère ou l'Acroceraune, foudroyée du ciel, avec le mot d'Horace : FERIUNT SUMMOS FULGURA MONTES, que juftifia fa fin tragique. Son frère Borgia lui fit trancher la tête & fit jeter fon corps dans le Tibre.

2. Il fit broder aux *hoquetons*[1] des gentilfhommes de fa fuite un Cerf ailé, pour marquer fa promptitude à voler au danger. Cet emblème ayant été tourné contre lui après fa fuite en Bourgogne, à la fuite de fa trahifon de Pavie, il y ajouta depuis la devife : CURSUM INTENDIMUS ALIS.

3. Laurent de Médicis fit peindre aux *fayons*[2] de fes *lances fpeffades*[3] & aux étendards de fes gens d'armes un Laurier entre deux lions avec le mot ITA ET VIRTUS, pour fignifier qu'entre la Force & la Clémence, la Vertu, comme le laurier, eft toujours verdoyante.

4. Monument d'une ambition déçue. Il convoitait la tiare & rêvait de gouverner le monde, comme l'indiquent dans fon emblème le Globe & le Gouvernail avec l'exergue Hoc opus (mon but). Les faits démentirent cette image : ayant trempé dans la confpiration du cardinal Petrucci, il perdit fes dignités & mourut dans l'exil.

1. 这位王子借喻迈拉山的箴言，和来自天堂的雷电，以及贺拉斯（Horace）的话：Feriunt fummos fulgura montes，意思是"他的死亡事出有因"。他的兄弟博尔吉亚（Borgia）把他斩首，并把尸体扔进了台伯河。

2. 组成他随从的贵族们身上绣了一只有翅膀的雄鹿，表示他们愿意迅速地飞向危险。当他在勃艮第逃亡和背叛帕维亚（Pavia）之后，这一徽章成为了笑柄。他还补充了这句格言：Cursum intendimus alis。

3. 洛伦佐·美第奇（Lorenzo di Medici）的作品中，手持武器的天使图案环绕着中间的画作，画中月桂树两旁站着两只狮子，象征着力量、宽恕、美德如月桂一般长青。

4. 这句格言是一个被欺骗的野心家的纪念碑。这是他梦寐以求的王冠，梦想着统治世界，借徽章来表达。地球仪、舵柄和冬带的空白处写着：Hoc opus（我的目标）。不幸的是，历史真相却与这一格言相反，在彼得鲁奇（Petrucci）大主教的阴谋下，他被剥夺尊严，流放至死。

1. This prince took for motto the mountain of the Chimera or Acroceraunia, thunder-ftricken by heaven, with Horace's word : *Feriunt fummos fulgura montes*, which phrafe was juftified by his violent death. Borgia, his brother, had him beheaded and ordered his body to be thrown into the Tiber.

2. The *furtouts* of the noblemen who compofed his retinue were embroidered with a winged Stag, expreffing his promptitude to fly to danger This emblem having become a fubject of mockery after his flight in Burgundy and his treafon at Pavia, he added this motto : *Curfum intendimus alis*.

3. Lorenzo di Medici had the *campaign coats* of his pikemen and the ftandards of his men at arms painted with a Laurel between two Lions, to fignify that between Strenght and Clemency, Virtue, like the Laurel, is ever verdant.

4. This motto is the monument of a deceived ambition. He coveted the tiara, and dreamed of governing the world, as is expreffed in his emblems, by the Globe and the Helm with the exergue : *Hoc opus* (my aim). Events fadly contradicted this image : having confpired with cardinal Petrucci, his dignities were taken from him and he died in exile.

---

1. Petit manteau d'armes. — 2. *Surtout* qui couvrait la cotte de mailles. — 3. *Anfpeffades*, piquiers ou hallebardiers.

Le public parisien admirait, ces jours derniers, à l'une des grandes vitrines de la rue Vivienne, une *Tapisserie de haute lice*, de fabrication française, revenue de Chine à la suite de la dernière expédition. Nous proposant de reproduire dans son entier cette œuvre remarquable, nous donnons aujourd'hui le détail du sujet principal que la belle disposition, la vigueur de l'effet & le choix des ajustements rendent particulièrement intéressant. — Une société de mandarins & de dames de qualité s'est arrêtée devant un marchand d'oiseaux rares, accroupi près de ses cages. L'une des belles tient sur son doigt un oiseau du paradis qui paraît être l'objet de son choix; un seigneur tient à la main les pièces d'or qui assureront à la dame la possession du charmant volatile. — Collection de MM. Braquenié. — (Inédit.)

最近，巴黎的公众在维维安大街的一个玻璃柜里，看到了法国制造的挂毯，这是最后一次探险时从中国带回的。对于复制这一非凡作品的工程，我们今天只给出主体的细节，其精细的构图、散发的活力和服装的搭配呈现出极为有趣的效果。在一群贩卖珍禽的商人面前，有一群官吏和女士们。一个男人蹲在他的笼子旁边，其中一位女士用手指托着一只像是被她选中的极乐鸟。有一位大人拿着一些金币，那女士将成为这只可爱小鸟的主人。

来自布拉克尼耶（Mffrs. Braquenié）的收藏。（未编辑）

The Parisian public has recently admired, in a glass-case in Vivienne Street, a *Tapestry hanging* of French fabrication, which the last expedition has brought back from China. Having the project of reproducing the whole of this remarkable work, we give to-day only the detail of the principal subject, which the fine composition, the vigour of the effects and the selection of apparels render exceedingly interesting. — A party of Mandarins and ladies of quality has stopped before a merchant of precious birds. The man lies squatting near his cages. One of the ladies holds on her finger a bird of paradise which seems to be the object of her choice. One of the lords has some gold pieces, with which the lady shall become a possessor of the charming bird. — Collection of Mffrs. Braquenié. — (Unenited.)

Les *Parterres* (du mot latin *partiri*), compartiments de gazon entrecoupés de fentiers & de plate-bandes, forment la plus riche & la plus délicate partie de l'ornementation des jardins : les derniers fiècles nous en ont laiffé des exemples remarquables. Les *Parterres de Broderie* furtout, dont on trouve déjà des applications dans les jardins des anciens Romains (*Voy.* le *Palais de Scaurus*), arrivèrent à une richeffe de compofition extraordinaire vers la fin du règne de Louis XIV. On fit entrer dans leur difpofition, généralement tirée des figures de géométrie, une foule de combinaifons de lignes droites, courbes, mixtes & d'ornements variés que le temps défigne fous les noms de *rinceaux, fleurons, palmettes, feuilles refendues, becs de corbin, trafts, nilfes, volutes, nœuds, nuifances, agraffes, chapelets, culots, graines, attaches, feuilles tronquées, dents de loup ou de trefles, panaches, compartiments, guillochis ou entrelacs, enroulements, maffifs & coquilles de gazon,* &c. On y joignait même des repréfentations de fujets pris dans la nature, tels que des fleurs & des animaux, & jufqu'aux armoiries du maître.

Nous aurons à revenir fur la manière dont ces Parterres étaient exécutés, tout en préparant une férie nombreufe de *fpécimens* de ces fortes de deffins où l'art induftriel contemporain trouvera des matériaux intéreffants pour la compofition des deffins de marqueterie, incruftations, panneaux, tentures, cuirs repouffés, tapifferies, ouvrages de femmes, &c.

Notre pl. *76* repréfente un Parterre de Broderie qui, répété fymétriquement dans les quatre fens, s'abouterait en A fur une pièce d'eau centrale circulaire ; la pl. *77* en fait voir un autre qui ne fe répéterait que dans le fens de longueur par rapport au baffin central.

花园（来源于拉丁文 partiri），草地，小径和花草沿着边沿相互交织，构成了园艺装饰最丰富、最优雅的部分。在过去的几个世纪里，有一些非常值得注意的例子。路易十四统治末期，我们正在古罗马人的园林中看到许多对于刺绣花图的应用（参考斯考卢斯宫）。构图相当丰富。花图的布置，通常为几何的装饰，采用大量的线条组合，有直线、曲线和两者的混合、捏弯、弯弯的叶片、乌鸦的嘴、捏弯、奏筒、涡形花样、念珠、波浪纹、钩子、棕榈枝、伸展开的叶片、种子、涡涡装饰、叶稍、狼牙或三叶纹、念珠、波浪纹、扭曲交缠的结、滚动纹、比如动物，花、或是纹章纹饰。玻璃和贝壳工艺品等。甚至也会在作品中呈现源于自然的主题，比如动物，花、或是纹章纹饰。

随后我们将说明这个花园的建造方式。我们准备了很多设计的范例，这些范例将给当代工业艺术提供了很多有趣的素材，包括方格图案、镶嵌物、嵌板、吊饰、压花皮革、挂毯和女红作品等等。

本书中 76 号作品展示了刺绣花图在四个方向上的重复对称性，这些重复图案的设计环绕着中央的水池。77 号作品展示了另一种花图，这个作品只是在长度上重复。

The *Parterres* (from the Latin word *partiri*), grafs *compartiments* interfected with paths and platbands, form the richeft and moft elegant part of the gardens' ornamentation. The laft centuries have left us very remarkable examples of this kind. Towards the end of Louis the Fourteenth's reign, the *Parterres of Embroidery* of which we fee many applications in the gardens of the ancient Romans (*fee the Palace of Scaurus*) attained an extraordinary richnefs of compofition. Their difpofition, generally drawn from geometrical figures, admitted a quantity of combinations of lines, ftraight, curved, mixed, and different ornaments, which the phrafeology of the time defignated under the names of : *foliages, flowerworks, palm-branches, fplitted leaves, raven's bills, darts, nills, volutes, knots, beginnings, clafps, chaplets, feeds, bottoms, cartouchs, bonds, maimed leaves, wolf's teeth or trefoils, plumages, compartiments, waved works or twifted knots, rollings, tickets and grafs fhellworks.* Even fubjects taken from nature, fuch as animals, flowers and fometimes armorial bearings, were reprefented on them.

We fhall explain fubfequently the manner in which thefe *Parterres* were executed. We are now preparing a feries of *fpecimen* of thefe forts of defigns which will offer to contemporary induftry many interefting materials for the compofition of checkerwork-drawings, incruftations, panels, hangings, embofed leather, tapeftry and ladies-works, &c., &c. Our plate *76* reprefents a part of an *Embroidery-Parterre* fymmetrically repeated in four directions, and furrounding in A a central circular piece of water. The pl. *77* fhows another *Parterre*, which is repeated only in the length.

Première Année.　　　　　　N° 14.　　　　　　31 Juilllet 1861.

L'ART · POUR · TOUS

ENCYCLOPÉDIE
DE · L'ART · INDUSTRIEL · ET · DÉCORATIF
Paraissant le 15 et le 30 de chaque mois

ÉMILE REIBER, ARCHITECTE
Directeur-Fondateur

Abonnement annuel :
Pour toute la France, 18 fr.
Pour l'Étranger, même prix , plus
les droits de poste variables.

Pour toutes demandes
d'abonnements, réclamations, etc.
s'adresser aux Bureaux du Journal,
13, rue Bonaparte, à Paris.

XVII° SIÈCLE — ÉCOLE FRANÇAISE.　　　　　**MASCARONS**
PAR CHARMETON.

Among the artifts who ftudied Ornament under Louis the Fourteenth, *G. Charmeton* diftinguifhed himfelf by a certain purety and by a compofition in which there is fome delicacy, at a period where the purfuit of amplenefs often lead artifts to heavinefs. — He has left a feries of *Mafks* edited by *N. Robert* and executed by different hands. We have freely interpreted, while correcting fome inaccuracies in the drawing, *K. Audran's* cold and colourlefs engraving.

Parmi les artiftes qui ont traité l'ornement fous Louis XIV, *G. Charmeton* fe diftingue par une certaine pureté & par une compofition qui n'eft pas exempte de fineffe, à une époque où la recherche de l'ampleur des formes faifait fouvent tomber les artiftes dans la lourdeur. Il a laiffé une fuite de *Mafques & Mafcarons* édités par le graveur *N. Robert* & exécutés par des mains différentes. Nous avons interprété librement, en corrigeant quelques inexactitudes de deffin, la gravure froide et incolore de *K. Audran.*

在路易十四时期学习装饰艺术的艺术家当中，查梅顿（G.Charmeton）以一种纯粹的精神和精致的作品将自己与他人区别开来。这一时期，对富裕的追求往往使得艺术家们感到沉重。他这一系列面具作品，由罗伯特（N. Robert）和不同的雇员编

辑整理。我们已经大量地解释，同时纠正了图纸中的一些不准确之处，奥德兰（K. Audran）的冷淡和无色的雕刻。

8

汉斯·荷尔拜因(Hans Holbein)是一位才华横溢的画家，他于 1495 年或 1498 年出生在巴塞尔，是德国学派的成员之一。 在早年，他因众多的作品和印刷插图作品而声名显著，人们惊叹于一个人的生命中如何能创作出如此海量的作品，尤其是那些知名的雕刻大师几乎镌刻了他的每一件作品。这些作品创作于他的年轻时期，几乎没有被收藏过，因此我们想要弥补这一遗憾。我们今天展示的作品，是一些关于普鲁塔克的杂记(巴塞尔版)的插图。

插图中心部分是出版商的标记，象征着财富和地位 (文艺复兴时期很受欢迎的象征)。图中描绘了一个古时候有翅膀的女性站在地球上，她的头发飘向前方，有一种稍纵即逝难以追寻的意味。

插图的四角上有以不同的动物为背景装饰的字母。类似的构图还存在于其他几位大师的作品里，我们将在后文中提到。

旁边的外部框架 (围绕着这本书)取自田园题材，是田园主题风格的。

插图外侧上下两部分人物描绘了乡村生活的乐趣和烦恼。顶部刻画的是狼偷了一只鹅，整个村子的人都出来追赶；一个老布道者出言提醒，但为时已晚；唯一听得进去他的话的人是那个受害者。在插图的底部，描绘了战胜烦恼的场景，怪物已死，人们吹着风笛载歌载舞欢庆胜利。这两部分作品，充满了生动智慧和大量的观察，与两侧立柱上儿童在绿色枝叶和葡萄藤间嬉戏的形象结合了起来。

这件作品展示了再洗礼派战争时期 (1525 年)德国农民的服饰特点。(摹本)

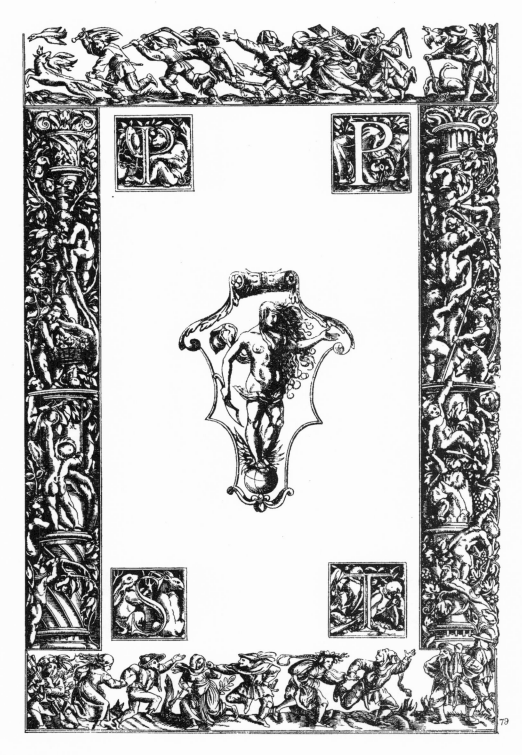

Hans Holbein, the fon of a talented painter, was born in Bafel in 1495 or 1498. He was one of the moft illuftrious mafters of the German School. Early in life he was diftinguifhed by his numerous productions as well as by his fuperior accomplifhments. To fpeak of nothing but his Work of *typographical illuftrations*, one is at a lofs to underftand how the life of a man can fuffice for the production of fuch a quantity of marvels, efpecially when it will be remembered the Mafter engraved himfelt every one of his compofitions. Thefe productions were executed in his youth and not being yet collected : — (we intend to fill up this mifling.) — We only give to-day, as a fpecimen of his *ftyle*, fome illuftrations from the Latin tranflation of *Plutarch's Mifcellanies* (Bafel edition).

The central piece is the printer's token : *Fortune* or *Occafion* (a symbol in favour among the printers during the revival of arts). — Occafion was reprefented by the Ancients under the form of a woman with winged feet ftanding on a globe, to point out its unftability and the promptitude with which it efcapes. The hair brought forward and the razor fhow the impoffibility of feizing it when once paffed.

Specimens of *Letters with different animals* in the four angles. Several alphabets of the fame ftyle and of this mafter exift; we will complete them hereafter.

The exterior frame (which furrounds the Dedication of the book) is taken from paftoral fubjects.

A fuperior and an inferior frize depicts the pleafures and troubles of rural life. At the top, o defolation! the wolf fteals a goofe; the entire village is immediately on foot, and hurries to the refcue; an old fermonizer fpeaks, but too late, of prudence; his only lifteners are the victim's comrades. In the inferior frize, joy fucceeds to trouble; the monfter is dead, and the peafants celebrate their victory by dancing an animated boree which the bagpipe plays. — The two compofitions, full of a lively wit and a great deal of obfervation, are united together by columns of a characterifed ftyle around which a quantity of children are frolicking among the green branches and the clufters of fruits and grapes.

This piece gives interefting indications on the coftume of German peafants towards the *war of Anabaptifts* (1525). — (*Fac-fimile*.)

Né à Bâle, en 1495 ou 1498, fils d'un peintre eftimé, *Hans Holbein*, un des maîtres les plus illuftres de l'École allemande, fit preuve de bonne heure d'une fécondité extraordinaire jointe à des talents d'un ordre fupérieur. Pour ne parler que de fon œuvre d'*Illustrations typographiques*, fruit des travaux de fa jeuneffe, & qui eft encore à réunir (c'eft la tâche que nous nous propofons), on a peine à comprendre que la vie d'un homme fuffife à produire tant de merveilles, furtout quand fe rappelle que la plupart de fes compofitions le maître les gravait lui-même fur bois. — Nous nous bornons aujourd'hui à donner, comme fpécimen de fa *manière*, les illuftrations de la traduction latine des *Œuvres mêlées de Plutarque* (édition de Bâle).

La pièce centrale eft la *marque* de l'imprimeur : la *Fortune* ou l'*Occafion*, figurée fur l'écuffon qui fervait d'enfeigne à fa maifon.

L'*Occafion* (fymbole qui fut fouvent choifi par les imprimeurs de la Renaiffance) était repréfentée chez les anciens par une femme debout fur une boule avec des ailes aux pieds, pour marquer fon inftabilité & la promptitude avec laquelle elle s'échappe. Les cheveux ramenés en avant & le rafoir marquent l'impoffibilité de la reffaifir, une fois qu'elle eft paffée.

Aux quatre angles nous avons difpofé des fpécimens de *lettres à beftiaux*, dont il exifte plufieurs alphabets dus au maître; nous les compléterons dans la fuite.

Le cadre extérieur fert d'entourage à la Dédicace du livre; il eft infpiré de fujets paftoraux. — Une frife fupérieure & une inférieure repréfentent les joies & les orages de la vie ruftique. Dans le haut, ô douleur, le loup ravit une oie; auffitôt tout le village eft fur pied et fe précipite: un vieillard fermonneur fait entendre les confeils tardifs de la prudence; mais il n'eft écouté que des compagnes de la victime. — Dans la frife du bas la joie fuccède au trouble; le monftre eft occis, & les payfans, au fon de la cornemufe, célèbrent par une joyeufe bourrée l'heureux événement. — Les deux compofitions, empreintes d'une fpirituelle bonhomie & d'une grande fineffe d'obfervation, font reliées par deux colonnes d'une ordonnance originale, autour defquelles une foule d'enfants s'ébaudiffent au milieu des vertes branches chargées de fruits et de raifins.

Cette pièce a en outre le mérite d'offrir des renfeignements précieux fur le coftume du payfan allemand à l'époque de la *guerre des Rustauds* (1525). — (*Fac-fimile*.)

La ville de *Colmar* fut la résidence du peintre graveur *Martin Schœngauer* dit *Martin Schœn* ou le *beau Martin* (1420-1488), l'un des artistes les plus distingués de l'Ecole allemande au xvᵉ siècle. Elle lui élève à ce titre, au milieu du préau du couvent des *Unterlinden*, dont elle a converti les bâtiments en Musée d'art & en Bibliothèque publique, un monument commémoratif, conçu par M. *Aug. Bartholdi*, dans le style ogival rhénan de l'époque. La statue représente le Maître, auquel on attribue l'invention de la gravure au burin en Allemagne, examinant une planche gravée dont il vient de tirer une épreuve ; les figurines du piédestal sont des personnifications de la Peinture, de la Gravure, de l'Etude & de l'Orfévrerie. (*Inédit.*)

画家、雕刻家马丁·斯贡戈尔（Martin Schoengauer），也被称作"英俊的马丁"（1420~1488 年），曾经居住科尔马市，15 世纪德国学派著名的艺术家之一。安科林登修道院坐落于这座城市的中心，后来被改造成艺术博物馆和公共图书馆，是一座由奥古斯特·巴尔托迪（Aug. Bartholdi）先生建造的纪念碑，是那一时期莱茵河畔尖拱顶风格的建筑。这座雕塑的顶部是一位大师，为德国刻刀雕刻的发明做出了贡献，我们可以看到，这座雕塑的插图就是那种雕刻方式的一个证明。雕塑基座上刻画了小型人物正在进行绘画、雕刻、学习金匠工作的形象。（未编辑）

The city of *Colmar* was the residence of the painter and engraver *Martin Schœngauer* or the *handsome Martin* (1420-1488), one of the most distinguished artists of the German School during the xvᵗʰ century. The city erects in the centre of the yard of *Unterlinden* Convent, the buildings of which have been converted into an artistical museum and a public library, a commemorative monument composed by Mr. *Aug. Bartholdi*, in the Rhenish ogive style of the epoch. The statue represents the Master, to whom the invention of stroke engraving in Germany is attributed, examining an engraved plate of which he has just pulled out a proof. The minor figures of the pedestal are personifications of Painting, Engraving, Study and Goldsmith's working. (*Inedited.*)

CHEMINÉES
PAR SERLIO.

Sebaſtiano Serlio, an architect, born in Bologna in 1475, in the courſe of his long travels through Italy collected the dimenſions of the principal monument of Antiquity and publiſhed ſome valuable works. The two chymneys which we give are drawn from his 4th book of Architecture. The firſt is derived from the compoſite *order;* the ſecond is of *ionic order.* (*Fac-ſimile.*)

1475 年生于意大利博洛尼亚的建筑师塞巴斯蒂亚诺·塞利奥（Sebastiano Serlio），在他漫长的意大利旅行过程中收集了古代主要纪念碑的轮廓尺寸图。并发表了一些有价值的作品。本篇我们给出的两个壁炉是从他的第四本建筑书中选取出来的。第一个作品是混合亚柱式，第二个作品是爱奥尼亚柱式。

Sébaſtien Serlio, architecte, né à Bologne en 1475, recueillit, dans ſes longs voyages en Italie, les meſures des principaux ouvrages ments de l'Antiquité et publia des ouvrages eſtimés. Les deux cheminées que nous donnons ſont tirées de ſon 4e livre d'Architecture; la première eſt dérivée de l'ordre compoſite; celle ci-deſſous, de l'ordre ionique. (*Fac-ſimile.*)

Profil du Chambranle.

XVIᵉ SIÈCLE. — ÉCOLE ITALIENNE.

Seb. **SERLII** *Opus.*

Première Année.

N° 15.

15 Août 1861.

50 centimes le Numéro

L'ART·POUR·TOUS

ENCYCLOPÉDIE
DE·L'ART·INDUSTRIEL·ET·DÉCORATIF
Paraissant le 15 et le 30 de chaque mois

ÉMILE REIBER, ARCHITECTE
Directeur-Fondateur

Abonnement annuel :
Pour toute la France, 12 fr.
Pour l'Étranger, même prix, plus
les droits de poste variables.

Pour toutes demandes
d'abonnements, réclamations, etc.
s'adresser aux Bureaux du Journal,
18, rue Vivienne, à Paris.

XVIe SIÈCLE. — ÉCOLE ALLEMANDE.

COSTUMES
PAR ALBERT DURER.

阿布雷特·丢勒（Albert Durer），德国学派的主要人物，1471 年出生于纽伦堡，1528 年逝世于此地。他旅行至荷兰、威尼斯和维也纳之后，受到了国王马克西米利安一世和查理五世的青睐。他是他父亲的学生，其父是一名金匠，同时他也是沃尔杰特（Wohlgemut）大师的学生。这位最后的大师是《纽伦堡编年史》（1493 年）的作者，那一时期的雕刻家们都对其中的服饰作品十分感兴趣，有时也会参考一二。阿布雷特·丢勒是一名杰出的画家，同时也是木版和铜版雕刻家。有人说，他还是蚀刻版画的发明者。关于他的一生和作品，实在有太多可说，我们将会讲到他非凡的肖像作品，表现激情的木版画（一系列装饰人物，基督教艺术），他的蔓藤纹样和为金匠创作的画作，《马克西米利安的胜利》（公共节日系列作品 ）等等。所有这些作品我们都将会以复制品的形式展出来。他对于装饰艺术和工业艺术的贡献还不止于此。我们不幸错过了一些他的挂毯作品，据富伦特伯爵（Comte）所称，这些作品是 14 世纪皇室藏品的一部分。其中一幅表达了激情，另一幅是关于圣约翰的，还有一副是描绘人类生活的不同特点的。

我们在本页展示的作品是《带武器的人》，它表现了土耳其战争中几名重要人物的完整形象，流向地平线的河流（多瑙河）和身着东方服饰的骑士证实了这一解释。这样的画作已经相当罕见了。雷伯（E. Reiber）先生的藏品。（摹本）

83

Albert Durer, le chef de l'École allemande, naquit à Nuremberg en 1471, & mourut dans la même ville, en 1528, après avoir parcouru les Pays-Bas, visité Venise & Vienne, & s'être attiré la faveur des empereurs Maximilien 1er & Charles-Quint. Élève de son père, qui était orfévre, & de Maître *Wohlgemut*, l'un des auteurs de la fameuse *Chronique de Nuremberg* (1493) dont les illustrations sur bois sont d'un si haut intérêt au point de vue du *costume* & que nous aurons souvent à consulter, il se distingua également comme peintre & comme graveur, porta à un degré de perfectionnement remarquable la gravure sur cuivre & sur bois, & fut, suivant quelques-uns, l'inventeur de la gravure à l'eau-forte. Nous aurons encore bien des fois l'occasion de revenir sur les détails de la vie & des œuvres de ce grand homme à propos de ses remarquables *Portraits;* de ses planches relatives à la *Passion*, &c. (série des Figures décoratives — Art chrétien); de ses *Arabesques* & dessins d'orfévrerie; de son *Triomphe de Maximilien* (série des Fêtes publiques), &c., que

nous reproduirons en *fac-simile*. — Là ne se bornent point les services rendus par ce maître à l'art industriel & décoratif de son temps. Nous avons malheureusement à déplorer la perte d'une série de Tapisseries exécutées d'après ses dessins, & qui faisaient, d'après *Florent le Comte*, partie du Garde-Meuble du Roi (Louis XIV). L'une d'elles représentait la Passion, la seconde l'histoire de saint Jean; dans une autre tenture, & qui ne devait pas être la moins curieuse, il avait représenté les différents caractères de la vie humaine.

La planche par laquelle nous inaugurerons la reproduction de son Œuvre est celle dite des *Hommes d'armes*, & représente probablement les portraits en pied de quelques grands personnages du temps de la fameuse guerre des Turcs, explication que nous semblent confirmer l'indication du grand fleuve (le Danube) qui coule à l'horizon, & le costume oriental du cavalier. — Cette estampe est devenue très-rare. — Collection de M. E. Reiber. — (Fac-simile.)

Albert Durer, the principal master of the German School, was born in Nuremberg in the year 1471, and died in the same city, in 1528, after having travelled over the Netherlands, visited Venice and Vienna, and gained the favour of the emperors Maximilian the First and Charles the Fifth. He was pupil of his father, who was a goldsmith, and also of *Master Wohlgemut*. This last master is one of the authors of the famous *Nuremberg Chronicle* (1493) of which the engravings are so highly interesting on account of the *costumes* of that period, and which we will sometimes consult. *Albert Durer* distinguished himself as a painter and also as an engraver on wood and copper; he was, according to some persons, the inventor of etching. There is much to be said on the life and works of this great man, we will speak of his remarkable *Portraits*, of the woodcuts representing the *Passion*, &c., (series of the *Decorative figures*, Christian art), of his *Arabesques* and drawings for goldsmiths, of his *Triumph of Maximilian* (series of *Public festivals*) &c., all of which will be reproduced by us in *fac-simile*. — These are not the only services rendered to industrial and decorative Art by that master. We have unfortunately to lament over the loss of a serie of *Tapestries* executed after his drawings and which, according to *Florent le Comte*, formed part of the royal Repository of Furniture under Louis the Fourteenth. One of them represented the Passion, another the history of saint John; a third, and certainly not the least curious, contained the different characters of human life.

The plate by which we inaugurate the reproduction of his Work is that one called the *Men at Arms*. It probably represents the full-length pictures of several important personages of the famous Turk war. This explanation seems to be confirmed by the great river (the Danube) which flows at the horizon, and the oriental costume of the horseman. This stamp has become quite a rarity. — Collection of Mr. E. Reiber. — (Fac-simile.)

84

雕像姿态的真实性和对于时代风格（15世纪）的细致研究，使我们感到有责任向读者展示出巴尔托迪（Bartholdi）先生公共喷泉雕塑（参见第55页）上小型人物的细节。这些小型人物位于雕塑基座的四根立柱顶部，我们从雕塑的原型中把这些人物绘制出来。

艺术家对于正在学习的人物刻画得格外用心，我们从两个角度展示了这个雕塑人物。它让我们回想起马丁·舍恩（Martin Schoen），也就是阿布雷特·丢勒（Albert Durer）时期新艺术领域的首位大师刻画的铜板雕刻人物。（未编辑）

La vérité des attitudes, la foigneufe recherche du ftyle de l'époque (xvᵉ fiècle), nous font un devoir de joindre au deffin de la *Fontaine publique* de M. A. Bartholdi (voy. p. 55) le détail des ftatuettes qui forment *amortiffement* au-deffus des quatre colonnes placées aux angles du piédeftal, & que nous avons pu deffiner d'après les modèles originaux.

La perfonnification de l'*Étude,* qui a été traitée par l'artifte avec un foin particulier, a été repréfentée fous fes deux afpects principaux. — Rappelons à propos de la figurine repréfentant la *Taille de cuivre* ou *Gravure au burin* que c'eft de *Martin Schœn* qu'*Albert Durer* (voy. p. 57) reçut, dit-on, dans fa première jeuneffe les notions élémentaires de cet art nouveau. — *(Inedit.)*

The truth of poftures, the careful inveftigation of the epoch's ftyle (xvᵗʰ century) oblige us as a duty to give, with Mr. Bartholdi's *public Fountain* (p. 55), the detail of the minor figures which furmount as crownings the four columns at the angles of the pedeftal. We have been able to draw thefe from the original models.

The perfonification of *Study,* which was compofed with particular care by the artift, is reprefented under two different afpects. — Let us recall, concerning the perfonification of *Copper* or *Stroke-engraving,* that *Martin Schœn* was, as it is faid, *Albert Durer's* firft mafter in this new art. — *(Unedited.)*

85

Cornelis Floris fut le frère de *Jacques Floris* (p. 41), & fe voua comme lui à la compofition décorative. Nous avons eu l'occafion de faire reffortir (p. 25, 27, 33, 41, 46) l'influence de la *décoration à compartiments* fur les compofitions artiftiques au XVIᵉ fiècle. La comparaifon de notre *Panneau* (probablement deftiné à être exécuté par la grande manufacture de tapis de Bruges) avec la planche de *Bérain* (p. 31) prouvera jufqu'à l'évidence que cette influence s'eft prolongée jufqu'à la fin du XVIIᵉ fiècle.

科内利斯·弗洛里斯(Cornelis Floris),是雅克布斯·弗洛里斯(Jacques Floris, 参见第 41 页)的兄弟,他同样走上了专注于装饰品创作的道路。这里,我们有机会展示隔间装饰对 16 世纪的艺术作品的影响(参见第 25, 27, 33, 42, 46 页)。本页展示的这幅嵌板作品(极有可能是布鲁日的地毯制造厂加工的)和贝朗(Berain)的作品(参见第 31 页)非常明显地证实了这种影响已经延伸到 17 世纪末期。

Cornelis Floris, the brother of *Jacques Floris*, followed the fame path (p. 41); he devoted himfelf to the decorative compofition. We have had the occafion to bring forward (p. 25, 27, 33, 41, 46) the influence of *compartment* decoration on the XVIᵗʰ century's artiftical compofitions. The comparifon between our *Panel* (probably deftined to be executed by the great carpet manufactory of Bruges) and *Bérain's* plate (p. 31), proves evidently that this influence hat ftretched itfelf as far as the end of the XVIIᵗʰ century.

86

87

88

89

90

91

92

93

94

Bien qu'un petit nombre de nos pages nous suffiraient, au befoin, pour faire affifter fommairement nos lecteurs aux rapides développements de la *Typographie françaife* au xviᵉ fiècle, nous préférons aborder de fuite, par le fpécimen ci-deffus, l'époque à laquelle elle brilla de tout fon éclat. Cette période, qui correfpond avec la fin du règne de François Iᵉʳ & le commencement de celui de Henri II, vit éclore les belles productions des Simon de Colines, des Robert Eftienne, des Angeliers, &c., à Paris; des Frellon, des Macé Bonhomme, des G. Rouille, &c., à Lyon. Les Frontifpices, Marques d'imprimeurs, Têtes de pages, Lettres ornées, portent dès lors ce cachet fpécial d'élégante fineffe qui ne laiffa rien à envier foit aux époques antérieures, foit aux civilifations voifines, fous le rapport de la pureté, de la vivacité & de l'indépendance de la compofition. C'est, croyons-nous, à la grande École de Fontainebleau qu'eft dù ce remarquable épanouiffement du génie propre à la nation, & ces arts exclufivement italiens que François Iᵉʳ avait attirés à fa cour, les artiftes français furent fe les approprier pour en tirer des développements d'un caractère tout à fait national. Les nombreux exemples que nous aurons à choifir dans les livres français de cette époque & leur comparaifon avec les produits contemporains de la typographie allemande & italienne confirmeront ce fait dans l'efprit de nos lecteurs. — *(Suite & fin, p. 92.)*

虽然只有少量的篇幅，但足以帮助我们的读者对 16 世纪法国字体的迅速发展进行简单的了解。但我们更倾向于从最辉煌的时期进行取材，这个时期就是弗朗索瓦一世统治时期与亨利二世统治初期。让我们来看一看那个时期，巴黎的西蒙·德·科林斯（Simon de Colines）、罗伯特·埃蒂安（Robert Estienne）、安格尔（Angeliers）；以及里昂的费朗（Frellon）、马塞·博诺姆（Macé Bonhomme）、胡伊（G. Rouille）的作品。这些插图、印刷标记、页首和装饰字母，从那以后就成为优雅精致的特有印记，相对于以前或者相邻时期的文明，是独一无二的。这些作品简洁、活泼、且独立。我们相信，这就是枫丹白露学派天才艺术家们非凡的展现。这些在弗朗索瓦一世宫廷中出现的意大利艺术形式，被法国艺术家们所借鉴和发展，并将其赋予法国风格和民族特征。我们从那个时期的法国书籍中选取了众多例子，并与当时德国和意大利的印刷字体相比较，足以向广大读者们证实这一观点。（以下，至第 92 页）

Though a fmall number of pages would be fufficient to affift compendioufly our readers to the rapid developments of *French Typography* during the xviᵗʰ century, we prefer giving at once a fpecimen taken from its moft brilliant epoch, which correfponds to the end of Francis the Firft's reign and the beginning of that of Henry the Second, at which period were feen the fine productions of Simon de Colines, of Robert Eftienne, of the Angeliers, &c., in Paris; of Frellon, of Macé Bonhomme, of G. Rouille, &c., in Lyons. The frontifpieces, printer's tokens, heads of pages, ornamented letters, had thenceforth the peculiar ftamp of elegant refinement which has nothing to envy to preceding epochs or neighbouring civilizations as to purity, vivacity and independent compofition. It is, we believe, to the great School of Fontainebleau that is owed the remarkable expanfion of national genius. The Italian arts which Francis the Firft had called in his court were taken by French artifts and who applied them to French tafte and drew from them developments of a real national character. The numerous examples which we will choofe in the French books of that period and the comparifon between them and the contemporary productions of German and Italian typography will confirm this fact in our readers' opinion. — *(Followed and ended, p. 92.)*

Première Année.

N° 16.

31 Août 1861.

50 centimes le Numéro

L'ART·POUR·TOUS

ENCYCLOPÉDIE
DE · L'ART · INDUSTRIEL · ET · DÉCORATIF
Paraissant le 15 et le 30 de chaque mois

ÉMILE REIBER, ARCHITECTE
Directeur-Fondateur

Abonnement annuel :
Pour toute la France, 12 fr.
Pour l'Étranger, même prix, plus
les droits de poste variables.

Pour toutes demandes
d'abonnements, réclamations, etc.
s'adresser aux Bureaux du Journal,
18, rue Vivienne, à Paris.

XVIᵉ SIÈCLE. — ÉCOLE ITALIENNE.

VASE
D'ÉNÉE VICO.

'We reproduce here as a *fac-fimile* the Frontispiece of Eneas Vico's *Vafes*, of which we have already given a specimen, p. 7. The prefent one, imitated from the Antique, has the form of an Urn and feems deftined to call to mind the remembrance of fome valiant patrician. This is clearly indicated in the ornamentation by the Lions, fymbol of valiantnefs, the Laurel, token of victory, and, as a fign of noble defcendance, the curious interweaving of the Rings worn by Roman knights on the moulded band which united the two handles. Under the pediment of the vafe thefe words are written : This is the way Roman fculptors worked marble and brafs.

Nous reproduifons ici en *fac-fimile* le Frontifpice de la Série de *Vafes* dus à Énée Vico, & dont nous avons déjà donné un fpécimen p. 7. — Celui-ci, imité de l'antique, a la forme d'une Urne & paraît deftiné à conferver la mémoire de quelque patricien qui fe ferait illuftré dans les armes : ce qu'indiquent dans l'ornementation les Lions, fymboles de la valeur guerrière, le Laurier, gage de la victoire &, en figne de noblefe de race, le curieux entrelacement des Anneaux de chevaliers romains que porte la bande moulurée qui réunit les deux anfes. — Au bas du vafe on lit cette infcription en latin : C'eft ainfi qu'à Rome les anciens fculpteurs travaillaient le marbre & l'airain.

本页我们给出了一幅第 7 页展示过的器皿的复制摹本，这件器皿是埃内亚·维科（Eneas Vico）作品。这是一件仿古作品，呈瓮形，看到其形状和图案会使人联想到英勇的贵族。狮子的装饰，象征着骁勇；月桂树的纹饰，象征着胜利，也是贵族后裔的标志。衔在狮口中的环形铸在条

状花纹装纹上，与月桂的纹饰交织结合在一起。在器皿的下方镌刻着：这就是罗马雕塑家雕刻大理石和黄铜的方式。

SIC ROMÆ ANTIQVI SCVLPTORES EX ÆRE
ET MARMORE FACIEBANT

95

Ces chapiteaux font empruntés à la décoration intérieure d'un monument rarement visité du public : nous voulons parler de la chapelle de l'Hôtel-Dieu de Paris. Nous préparons la monographie complète de l'ornementation sculpturale de cet élégant édifice. — Les détails ci-dessus, tirés de la chapelle de la Vierge & de la chapelle septentrionale, font dessinés au cinquième d'exécution.

这些柱头取材于一个鲜为人知的纪念碑的室内装饰，位于巴黎的医院教堂。关于这座雅致建筑的雕刻装饰将会完整地展现在我们的书中，后面将会呈现给读者。插图中的这些细节，来自圣母玛利亚礼拜堂和北方的小教堂，是实际尺寸的五分之一。

These heads are borrowed from the interior decoration of a monument seldom visited by the public. We speak of the Hotel Dieu's chapel in Paris. The complete monography of this elegant edifice's sculptural ornamentation is now in preparation, and will be given by us. — The details hereabove, taken from the Virgin's chapel and the septentrional chapel, are drawn on fifth of execution size.

L'empereur de la Chine *Kien-Long*, monté fur le trône en 1736, fut l'un des princes de la dynaſtie mantchoue qui contribuèrent le plus au rapide accroiſſement du Céleſte Empire par la conquête du Thibet & des provinces avoiſinantes. Le roi Louis XV crut devoir nouer avec ce prince puiſſant des relations diplomatiques definies à favoriſer les échanges commerciaux entre les deux nations. — La préſente Tapiſſerie, exécutée à la manufacture royale de Beauvais vers 1767, fur des cartons que nous attribuons au célèbre F. *Boucher*, figurait au nombre des préſents qui furent envoyés en Chine à cette occaſion. — Le ſujet ſe rattache à la penſée cachée ſous le royal cadeau. La ſcène repréſente un vaſte champ de foire où les marchands des pays lointains viennent déballer leurs produits. A gauche, au premier plan, le groupe du marchand d'oiſeaux dont nous avons donné le détail p. 51; plus loin un jongleur & un crieur public occupent une eſpèce de tribune devant laquelle une belle Japonaiſe paſſe en palanquin; au fond les portes de la ville ouvertes à de nouveaux arrivants. — *(Inédit.)*

中国乾隆皇帝荣基于 1736 年，他是满清王朝的一位皇子，征服了西藏和其他一些周边地区，为王朝版图的迅速扩张做出了极大贡献。路易十五世与乾隆建立了有友好的外交关系，促进了两国之间的商业往来。上图中的挂毯，制作于弗朗索瓦·布歇（F. Boucher），制作于弗朗伟伟皇家制造厂，在这一背景下作为礼物送给中国。挂毯描绘的主题阐释了皇家赠礼暗藏的寓意。图中的场景呈现了一场盛大的博览会，来自遥远国度的商人们正在卸货。图片的左边近景部分，是一群贩卖珍禽的商人，我们在第 51 页已经展示过了；右侧远景中，变戏法的人站在台子上，旁边是沿街叫卖的小贩，一个打扮精致的日本人乘着轿子穿过其中。更远处的背景中，城市的大门为来客敞开着。（未编辑）

The emperor of China *Kien-Long* mounted the throne in 1736. He was one of the princes compoſing the Mantchoe dynaſty who contributed the moſt to the rapid extenſion of the Celeſtial Empire by the conqueſt of Thibet and the neighbouring provinces. King Louis the Fifteenth formed with the powerful prince diplomatic relations in view of favouring commercial exchanges between the two nations. The above tapeſtry, executed at the royal Manufactory of Beauvais, toward 1767, from cartons which we attribute to F. *Boucher*, was among the preſents ſent to China on this occaſion. The ſubjeſt is illuſtrative of the idea hidden under the royal gift. The ſcene repreſents a vaſt fair, where merchants from diſtant countries are unpacking their produces. On the left ſide and firſt plan, the group of the merchant of birds which we have already deſcribed p. 51; further off, a juggler and a public cryer occupy a kind of tribune before which a fine Japaneſe paſſes in her palankeen. In the background, the gates of the city opened for new arrivals. — *(Undied.)*

5
FERMO PORRO

98

6
ANTONIO CROTTA

7
BARTOLOMMEO ALESSIO

100

8
BARTOLOMMEO MEDUNA

101

9
BERNARDINO BALDINI

102

10
CARLO ANT. GANGOLFO

103

Ces planches font fuite à la Série commencée p. 8. — Voir, pour les notices, même page & p. 50. — (Fac-fimile.)

这一系列插图中的作品从第 8 页中开始展示，详情可参考第 50 页等。（摹本）

The plates form the fequel of the feries begun p. 8. — See the notices, fame page and page 50. — (Fac-fimile.)

Première Année.　　　　　　　　　N° 17.　　　　　　　　15 Septembre 1861.

L'ART·POUR·TOUS

ENCYCLOPÉDIE
DE · L'ART · INDUSTRIEL · ET · DÉCORATIF
Paraissant le 15 et le 30 de chaque mois
ÉMILE REIBER, ARCHITECTE
Directeur-Fondateur

50·centimes·le·Numéro

Abonnement annuel :
Pour toute la France, 12 fr.
Pour l'Étranger, même prix, plus
les droits de poste variables.

Pour toutes demandes
d'abonnements, réclamations, etc.
s'adresser aux Bureaux du Journal,
18, rue Vivienne, à Paris.

XVᵉ SIÈCLE. — ÉCOLE ITALIENNE.

ART CALLIGRAPHIQUE.
ALPHABETS
PAR L. DE HENRICIS

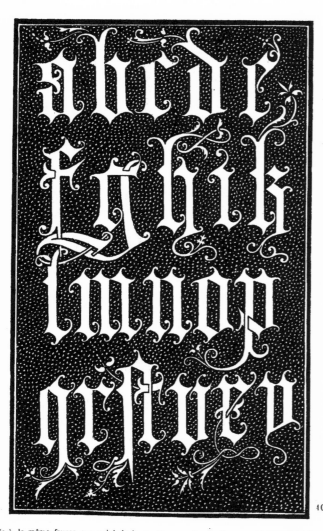

104

105

Puifés à la même fource que celui de la p. 40, ces deux Alphabets en préfentent le complément, le développement artiftique. Faifons remarquer dans celui de gauche la fimilitude des rinceaux terminaux des jambages qui dépaffent les interlignes, avec les fonds niellés de l'alphabet de la p. 60, à part l'élégance qui diftingue ces derniers. On trouvera auffi dans certains entrelacements de jambages des veftiges de la tradition *romane* (majufcules ornées des manufcrits, VIIIᵉ-XIIᵉ fiècles). — Quoique l'une des pages du livre auquel nous les empruntons porte la date précife de 1523, le ftyle de ces alphabets les range au nombre des productions de la fin du XVᵉ fiècle : ce font les dernières lueurs d'un art déjà tombé que le calligraphe a voulu rappeler.

这两张字母表，与第 40 页提到的字母表来源于同一作品，貌似互为补充和发展。这两幅作品中，枝叶状的花纹从字母表两端延伸出来，珐琅质地的背景与第 60 页展示的字母表类似，这样的设计引人注目。同时人们也发现，这种交织的花纹，具有传统罗马风格的痕迹（手稿中的花式字体，8~12 世纪），后面我们将会给出示例。尽管我们给出的例子中有一幅标明了为 1523 年，但是这些字母表的风格跨越了整个 15 世纪末期。这是艺术家试图追溯堕落艺术最后一瞥。

Thefe two Alphabets, taken from the fame work as the one fpoken of p. 40, feem to be one another's complement and artiftical development. The fimilitude exifting between the terminal foliages of the hangers, which extend beyond the lines, and the enamelled grounds of the Alphabet from p. 60 is remarkable. One finds alfo, in certain interweavings of the hangers, veftiges of the *Romane* tradition (ornamented capital letters from manufcripts, VIIIᵗʰ–XIIᵗʰ centuries), of which we will foon give examples. — Though one of the pages, from which we borrow them, has the precife date 1523, the ftyle of thefe Alphabets ranges them among the production of the end of the XVᵗʰ century. They are the laft glimpfes of a fallen art which the artift has attempted to recall.

406

Faute d'efpace ici, on reviendra ultérieurement fur cette pièce curieufe à plus d'un tître.

本页只是先行展示这幅重要的作品，后面我们将会进一步说明。

For want of place here, we will fpeak ulteriorly of this important piece.

« Boucher (François), peintre français, né en 1704 & mort en 1770, fut envoyé à Rome, obtint, à fon retour d'Italie, des fuccès de fociété, devint le peintre à la mode, & fuccéda à Carle Vanloo dans la place de premier peintre du roi. Il travaillait avec une extrême facilité & fe vantait d'avoir gagné jufqu'à 50,000 fr. par an. On l'accufe juftement d'avoir corrompu l'art. Ses tableaux, qui ne repréfentent que des amours & des bergers, ou des fcènes de plaifirs, trahiffent le mauvais goût & les mœurs dépravées de l'époque. Ils font peu eftimés aujourd'hui. »

C'eft ainfi que s'exprimait fur ce maître, en 1840, M. Bouillet dans fon excellent *Dictionnaire*. — Les temps font changés, & F. Boucher eft de nouveau mis en faveur. Nous conftatons même avec regret que le maître impur n'a trouvé que trop de fectateurs dans l'École françaife contemporaine.

Nous ne fuivrons Boucher que dans fes compofitions décoratives, & nous reproduifons aujourd'hui le *Frontifpice* de fon *Premier Livre de groupes d'enfants*, gravé par P. Aveline. — (Fac-fimile.)

法国画家弗朗索瓦·布歇（Francois Boucher），生于1704年，死于1770年。他被送往罗马，从意大利回来后获得了巨大的成功。回国后他成为流行画家，顶替卡洛·瓦洛（Carle Vanloo）的位置成为国王的首席画师。他工作极为用心并宣称自己每年能赚5万法郎，然而他却被指责玷污了法国艺术。他的这幅画作描绘丘比特和牧羊人或是撩人艳丽的场景，是那一时期不良品位和败坏道德的象征。时至今日这些作品也鲜为人所称道。

然而，在1840年，布耶（Bouillet）先生在他的传记中盛赞了弗朗索瓦·布歇。现在，时代变了，布歇受到了欢迎。我们不得不承认，如今在众多法国画家当中，这位并不谦逊的大师却拥有众多信徒。

本书中我们只会谈到布歇的装饰作品，并从他的《关于孩子们的第一本书》开始，这幅作品由艾夫琳（P. Aveline）所刻。（摹本）

« Boucher (Francis), a French painter, was born in 1704 and died in 1770. He was fent to Rome, and obtained great fuccelfes on his return from Italy. He became the painter in fafhion and fucceeded to Carle Vanloo in the place of the king's firft painter. He worked with extreme facility and boafted of having gained as much as 50,000 fr. per annum. He is accufed with juftice of having corrupted the French art. His paintings, which reprefent nothing but cupids and fhepherds or voluptuous fcenes, are indicative of that period's bad tafte and depraved morals. They are but little appreciated to-day. »

Thus, in 1840, Mr. Bouillet appraifed F. Boucher in his excellent biographical *Dictionary*. Now, alas, the times are changed, and F. Boucher is againft in favour. We reluctantly afcertain how many votaries the immodeft mafter has found among French painters of this day.

We will only fpeak of *Boucher*'s decorative compofitions and begin with the *Frontifpiece* of his *Firft Book of groups of children* engraved by P. Aveline. — (Fac fimile.)

108

109

110

111

112

Ces ornements, originairement exécutés pour le *Strabon* (édit. de Bâle), furent, vers la fin du xvıᵉ siècle, employés pour les titres & têtes de page des dernières éditions allemandes de la fameuſe *Coſmographie* de *Seb. Munſter*. Les premières éditions (latine & italienne) de ce livre ſont également illuſtrées par *H. Holbein* (p. 54). Nous y puiſerons une foule de documents précieux ſous le rapport du coſtume, du portrait, des armoiries, vues pittoreſques, &c. — Le ſtyle des ornements ci-deſſus, & qui ſont des produits de la jeuneſſe du maître, témoigne des efforts tentés par celui-ci pour ſe dégager de l'influence germanique & ſe rapprocher de l'art italien. Nous montrerons ultérieurement le parti qu'il tira des travaux des maîtres vénitiens, auxquels il emprunta notamment, en les copiant fidèlement, les plus beaux *Frontiſpices*, juſqu'à ce que ſa manière devînt plus accentuée. Notre prochain numéro donnera, en parallèle de cette page, des compoſitions typographiques de l'artiſte arrivé à la maturité de ſon talent. — (*Fac-ſimile.*)

这些装饰图案，起初被用在斯特拉波的巴塞尔地图上，至 16 世纪末期，被作为标题和卷首插画用在塞巴斯丁·缪斯特（Sebastian Münster）的宇宙论著作当中。这本书的首个版本（拉丁语和意大利语）中的插画是由荷尔拜因（H. Holbein）所做（参见第 54 页），我们借用了其中大量珍贵的文件，比如关于肖像、服装的，以及纹章和风景画等等。上图中装饰物的风格是大师年轻时的创作，能够看出他努力尝试摆脱德国式风格的影响，并逐渐向意大利艺术风格的靠近。我们即将展现他仔细研究威尼斯大师们作品，当他还未确定自己风格的时候，对这些漂亮扉页和插图的借鉴模仿和忠实地复制。我们在下一篇章中将会给出本页所相关的作品，那些作品将来自于大师的成熟时期。（摹本）

Theſe ornaments, originally deſtinated to *Strabon*'s Baſel edition, were uſed towards the end of the xvıᵗʰ century for titles and heads of pages, of the laſt German editions of *Seb. Munſter*'s famous *Coſmography*. The firſt editions (Latin and Italian) of this book are alſo illuſtrated by *H. Holbein* (p. 54). We will borrow from it a quantity of precious documents relative to the portrait, coſtume, armorial bearings, pictureſque views, &c., &c. The ſtyle of the above ornaments, which were the maſter's youthful productions, teſtify of his attempts to diſengage himſelf from the German influence and draw nearer the Italian art. We will ſhow ulteriorly how attentively he ſtudied the works of the Venetian maſters, from which he borrowed or rather copied faithfully the moſt beautiful of *Frontiſpieces* as long as his manner was not quite decided. Our next number will give, a parallele to this page, ſeveral typographical compoſitions from this maſter when at the maturity of his talent. — (*Fac-ſimile.*)

Première Année.　　　　　　Nº 18.　　　　　　30 Septembre 1861.

50 centimes le Numéro

L'ART · POUR · TOUS

ENCYCLOPEDIE

DE · L'ART · INDUSTRIEL · ET · DÉCORATIF

Paraissant le 15 et le 50 de chaque mois

ÉMILE REIBER, ARCHITECTE

Directeur-Fondateur

Abonnement annuel :
Pour toute la France, 12 fr.
Pour l'Étranger, même prix, plus
les droits de poste variables.

Pour toutes demandes
d'abonnements, réclamations, etc.
s'adresser aux Bureaux du Journal,
18, rue Vivienne, à Paris.

XVIᵉ SIÈCLE. — ÉCOLE ALLEMANDE.　　　　ORNEMENTS TYPOGRAPHIQUES

PAR H. HOLBEIN.

We complete to-day, by this feries of *little Friezes*, the reproduction of the typographical illuftration of *Plutarch's Mifcellanies*, Latin tranflation (Bafle, Cratander, September 1530), of which we have already given a fpecimen, p. 54. We add two new types of *animated* letters.

This fmall collection feems to refume the beft *H. Holbein*'s talent in typographical compofitions. All thefe pieces bear the ftamp of a moft elegant fentiment. They are, befides, very carefully executed and muft have been achieved under the mafter's own eyes. — (*Fac-fimile.*)

Nous complétons aujourd'hui par cette férie de *petites Frifes* la reproduction des illuftrations typographiques de la traduction latine des *OEuvres mêlées de Plutarque* (Bâle, Cratandre, feptembre 1530), dont nous avons déjà donné un fpécimen p. 54. Nous y avons ajouté deux nouveaux types de lettres *à beftiaux*.

Cette petite collection nous paraît le mieux réfumer le talent de *H. Holbein* dans fes compofitions typographiques. Toutes ces pièces font empreintes d'un fentiment raviffant ; elles ont en outre le mérite d'une facture très-foignée & doivent avoir été exécutées fous les yeux du maître. — (*Fac-fimile.*)

本页展示的是一系列小型饰带，是《普鲁塔克杂记》印刷本插图的复制品，其拉丁文译本于 1530 年 9 月，巴德（Basle）、卡唐德（Cratander）所著。我们曾在第 54 页展示过其中一幅范例。本页我们还加入了两幅生动的字母作品。

这些小作品体现了荷尔拜因（H. Holbein）在排版创作上的极佳天赋。作品花纹样式展现了优雅的情调。除此之外，两幅作品的制作一定非常细致谨慎，很有可能是大师亲自负责完成的。（摹本）

123

En architecture, la *Frise* est la partie de l'Entablement comprise entre l'*Architrave* & le *Couronnement*. L'architrave réunit & réfume la fuite des traverfes qui relient entre elles les parties fupérieures des colonnes ou montants, & la frife exprime la hauteur du folivage qui venait fe pofer fur l'architrave pour former plafond à l'intérieur. Les têtes de ces poutres étaient indiquées chez les Grecs par les *Triglyphes;* les intervalles des Triglyphes remplis par les *Métopes*, ornements fculptés qui, lorfqu'on fupprima les triglyphes, fe fondirent en un feul ornement, courant fur toute la longueur du monument.

En Décoration, on donne plus particulièrement le nom de *Frife* à toute efpèce d'ornement courant, régnant dans le fens horizontal & à diverfes hauteurs dans une décoration quelconque. Nous extrayons des Œuvres de *S. Serlio* (p. 56) une planche de frifes qu'il donne à propos des *Plafonds apparents* (ordre compofite). On y trouvera des *rinceaux* (f, g, h, i), des *arabefques* (a, b, c, e), des *grecques* (s), des *poftes* (o, t), des *entrelacs* (k, l, m, n, p), &c., dont l'ufage eft fi fréquent dans toute œuvre décorative. — (Fac-fimile.)

在建筑当中，饰带是柱上楣构的一部分，是古典建筑石横梁与挑檐之间的部分。这些作品统一并恢复了一系列显示了放置在拱门上的托梁的高度，从而与天花板形成对比。希腊人用陶立克柱式的三陇板装饰横梁的顶部；三陇板之间是墙面，上有雕刻的装饰，当三陇板消失的时候，就变成了横跨覆盖整个作品长度的装饰带。

饰带的名字更大程度上来源于不同高度上的任何一种水平走向的装饰。第56页中，我们选取了塞巴斯蒂亚诺·塞利奥（Sebastiano Serlio）的一系列饰带作品（组合柱式）。在这一页，我们可以看到枝叶状纹饰（如图 f，j，h，i），蔓藤花饰（如图 a，b，c，e）、回纹饰（如图 s）、漩涡式海浪纹（如图 o，t）、绳纹（如图 k，l，m，n，p）等等。这些纹饰都经常被用于装饰作品中。（摹本）

In Architecture, the *Frieze* is a part of the Entablature included between the *Architrave* and the *Crowning*. The architrave unites and refumes the feries of crofs-bars which bind together the fuperior parts of the columns or uprights, while the frieze indicates the height of the joift which was placed on the architrave to form interior ceilings. The Greeks ornamented the heads of thefe beams with *Triglyphs;* the intervals between the triglyphs were occupied by *Metopas*, fculptured ornaments which, when the triglyphs difappeared, became an ornament running along the monument's whole lenght.

The name of *Frieze* is more fpecially given in Decoration to a fort of ornament running horizontally and at different elevations in any kind of decoration. We take from *S. Serlio's* works (p. 56) a feries of friezes which he gives in reference to the *apparent Ceilings* (compofite order). In thefe works will alfo be found *foliages* (f, g, h, i), *arabefques* (a, b, c, e), *frets* (s), *rollings* (o, t), *twines* (k, l, m, n, p), &c., all of which are frequently ufed in every decorative work. — (Fac-fimile.)

WAERHAFTICH·GEKONTERFET·BERNT·KNIPPERDOLLICK
DER·XII·HERTOGEN········EYN·THO·MONSTER·

IGNOTVS·NVLLIS·KNIPPERDOLLINGIVS·ORIS·
TALIS·ERÃ·SOSPES·CVM·MIHI·VITA·FORET·
HINRICVS·ALDEGREVER·SVSATIẼ·FACI
1536

Henri Aldegrave (Aldegræver ou Altgraf), né à Soeſt, en Weſt-phalie, en 1502, mort vers 1562, eſt claſſé au premier rang des *Petits Maîtres*, génération de graveurs allemands, la plupart élèves d'Albert Durer, & qui n'ont produit que des pièces de petite di-menſion. — Celle-ci fait exception à la règle : c'eſt une des pièces capitales du maître ; elle reproduit le buſte de *Bernard Knipper-dollinck*, l'un des douze ducs ou apôtres du chef des Anabap-tiſtes, du fameux *prophète Jean de Leyde*. Cette mâle phyſionomie eſt empreinte d'une remarquable expreſſion de candeur & de loyauté. Ce révolutionnaire utopiſte périt écartelé après la priſe de Munſter, en 1535. — (Fac-ſimile.)

亨利·阿尔德格雷夫（Henry Aldegrave, Aldegraever 或 Altgras）1502 年出生于威斯特伐利亚州的瑟斯特，1562 年去世。他是"小大师"一派的头号人物。所谓"小大师"，源于德语 Kleinmeister，指的是细密铜版画家，是 16 世纪在阿布雷特·丢勒（Albert Durer）的影响下以创作小尺寸铜版画为主的画派。但这幅作品是一个例外，它是亨利的重要作品之一，是一幅伯纳德·尼普多林克（Bernard Knipperdollinck）半身像的复制品，伯纳德是再洗礼教派先知让·德·莱德（Jean de Leyde）的十二公爵（或使徒）之一。充满男子气的脸庞上透露出一种非凡的坦率和忠诚。1535 年，在明斯特被占领之后，这个理想化的革命被粉碎了。（摹本）

Henry Aldegrave (Aldegræver or Altgraf) was born in Soeſt, a Weſtphalian city, during the year 1502, and died towards 1562. He is placed among the firſt of the *Little Maſters*, a generation of German engravers, for the moſt ſcholars of Albert Durer, and who have produced but works of ſmall dimenſions. The pre-ſent plate is an exception to this rule. It is one of the maſter's capital pieces and reproduces the buſt of *Bernard Knipperdollinck*, one of the twelve dukes or apoſtles of the Anabaptiſt prophet *Jean de Leyde*. A remarkable candor and loyalty pervades this manly face. In 1535, after the taking of Munſter, this revolu-tionary utopian was quartered. — (Fac-ſimile.)

PIECES
D'ARCHITECTVRE
OV SONT COMPRISES PLV-
SIEVRS SORTES DE CHEMINE-
es, portes, tabernacles et autres parties auec tous leurs ornements. ET
appartenances nouuellement inuen-
tées par Pierre Collot Architecte

16 3 3
A Paris Chez Mich. van Lochom, rue S Iacques à la
resi blanche couronnée

125

Frontispice des OEuvres de *Pierre Collot*, que nous avons annoncé à nos lecteurs p. 14. La composition de cette pièce, qui est un sujet de Cheminée, présente un singulier mélange de symboles chrétiens confondus avec ceux empruntés au paganisme. Deux colonnes ioniques, s'élevant sur des piédestaux en forme de gaînes à têtes d'ange, supportent un couronnement à fronton circulaire rompu & contourné en volutes. Le centre du fronton contient un écusson d'armoiries, & ses pentes sont remplies par des espèces de sphinx.

L'ensemble de cette ordonnance entoure un Cadre destiné à recevoir la glace ou quelque sujet de peinture ou de tapisserie; il est supporté par deux satyres accroupis. Les figures assises de l'Espérance & de la Foi forment *amortissement* aux deux côtés de cette composition. — *(Fac-simile.)*

在本书的第 14 页，我们曾向读者承诺展示皮埃尔·科洛的作品。这件作品是一个壁炉架，它呈现了一种基督教元素混合着异教徒元素的表现方式。两根爱奥尼亚式立柱，放置在有叶鞘状承托的基座上，上有天使的头像，支撑着顶部圆拱形的山形墙，上面饰有漩涡状花纹。山形墙的中央是一个饰有纹章的盾，拱形的斜坡上卧着狮身人面像。

整个构图都围绕着一个像镜框的框架展开呈现，可能是一幅画的主题，或者是一张挂毯。这一部分由两个蹲着的森林之神萨蒂尔（Satyrs）支撑。两个坐着的人物象征着希望和信仰，构成了山形墙的下端部分。（摹本）

Frontispiece of *Pierre Collot*'s works, which we have promised to our readers, p. 14. This composition, which is intended for a mantlepiece, presents a singular mixture of christian symbols mingled with pagan ones. Two ionic columns, placed on pedestals bearing the form of sheaths, with angels' heads, support a crowning with a circular pediment forced in volutes. The centre of the pediment contains an armorial escutcheon. The declivities are occupied by a kind of sphinx.

The whole of this composition surrounds a frame destined to receive a looking-glass, a painted subject or even tapestry. It is supported by two crouching Satyrs. The seated figures of Hope and Faith form *pediment* on both sides of this composition. — *(Fac-simile)*

Première Année.　　　　　　N° 19.　　　　　15 Octobre 1861.

50 centimes le Numéro

L'ART·POUR·TOUS

ENCYCLOPÉDIE
DE·L'ART·INDUSTRIEL·ET·DÉCORATIF
Paraissant le 15 et le 30 de chaque mois

ÉMILE REIBER, ARCHITECTE
Directeur-Fondateur

Abonnement annuel :
Pour toute la France, 12 fr.
Pour l'Étranger, même prix, plus
les droits de poste variables.

Pour toutes demandes
d'abonnements, réclamations, etc.
s'adresser aux Bureaux du Journal,
18, rue Vivienne, à Paris.

XVIIIe SIÈCLE. — ÉCOLE FRANÇAISE.　　　　　　　　　VASES
　　　　　　　　　　　　　　　　　　　　　　　　　　　PAR BOUCHARDON.

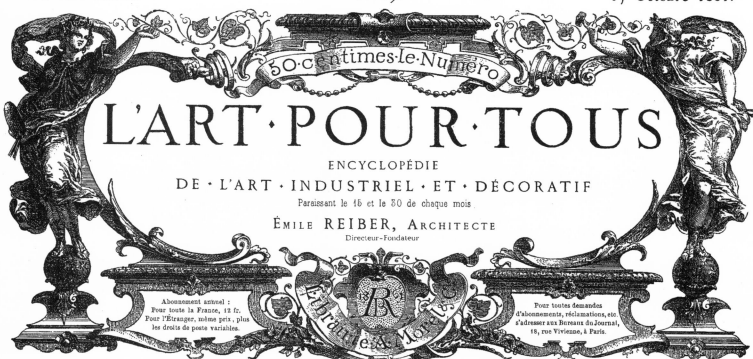

A toutes les époques de l'Art, on est heureux de constater la part active que prenaient les grands artistes au développement de l'art industriel de leur temps. Les compositions de *Vases d'Edme Bouchardon*, sculpteur du roi, en font un exemple & témoignent des efforts tentés par cet artiste pour créer des *formes* nouvelles. Aussi peut-on dire que dans cette suite de Vases il devance son époque & prépare les éléments du style qui caractérise le règne suivant (Louis XVI). S'inspirant de l'antique, il abandonne franchement ce fouillis de rocailles où s'égarent ses contemporains & revient à la simplicité, à l'unité dans la composition. — Le Vase de gauche, composé de sujets aquatiques, paraît destiné à décorer une fontaine ou les abords d'un baffin. Celui de droite, en forme d'urne, présente la curieuse configuration d'une chrysalide, ingénieux symbole de l'immortalité de l'âme. — Gravure de Huquier. — (Fac-simile.)

几乎在所有的艺术时代，伟大的艺术家在工业艺术的发展中所扮演的角色都是非凡的。国王的雕塑家埃德姆·布沙东（Edme Bouchardon）所创作的器皿，就是我们所表达的内容的例证，清楚地证明了艺术家对新形式的影响。透过这一系列器皿作品，可以看出他预见了下一个时期（路易十六）的风格并为此做了准备。从古物中获得启发和灵感后，他抛弃了同时代流行的石雕作品，回归了朴素统一的构图风格。

左边的花瓶，雕刻着水生生物，似乎是为喷泉或者水池设计的。

右边的花瓶呈瓮形，看起来像一只茧蛹，巧妙象征了邪恶不朽。哈吉尔（Huquier）雕刻。（摹本）

At almost every artistical epoch, the part taken by great artists in the development of industrial art is remarkable. The compositions of *Vases* by *Edme Bouchardon*, the king's sculptor, are an illustration of what we say, and testify clearly the artist's tendencies towards new *forms*. In this series of Vases it can be said he anticipates his epoch, and prepares the elements for the style, characteristical of the next reign (Louis the Sixteenth). After inspiring himself with the antique, he abandons the heap of rock-works in which his contemporaries wander, and returns to simplicity and unity in composition. — The left Vase, composed of aquatic objects, seems intended for a fountain or a basin. — The right one, bearing the form of an urn, presents the aspect of a chrysalis, an ingenious symbol of the soul's immortality. — Engraving of Huquier. — (Fac-simile.)

127
129
130
128
131

Ces pièces font fuite à l'intéreffante férie commencée p. 16. — (Fac-fimile.)

第 16 页展示了一系列有趣的作品，本页的作品是其续篇。（摹本）

Thefe pieces are a continuation to the interefting feries begun p. 16. — (Fac-fimile.)

132

Détail de la Cheminée de la pl. 47. Compofition de M. Ch. Blu-
mer, élève de E. Reiber. — Les deux gaînes repréfentent la
Nature & l'Art. — Payfage décoratif par M. H. Harpignies
(Salon de 1861). — Au dixième de l'exécution. (Inédit.)

这里展示的是第 47 页壁炉作品的细节，由布鲁默（Ch.
Blumer）先生创作，他是瑞博（E. Reiber）先生的学生。
里面的两个人物代表着自然和艺术。中间的装饰性风景画
由阿皮尼（Harpignies）先生创作（1861 年于巴黎展出）。
实际尺寸的十分之一。（未编辑）

Detail of the Chimney p. 47. Compofition of Mr. Ch. Blumer, pupil of Mr. E. Reiber. — The two figures reprefent
Nature and Art. — The decorative landfcape by Mr. H. Harpignies (Exhib. Paris, 1861). — 10ᵗʰ exec. fize. (Unedited.)

LE LIVRE DES IMPÉRATRICES ROMAINES

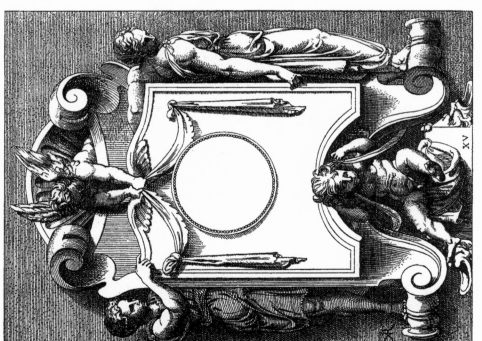

134

JULIE, daughter of Marcus Agrippa and of *Julia*, herself the daughter of Augustus, was brought up with as great care as her mother, by the emperor, and scandalized the Roman world by her misdemeanours. Her busts and statues were destroyed by the orders of Augustus. Our author has left empty, in his composition, the place of her medal.

VESPASIA POLLA, of the illustrious Pollions' family, was mother of the emperor *Vespasian* and distinguished herself by her mildness and her piety. There was formerly between Nursia and Spoleto a spot named *Vespasia* where the marks of the Vespasians' ancientness and the virtues of this empress were visible.

JULIE, fille de Marcus Agrippa & de *Julie*, fille d'Auguste, élevée comme sa mère avec soin par l'empereur, scandalisa comme elle le monde romain par ses déportements. Ses bustes & ses statues furent détruits par les ordres d'Auguste, & notre auteur a laissé vide, dans sa composition, la place de sa médaille.

VESPASIA POLLA, de l'illustre famille des Pollions, fut mère de l'empereur *Vespasien* & se distingua par sa douceur & sa piété. Il y avait autrefois entre Nursie & Spolète un lieu nommé *Vespasie* où l'on voyait encore les marques de l'ancienneté des Vespasiens & de la vertu de cette impératrice.

朱莉娅（Julia），是马库斯·阿古利巴（Marcus Agrippa）和朱莉娅（Julia）的女儿。其母朱莉娅（Julia）是奥古斯都（Augustus）的女儿。她同她母亲一样都被悉心照料长大，但其不端行为却令整个罗马感到震惊。奥古斯都下令毁了她的半身像和雕塑，因此作者在她的肖像的位置留下了空白。

维斯帕西娅·波拉（Vespasia Polla），著名的帕易家族成员，是罗马皇帝维斯帕先（Vespasia n）的母亲。她的温柔和虔诚令她与众不同。之前在努西亚和斯波莱托之间有一名叫维斯帕先的地方。那里记录着维斯帕先的古雅和皇后的美德。

133

XV

Première Année.   N° 20   31 Octobre 1861.

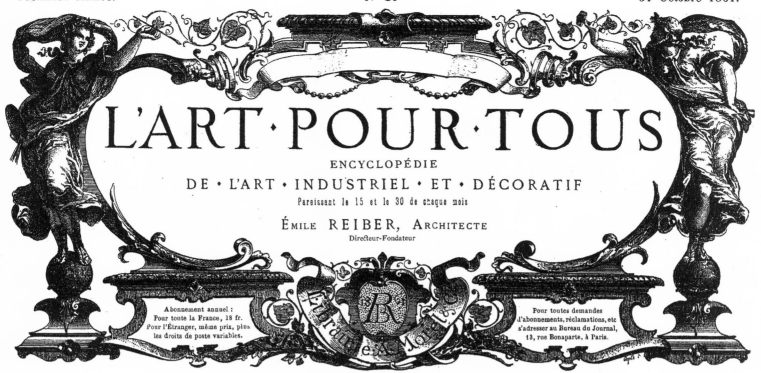

L'ART·POUR·TOUS

ENCYCLOPÉDIE
DE · L'ART · INDUSTRIEL · ET · DÉCORATIF
Paraissant le 15 et le 30 de chaque mois

ÉMILE REIBER, ARCHITECTE
Directeur-Fondateur

Abonnement annuel :
Pour toute la France, 18 fr.
Pour l'Étranger, même prix, plus
les droits de poste variables.

Pour toutes demandes
d'abonnements, réclamations, etc
s'adresser au Bureau du Journal,
13, rue Bonaparte, à Paris.

XVIIIᵉ SIÈCLE. — ECOLE FRANÇAISE (LOUIS XVI).   FACE D'ALCOVE
PAR P. PATTE.

135

Les conditions d'hygiène exigées par le confort moderne tendent à proscrire l'usage des *Chambres à Alcôve*, dont la ventilation ne peut jamais s'opérer d'une façon complète. Les beaux types qui nous restent de ces sortes d'appartements sont ordinairement revêtus de lambris de toute hauteur, à la réserve du pourtour intérieur de l'alcôve, garni d'étoffes semblables à celles du lit. Il était d'usage de faire régner la corniche du plafond sur le devant de la grande ouverture à chambranle. Les deux garde-robes latérales étaient éclairées par des portes vitrées ou des dessus de porte à glaces avec gazes peintes par derrière. — Cette alcôve, composée par *P. Patte* (p. 29), architecte du Prince palatin, duc de Deux-Ponts, a été exécutée en l'hôtel de ce prince à Paris (1777).

现代舒适的环境所要求的卫生条件倾向于不再使用带有壁龛的房间，因为在这种情况下，不能够进行良好的通风。插图中展示的这种寓所的精美模型就是带有壁龛的房间，内部挂着类似于床帏的装饰。这种习惯是在壁龛开口处把天花板的檐口延长，两侧衣橱的上方装有玻璃并饰以薄纱。这件壁龛作品由帕特（P. Patte）创作（参见第29页）于行使王权的巴拉丁伯爵的辖地，他是德庞（Deux-Ponts）公爵的建筑师，作品1777年建造于巴黎王子酒店。

The conditions of hygiene required by modern comfort tend to banish the use of *Rooms with alcoves*, in which ventilation can never be complete. The fine models which remain of these sorts of apartments are generally adorned with vainscot on the entire elevation, excepting the interior circumference of the alcove, which was hung with stuffs similar to those of the bed. It was the habit of prolonging the cornice of the ceiling on the front of the large opening with chambranle. The two lateral wardrobes took light by glass-doors or glasses placed on the upper part of doors with painted gauzes behind. — This alcove, composed by *P. Patte* (p. 29), the prince Palatinate, duke of *Deux-Ponts'* architect, has been executed in this prince's hotel at Paris (1777).

Compoſita

Corinthia

·IZ·

136

L'uſage d'orner tout ou partie des *Fûts de colonnes* remonte, comme nous le prouverons par des exemples, aux temps les plus reculés. Lorſque l'on diminua le diamètre des colonnes à partir du tiers de la hauteur, une moulure ou *aſtragale* cachait ordinairement l'arête ou *jarret* formé en cet endroit, & des ornements de toute nature venaient couvrir le tiers inférieur du fût. Quoique cette pratique remonte aux temps de la décadence romaine, ce genre d'ornementation, dont la Renaiſſance a tiré un grand parti, préſente un côté rationnel, en ce qu'il donne une certaine ſolidité d'aſpect à la partie du fût voiſine de la baſe. — La décoration ci-deſſus eſt inſpirée des panneaux-arabeſques antiques. (V. ſur *Vrieſe*, pp. 13, 27, 33.) Gravure de J. Cock. — (*Fac-ſimile.*)

据我们考证，这件物品的装饰部分，或者说是柱身装饰的风格，起源于非常古老的时代。立柱的直径在下部三分之一处有所缩小，用半圆饰装饰，向下的部分全部覆盖装饰花纹。尽管这种做法源于罗马衰败时期，但这些在文艺复兴时期被广泛使用的装饰品，呈现出其合理的一面，就是在立柱下半部分呈现出一种稳固的外观。上图的装饰灵感来自古老蔓藤花纹嵌板（详见弗里塞部分，第 13，27，33 页）。柯克（J. Cock）雕刻。（摹本）

The habit of ornamenting part or the whole of *Fuſts of columns* takes its origin, as we will prove, in the moſt ancient times. Wen the diameter of the columns is diminiſhed from the third of the elevation, a moulding or *aſtragal* hides generally the ridgn or ſaliant angle formed in this place, and ornaments of every deſcription cover the fuſt's inferior part. Though this practice comes from the Roman downfall, theſe ornaments, which were much uſed during the Revival of arts, preſent a moſt rational ſide as giving a certain ſolidity of appearance to the lower part of the fuſt. — The decoration here above was inſpired by the antique arabeſque-panels. (See, on *Vrieſe*, p. 13. 27, 33.) Engraving by J. Cock. — (*Fac-ſimile.*)

De tous les trésors que possède la riche bibliothèque du roi de Bavière, à Munich, un des plus inestimables est sans contredit l'exemplaire unique d'un *Livre d'heures latines*, imprimé sans lieu ni date en caractères gothiques sur vélin pet. in-fol., & qui serait à lui seul un précieux chef-d'œuvre de l'ancienne typographie allemande, si les marges du livre n'étaient encore illustrées de dessins à la plume des deux grands maîtres *A. Durer* (p. 57) & *Lucas Cranach.* — Le sujet de la page (la 35ᵉ verso) que nous extrayons est l'*Annonciation* & se rapporte au texte inclus dans le cadre intérieur : *Hore intemerate virginis Marie* &c. Elle porte le monogramme d'Albert Durer, ainsi que la date 1515. (*Fac-simile.*) — Nous proposant de compléter cette intéressante collection, qui paraitra ainsi pour la première fois en Typographie, & dont l'ornementation est empruntée au règne végétal, nous consacrerons la place des *textes* à des sujets analogues. Nous reviendrons sur l'*Herbier* de *J. Bock* 1530 d'où les deux dessins de plantes ci-dessus sont tirés.

在慕尼黑的巴伐利亚图书馆的丰富馆藏中，最为珍贵的无疑是仅存的孤本《时间之书》，印在羊皮纸上的哥特式字体，没有具体年代和地点，是一个小的对开本。这幅图为古老而珍贵的德式排版的大师作品，边饰的钢笔画出自丢勒（A. Durer，参见第57页）和卢卡斯·克拉纳赫（Lucas Cranach）两位大师之手。本书第35页出现的主题——圣母领报，就是取材于这本书，其中写着拉丁文的"纯洁的圣母玛利亚"，还有丢勒的花体字母装饰和日期1515。（摹本）

我们将完成这一首次出现在印刷品当中的有趣系列，其中的装饰画是蔬菜的图案。我们还打算将文本安排在类似主题的位置，后面还将会提到博克（J. Bock）的《草药志》，这两株植物就是从该书中摘取的。

Of all the treasures contained in the king of Bavaria's rich library in Munich, the most invaluable is unquestionably the only existing copy of a *Book of Latine Hours*, printed on vellum, in Gothic characters, without date or place, and forming a small in-folio. This work, which would be alone a precious masters piece of the ancient German typography, is illustrated on the margins of the pages with pen-drawings from the two masters *A. Durer* (p. 57) and *Lucas Cranach.* — The subject of the page (the 35ᵗʰ vero) taken from this book is *Anunciation*, and is related to the Latine text included in the interior frame : *Hore intemerate virginis Marie*, etc. It bears Albert Durer's monogram and the date 1515. (*Fac-simile.*) — We will complete this interesting collection which will appear for the very first time in Typography, and the ornamentation of which is borrowed from the vegetable kingdom ; we also intend to appropriate the place of the texts to analogous subjects. We shall speak again of *J. Bock's Herbal*(1530) from which these two plants are taken.

Plan de la Tablette de marbre, qui fait
le Couronement de la Table Sy dessus.

138

Plan de la Tablette de marbre, quy fait
le Couronement de la Table Sy dessus

139

L'œuvre complète des deux *Cuvilliés* forme un tort vol. in-fol. dont nous extrayons ces deſſins de *Tables* qui font un type de ce que le *Style rocaille* a produit de plus *fleuri*. Tout en appliquant à ces deux pièces les remarques faites p. 45, nous ne faurions méconnaître les brillantes qualités qui donnent ce cachet de ſpirituelle élégance & d'abondante facilité à toute œuvre d'art françaiſe de cette époque. — Gravure de *Largilliez.* — (*Fac-ſimile.*)

这两件库维利（Cuvillié）的完整作品构成了以下的一幅大的卷本，我们从表中摘取出的插图被认为是石雕风格中最为华丽的作品。尽管我们在45页中作了评论，但我们无法否认这一时期的辉煌，它给那个时期的每一件法国艺术贴上了优雅的标签。拉赫热伊（Largilliez）雕刻。（摹本）

The two *Cuvillié's* complete work forms a large volume in-folio, from which we extract theſe drawings of *Tables* to be conſidered as an extravagant model of what the *rock-work ſtyle* has produced of moſt *flowery*. Though our remarks (p. 45) are appliable to theſe pieces we cannot deny the brilliant qualities which give a ſtamp of elegant diſtinction and abundant facility to every French work of art during this period. — Engraving by *Largilliez.* — (*Fac-ſimile.*)

Première Année.   N° 21.   15 Novembre 1861.

L'ART · POUR · TOUS

ENCYCLOPÉDIE
DE · L'ART · INDUSTRIEL · ET · DÉCORATIF

Paraissant le 15 et le 30 de chaque mois

ÉMILE REIBER, ARCHITECTE
Directeur-Fondateur

50 centimes le Numéro

Abonnement annuel :
Pour toute la France, 12 fr.
Pour l'Étranger, même prix , plus
les droits de poste variables.

Pour toutes demandes
d'abonnements, réclamations, etc.
s'adresser aux Bureaux du Journal,
18, rue Vivienne, à Paris.

XVIᵉ SIÈCLE. — ÉCOLE FRANÇAISE.

FIGURES DÉCORATIVES.

LES DIEUX, PAR MAITRE ROUX.

DIVORVM·GENITOR·SVMMISAT·VRVVS·OLYMPI·   140

OPIS·SATVRNI·CONIVNX·MATERQVE·DEORVM·   141

Ces deux pièces, représentant SATURNE dévorant ses enfants (voy. p. 46) & OPS (la grande déesse italique de la richesse & de la fécondité), commencent la série des *Vingt Dieux* du *Rosso* (École de Fontainebleau) reproduite par *Jacques Binck*, de Cologne, sur les gravures originales du *Caralio*. Cette belle suite sera donnée au complet. — (*Fac-simile.*)

这两幅作品描绘了萨图恩（Saturne）吞食他的孩子的情景（参见第46页）和奥普斯（Ops，财富和繁殖女神）。它是枫丹白露学派罗素的《二十众神》的开篇，最初被卡拉里奥（Caralio）雕刻后，由科洛尼亚的雅克·宾克（Jacques Binck）复制。关于这件藏品，后面我们将会进行完整的展示。（摹本）

These two pieces reprefenting SATURNE devouring his children (fee p. 46) and OPS (the goddefs of riches and fecundity) begin the feries of the *Twenty Gods* by the *Rosso* (Fontainebleau School) reproduced by *Jacques Binck*, of Cologna, after the original engravings by *Caralio*. This collection will be given completely. — (*Fac-fimile.*)

Sa pofition géographique, fa condition de ville libre impériale, l'activité de fon commerce, affignèrent à la ville de *Strafbourg* un rôle confidérable dans l'hiftoire du moyen âge & de la Renaiffance.

Durant cette période, elle fut le centre d'un mouvement efthétique important. Auffi voit-on des relations artiftiques très-fuivies s'établir entre cette ville & les pays environnants. Patrie réelle ou adoptive des *H. Baldun Grün*, des *Urfe Graf*, des frères *Stimmer*, des *Dietterlin*, des *Speckle*, &c., c'eft elle qui fournit aux Princes & Électeurs voifins les artiftes dont ils avaient befoin pour les grandes conftructions & les travaux de décorations intérieures qu'ils avaient entrepris. Les châteaux de Heidelberg & de Stuttgart (*Architecture du Palatinat,* p. 27) s'élevèrent ainfi, ce dernier fous le règne de Louis, duc de Wurtemberg, & Teck, comte de Montbéliard, &c., à la cour duquel *W. Dietterlin* (p. 22) vécut plufieurs années.

La préfente planche (dont le fujet eft un deffin de *Porte*), tirée de fon *Ordonnance des cinq colonnes,* & la 195ᵉ de l'œuvre complète de *Dietterlin,* eft intéreffante par la variété des détails & par la recherche que l'artifte femble avoir mis à relier les lignes architecturales avec les décorations de peinture des parois du mur. — (*Fac-fimile.*)

地理位置、自由帝国城市的条件、商贸活动，使斯特拉斯堡成为中世纪历史和艺术复兴的重要组成部分。

那个时期，它成为重要的推动艺术发展的中心。因此，我们看到这个城市和周边国家之间不间断的艺术交流。它是汉斯·巴尔东·格里恩（H. Baldung Grün）、乌尔斯·格拉夫（Urse Graf）、斯蒂默（Stimmer）兄弟、迪特林（Dietterlin）和斯贝克勒（Speckle）的故乡。王子和选民从这个城市中得到了他们所需要的艺术家，建造完成了重要的建筑和室内的装饰。海德堡和斯图加特的宫殿（普法尔茨建筑，参见第 27 页）就是在路易·符腾堡公爵（Louis, duke of Wurtemberg）和泰克·蒙贝利亚尔伯爵（Teck, count of Montbeliard）等人的最后统治下，经迪特林（W.Dietterlin，参见第 22 版）之手，历时多年被建成的。

这幅插图（主题是一扇门），选自他的《五柱布局》，是迪特林全部作品中的第 195 号作品，艺术家似乎要把建筑线条和墙壁上的装饰结合在一起，体现了建筑的精美和多样性特点。（摹本）

Its geographical pofition, its condition of free imperial city, the activity of its commerce gave the city of *Strafburg* an important part in the hiftory of middle age and the revival of arts.

During that period it became the centre of an important efthetical impulfe. Thus we fee uninterrupted artiftical intercourfes going on between this city and the furrounding countries. Real or adoptive, it paffes for the native land of *H. Baldung Grün,* of *Urfe Graf,* of the brothers *Stimmer,* of *Dietterlin,* of *Speckle,* &c.; the princes and electors of the neighbourhood were fupplied from this city with the artifts they needed for the achievement of their important conftructions, and alfo for the interior decorations they had undertaken. The palaces of Heidelberg and of Stuttgart (*Palatinate Architecture,* p. 27) were thus executed, the laft under the reign of Louis, duke of Wurtemberg, and Teck, count of Montbeliard, &c. *W. Dietterlin* (p. 22) paffed feveral years at the latter's court.

The prefent plate (the fubject of which is a drawing of a door), taken from his *Ordonnance of the five pilafters,* is the 195ᵗʰ of *Dietterlin's* complete work; it is interefting for the variety of the execution as well as for the refinement which the artift feems to have put in uniting the architectural lines with the decorations painted on the walls. (*Fac-fimile.*)

143

Sur le littoral méridional de la mer Noire, à mi-côte du cap de rochers qui porte fur fes deux verfants la ville de Kéréfoun (l'ancienne Cérafonte du royaume de Pont), s'élève le Palais du pacha gouverneur, dont la décoration intérieure date du xviiᵉ fiècle. — Nous faifons part à nos lecteurs d'une Cheminée deffinée dans ce palais, en 1847, par M. Jules Laurens, lors de fon voyage en Perfe avec feu Hommaire de Hell. — Tout l'encadrement central de cette cheminée eft en pierre dure grifâtre, de la nature du granit. La décoration du manteau & des deux bas côtés ornés de niches eft en plâtre moulé & vivement retouché à l'outil. L'ensemble eft encaftré dans les parements en boiferie des murs, dont tout le pourtour inférieur eft garni de divans & de couffins. — Le climat du pays exigeant fouvent une flamme vive & prompte, on fait du feu dans ces cheminées à la manière perfane, en plaçant le combuftible, bûches & fagots, verticalement appuyés fur leur pied, & l'inflammation fe produit au moyen d'herbes fèches aromatiques. — (Inédit.)

在黑海的南岸，半高的岩石岬角，在其两侧建起了克芬恩城（本都古王国的塞拉丰塔），升起了统治者帕查的宫殿。这处遗址的内部装饰可以追溯到 17 世纪。

本页展示的壁炉复制品是 1847 年朱尔斯·劳伦斯（Jules Laurens）先生在波斯的旅途中创作的作品。

这个壁炉的整个中央框架是一种硬灰色的石头，有点像花岗岩。壁炉架的装饰和两个过道的装饰，都是用模具制作的。整个墙壁都是用木板做的，墙壁周围装饰有沙发和靠垫。

这个国家的气候使得人们需要一种明亮的快火，在波斯这样的壁炉中，垂直放置可燃物、原木或木柴点燃火焰，通过使用干燥的芳香植物，可以很容易地生火。（未编辑）

On the Southern coaft of the Black Sea, half height Rock Cape, on the two fides of which the city of Kerefoun (ancient Cerafonta of the Pontus kingdom) is built, rifes the governor pacha's palace. The interior decoration of this monument dates from the xviiᵗʰ century. — We give here copy of a Chimney drawn in the palace in 1847 by Mr. Jules Laurens during his travel through Perfia with late Hommaire de Hell. — This chimney's entire central frame is of a hard greyifh ftone fomewhat refembling granite. The decoration of the mantel and of the two aifles ornamented with niches is moulded plafterwork vigoroufly touched with the tool. The whole is fitted in the wooden facings of the walls, the circumference of which is garnifhed with divans and cufhions. — The climate of this country demanding often a fpeedy and bright flame, the fire is lit in thefe chimneys as in Perfia, by placing the combuftible, logs or fagots, vertically. The inflammation is then eafily obtained by means of dry aromatic herbs. — (Unedited.)

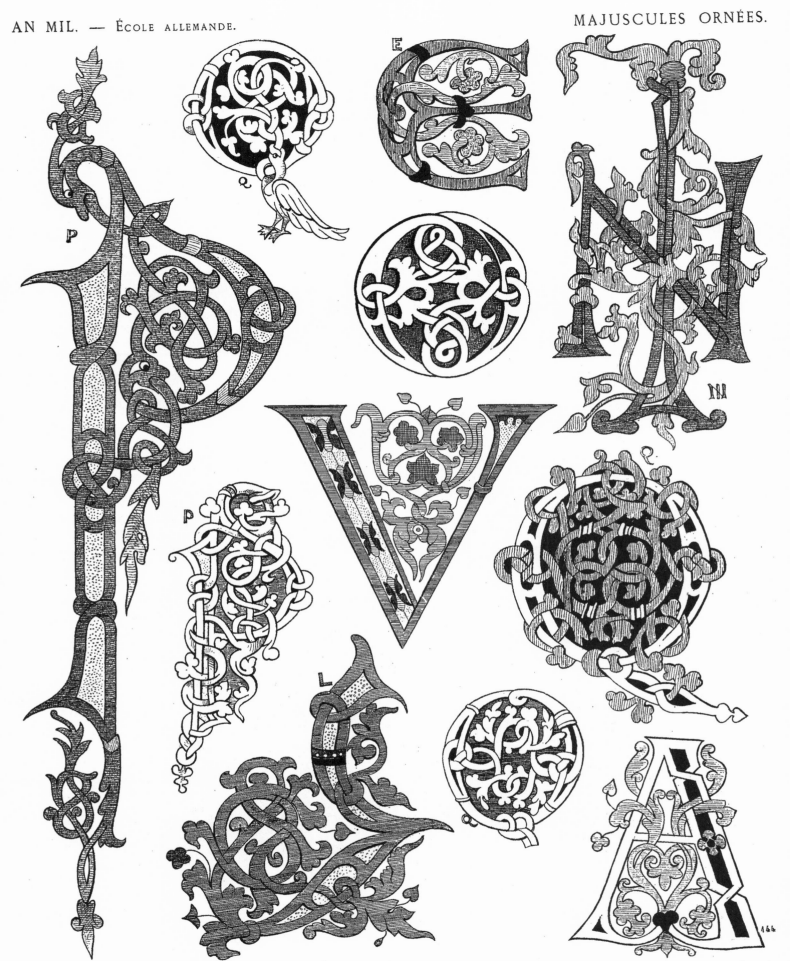

De finiftres prédictions, confirmées par cette époque de troubles intérieurs, de guerres civiles fans fin, qui conftitue le xᵉ fiècle, avaient infpiré au monde chrétien cette terreur religieufe
dont les monuments du temps font foi. L'an mil allait venir :
on croyait à la fin du monde. Si l'architecte délaiffait l'églife en
conftruction, le fcribe pouvait bien abandonner fes pinceaux
déformais inutiles. Auffi rencontre-t-on très-peu de livres ornés
de cette époque. On ne connaît guère que le beau *Bénédiction-
naire* de l'archevêque Robert qui fait partie de la riche Bibliothèque de Rouen, la *Paraphrafe en vers* de l'Écriture fainte
(Bibliothèque Bodléienne d'Oxford) & le livre *del Vigilano* (du
prêtre catalan Vigila). — Nous extrayons d'une Bible en 5 vol.
de l'an mil, confervée à la Bibliothèque de Strafbourg, ces
Majufcules qui fe compofent d'enroulements à têtes de monftres
& au fens myftique, & qui, tout en offrant les caractères de la
période carlovingienne, confervent encore les marques fenfibles
de l'influence orientale. — (*Inédit.*)

不详的预言完全被灾难和无休止的内战所证实，这
些构成了 10 世纪基督教世界的宗教恐怖，那一时期的纪
念碑也证实了这些事实。第一个千年即将到来，人们认
为世界末日近在咫尺。建筑家们放弃了建到一半的教堂，
艺术家们抛下了无用的画笔。处于这个原因，关于装饰
艺术的书籍数量稀少，例如罗伯特（Robert）大主教的《祝
祷书》，现藏于鲁昂大图书馆；基督教经典《韵文释义》（牛
津大学波德林图书馆）和加泰罗尼亚牧师维吉拉（Vigila）
的《监督》。我们从现藏于斯特拉斯堡图书馆的 10 世纪
的第五卷圣经中，选出了本页展示的作品，这些大写字
母是由卷轴和怪物的头组成的。这种神秘的交织图案，
体现了加洛林王朝时代的标志，但却也受到了东方的影
响。（未编辑）

Inaufpicious predictions, fully confirmed by the interior troubles and endlefs civil wars, which compofe the xᵗʰ century, had
infpired the Chriftian world with a religious terror, of which the
monuments of that time give many proofs. The year one
thoufand was approaching, and the end of the world was
thought near. The architect abandonned the half conftructed
church, the artift put afide his henceforward ufelefs brufhes.
For this reafon, there are but a very fmall number of ornamented books from that period : as the fine *Benediction Book* by
the archbifhop Robert, now belonging to Rouen's rich library,
a *rhymed Paraphrafe* of the Scriptures (Bodleian library, Oxford),
and the book *del Vigilano* (by the Catalonian prieft Vigila). — We
take from a Bible in 5 vol. from the year one thoufand, preferved
in Strafburg's library, thefe capital letters which are compofed
of fcrolls with monfters' heads. The myftical interweavings of
thefe pieces, though offering the marks of the Carlovingian
epoch, yet preferve fenfibly the Oriental influence. — (*Unedited.*)

Première Année.　　　　　　　N° 22.　　　　　　30 Novembre 1861.

L'ART·POUR·TOUS

50·centimes·le·Numéro

ENCYCLOPÉDIE
DE · L'ART · INDUSTRIEL · ET · DÉCORATIF
Paraissant le 15 et le 30 de chaque mois

ÉMILE REIBER, ARCHITECTE
Directeur-Fondateur

Abonnement annuel :
Pour toute la France, 12 fr.
Pour l'Étranger, même prix , plus
les droits de poste variables.

Pour toutes demandes
d'abonnements, réclamations, etc.
s'adresser aux Bureaux du Journal,
18, rue Vivienne, à Paris.

XVIIᵉ SIÈCLE. — ÉCOLE FRANÇAISE.　　　　　　　MASCARONS
PAR CHARMETON.

The name of *Masks* was given to sculptured human heads, generally placed on the crowns of arcades and other architectural fixtures. These ornaments come from the scenical accessories bearing the same name, in great use in the ancient's theatres. During the Revival of arts, they were in great favour, standing as symbols for divinities, seasons, elements, ages, temperaments with their attributes, &c.

The *Masqueroons*, from the Italian *Mascherone*, or the Arabian *Maskara* (buffoonery), are exaggerated and ridiculous faces. These fanciful ornaments were used for rural doors, bridges, grottoes (whence the word *grotesks*) and fountains.

The above plate is part of a series, begun p. 53. Engraving by *N. Robert.* — (Fac-simile.)

On nomme *Masques* les têtes d'homme ou de femme, sculptées, soit aux clefs des arcades, soit à d'autres points d'attache ou de liaison des membres d'architecture. Ils tirent leur origine des accessoires scéniques de même nom si fort en usage dans le théâtre des anciens. Les écoles de la Renaissance ont souvent employé cet ornement pour symboliser les divinités, les saisons, les éléments, les âges, les tempéraments avec leurs attributs, &c.

Les *Mascarons* (de l'italien *Mascherone*, ou de l'arabe *Maskara*, bouffonnerie, sont des masques chargés ou ridicules. — Les portes rustiques, les ponts, les grottes (d'où le nom de *grotesques*), les fontaines ont souvent reçu ces ornements de fantaisie.

La planche ci-jointe fait partie de la série commencée p. 53. Gravure de *N. Robert.* — (Fac-simile.)

面具这个名字，来源于它头和面部的覆盖物，插图中的面具作品通常被放置在拱形建筑或是其他建筑的顶端。这些装饰品来自于那些同名的布景，在古代的剧院里大有用处。文艺复兴时期，面具十分受青睐，被用来作为神灵、季节、元素、年龄和气质性情等的象征。

这些怪面饰，来自意大利语的"Mascherone"，或是阿拉伯的"Mascherone"，都是夸张而滑稽的面孔。这些奇特的装饰品被用于乡下地区的门、桥梁、洞穴（词源为grotesks）和喷泉。

上图的作品是系列中的一部分，从第53页开始展示。罗伯特(N. Robert)编辑。(摹本)

146

L'abbaye de *Maurmoutier* eſt une des plus anciennes d'Alſace. Fondée au viᵉ ſiècle par ſaint Léobarde, un des diſciples de ſaint Colomban, elle reçut pluſieurs accroiſſements juſqu'en 971, époque de ſa dernière conſécration par l'archevêque Erchambaud. C'eſt à cette date qu'il faut faire remonter la conſtruction de la façade occidentale de l'égliſe ; elle nous a été conſervée malgré les ravages occaſionnés dans ces contrées par la guerre des Payſans au xviᵉ ſiècle. — Entre autres particularités qu'offre cette façade, & que nous ſignalerons ultérieurement à nos lecteurs, un curieux portique à trois arcades, ſoutenues par deux colonnes ſimples à *Chapiteaux cubiques* donne entrée au porche qui précède le *Narthex* (porche de purification des égliſes primitives). — Nous donnons au cinquième de l'exécution une face de l'un de ces remarquables chapiteaux.

莫里斯敏斯特（或马斯敏斯特）修道院是阿尔萨斯最古老的修道院之一。 圣莱巴杜斯（Saint Leobardus）是 6 世纪高隆庞教会的创立者之一。 远至 971 年，修道院已经进行了几次扩大。这一时期，艾申拜尔（Erchenbald）最后一次被授予大主教职位，教堂的西方风格化建设也是始于这一时期。尽管在农民战争（16 世纪）期间这些国家惨遭蹂躏，但是修道院却得以保存。这里展示的细节是需要引起读者注意的，它是一个有圆柱的门廊，有三条拱形游廊，两个支撑的立柱，柱头呈四方形，通过门廊可以进入前厅（又称作净化门廊）。我们给出的作品插图是实物大小的五分之一。

The abbey of *Maurſminſter* or *Maaſminſter* is one of the moſt ancient through all Alſace. Saint Leobardus, one of ſaint Columban's diſciples, was the foundator during the viᵗʰ century. It received ſeveral extenſions as far as the year 971. At this period, archbiſhop Erchenbald conſecrated the church for the laſt time. The conſtruction of the church's weſtern forefront dates from this epoch. It has been preferred in ſpite of the dreadful depredations committed in theſe countries during the Peaſant's War (xviᵗʰ century). — Among other particularities which this forefront offers, and on which we ſhall call our reader's attention, there is a curious portico with three arcades ſupported by two plain columns, the capitals of which are *cubical*. This portico gives admittance to a porch preceeding the *Narthex* (purification porch). We give the face of one of theſe remarkable capitals reduced to a fifth of its execution-ſize.

147

148

Les *Parterres de Compartiment* diffèrent de ceux de *Broderie* (p. 52) en ce que, dans une même pièce, le deſſin ſe répétait ſymétriquement dans les quatre ſens. Ils étaient mêlés de maſſifs & pièces de gazon, d'enroulements & de plates-bandes de fleurs avec de la broderie de buis en petite quantité. Les ſentiers, ſablés de différentes couleurs (ſables jaune & rouge, ciment, brique pilée, mâchefer ou terre noire), ne recevaient pas les promeneurs ; ils ne ſervaient qu'à détacher les pièces de compartiment.

Le Parterre ci-deſſus, emprunté à la *Théorie & Pratique du Jardinage* (Paris, Jombert, 1722) & deſſiné par l'architecte *Leblond* pour un carré, eſt des plus magnifiques. Il ſe compoſe de quatre cartouches de broderie (buis) avec des coquilles de gazon aux quatre angles, le tout ſablé de couleur & brodé d'un trait de buis. Le baſſin du milieu eſt entouré d'une plate-bande coupée, garnie d'ifs & d'arbriſſeaux avec des pots de fleurs poſés ſur des dés de pierre. Le bas du Parterre eſt ſoutenu par un talus de gazon, bordé haut & bas d'un rang de caiſſes & d'ifs, avec un eſcalier de pierre dans le milieu, orné de figures & de vaſes.

间隔花圃区别于刺绣花圃（参见第 52 页）的地方在于四角设计的重复对称性。它们被花丛和草坪装点，花坛的花草边沿和黄杨木的使用较刺绣花圃少。那些小路，用不同颜色的砂砾铺成（红色和黄色的沙子、水泥、捣碎的砖块和黑色的泥土），并不适合散步，唯一的作用是分隔出不同的区域。

上图所示的花圃作品，来自于戎拜（Jombert）的《园艺理论与实践》（Theory and Practice of Gardening，巴黎，1722 年），由建筑师勒布隆（Leblond）绘制，是一件非常华丽宏伟的作品。花圃的四角采用刺绣式设计，整个花圃边缘用彩色砂砾铺成带状以区分层次，边缘带种植整棵的黄杨属树木装点。中间的水池，被种植着紫杉和灌木的环形带包围隔开，还有一些盆花放在石头上。花圃剩下的部分中，地势低矮处用草坪装饰，相对的高处用花盒和紫杉装点，连接高处与低处的是装饰有图案和花瓶的石阶。

Compartment-Parterres differ from *Embroidery Parterres* (p. 52 by the ſymmetrical repetition of the deſign in all four ſenſes. They were adorned with groups of flowers and pieces of graſs, platbands and box-tree in ſmall quantity acting as embroidery. The pathes, gravelled in different colours (red and yellow ſands, cement, pounded brick and black earth), were not intended for ſtrollers ; their only utility ¡was the ſetting off of the different compartments.

The above parterre, borrowed from the *Theory and Practice of Gardening* (Paris, Jombert, 1722),' and drawn by the architect *Leblond* for a ſquare ground, is one of the moſt magnificent. It is compoſed of four embroidered medillions (box-tree) with graſs ſhells at the four angles, the whole gravelled with coloured ſand and framed by a line of box-tree. The baſin, in the centre, is ſurrounded by a platband adorned with yew-trees and ſhrubs ; there are alſo flower-pots placed on ſtone dice. The low part of the Parterre is ſupported by a graſs ſlope framed on the top as well as on the lower part with a row of flowerboxes and yew-trees ; in the middle is a ſplendid ſtone ſtaircaſe ornamented with figures and vaſes.

Première Année.　　　　　N° 23.　　　　　15 Décembre 1861.

50·centimes·le·Numéro

L'ART·POUR·TOUS

ENCYCLOPÉDIE
DE·L'ART·INDUSTRIEL·ET·DÉCORATIF
Paraissant le 15 et le 30 de chaque mois

ÉMILE REIBER, ARCHITECTE
Directeur-Fondateur

Abonnement annuel :
Pour toute la France, 12 fr.
Pour l'Étranger, même prix, plus
les droits de poste variables.

Pour toutes demandes
d'abonnements, réclamations, etc.
s'adresser aux Bureaux du Journal,
18, rue Vivienne, à Paris.

XVIᵉ SIÈCLE. — ÉCOLE DE FONTAINEBLEAU.

PANNEAU
DE L'HISTOIRE DE JASON ET DE MÉDÉE,
PAR LÉONARD THIRY.

145

Quand les gloires de l'Italie, le Roſſo, le Primatice, Cellini, Vignole & Serlio, vinrent continuer au palais de Fontainebleau les travaux commencés par les maîtres français, cette bruſque irruption d'artiſtes étrangers dut faire naître bien des rivalités. Cependant l'hiſtoire conſtate la modération des Maîtres nationaux en préſence de la violence des jalouſies que les Italiens donnèrent bientôt en ſpectacle à la cour. Pénétrés du ſentiment de leur valeur, ils ne perdirent point leur temps en de ſourdes intrigues; ils ſe mirent au travail & furent prouver bientôt que l'art national était régénéré. — Nous commençons ici la reproduction de l'Hiſtoire de Jaſon & de Médée, compoſée par maître Léonard Thiry & exécutée au burin par le graveur angevin René Boivin. Cette remarquable ſuite de 26 pièces (panneaux à compartiments), évidemment inſpirée ſur le ſtyle général adopté dès 1530 par le Roſſo dans ſes travaux de la Galerie de François 1ᵉʳ (voir p. 15), eſt un témoignage de la facilité avec laquelle les artiſtes français acceptèrent l'importation de ces arts nouveaux. — Le ſujet de la pièce ci-deſſus (la 15ᵉ de la collection) eſt Médée égorgeant ſes enfants devant l'infidèle Jaſon. — (Fac-ſimile.) — Sera continué.

当意大利的荣耀——罗索（Rosso）、普列马提乔（Primatice）、切利尼（Cellini）、维尼奥拉（Vignola）和塞利奥（Serlio），这些法国的艺术家前往枫丹白露宫工作，大量国外大师的突然到来一定会引起很多竞争。然而，历史表明，在宫廷中，意大利的大师们在暴力和妒忌的环境下表现出了克制。他们对于自身价值的认知没有令自己在尔虞我诈中浪费时间，而是坚持工作，使民族的艺术得到重生。我们从这里体现杰森（Jason）和美狄亚（Medea）的历史，这幅作品由伦纳德·蒂里（Leonard Thiry）创作，安茹省的雷内·布瓦万（Rene Boivin）雕刻。这一系列由26幅作品组成（隔间嵌板），明显受到了1530年罗索在弗朗索瓦一世画廊的作品中所采用的风格的启发（参见第15页）。同时，这也证明了法国艺术家们很容易接受这些引进的新艺术形式。这幅作品的主题（第15号藏品）是美狄亚在无信仰的杰森面前杀害她的孩子们。

When the glories of Italy, the Roſſo, the Primatice, Cellini, Vignola and Serlio, came to achieve the work begun at the palace of Fontainebleau by French artiſts, the ſudden irruption of foreign maſters muſt have raiſed many rivalities. Hiſtory, however, ſtates the moderation of national maſters in preſence of the violent and jealous conduct which the Italians ſoon expoſed before the court. Deeply impreſſed with a ſentiment of their own value, they loſt not their time in underhanded intrigues, but ſet themſelves to work, and ſoon proved beyond conteſt that national art was regenerated. — We begin here the reproduction of Jaſon and Medea's hiſtory, compoſed by maſter Leonard Thiry and executed by an Angevine engraver René Boivin. This very remarkable ſeries of 26 pieces (compartment-panels) is evidently inſpired by the ſtyle adopted from 1530 by the Roſſo in his works of Francis the Firſt's gallery (ſee page 15). It alſo teſtifies how eaſily French artiſts accepted the importation of theſe new arts. The ſubject of the above piece (the 15ᵗʰ of the collection) is Medea ſlaying her children before the faithleſs Jaſon. — (Fac-ſimile.) — To be continued.

146

147

Nicolas Robert (p. 53, 85), avant de se livrer à la gravure, fut un peintre miniaturiste assez estimé. Né à Langres, il mourut à Paris en 1684, à l'âge de 74 ans. Outre ses masques, arabesques & plafonds d'après G. Charmeton, il a laissé différentes suites de plantes, d'oiseaux & de fleurs. Nous l'avons vu (p. 53) se livrer, sur la fin de sa carrière, au commerce des estampes.

尼古拉斯·罗伯特（Nicolas Robert，参见第 53, 85 页）在致力于雕刻工作之前，是一位颇受尊重的细密画画家。 他出生于朗格勒，1684 年逝世于巴黎，享年 74 岁。 除了来自门顿（G. Charmeton）的面具、蔓藤花纹和天花板作品外，他还留下了不同系列的植物、鸟类和花卉作品。 在他的职业生涯末期（参见第 55 页），他开始从事雕刻品生意。

Nicolas Robert (p. 53, 85), before devoting himself to engraving, was a rather esteemed miniature-painter. Born at Langres, he died in Paris during 1684, aged 74 years. Besides the masks, arabesques, and ceilings taken from G. Charmeton, he has left different series of plants, of birds, and of flowers. We have seen him (p. 53), at the end of his carreer, begin the commerce of engravings.

148

L'histoire de la *Verrerie vénitienne* est intimement liée avec celle des développements de cette République. Le gouvernement des doges déploya en tous temps toute sa vigilance pour conferver à l'État le monopole de cette industrie qui devait, avec l'extension de son commerce maritime, être pour la république la fource la plus abondante de ses richeffes. — Les échantillons ci-deffus, tirés de la précieufe collection du Mufée de Cluny, font deffinés en grandeur d'exécution ; le grand cornet aux 2/3 de grandeur. Les Mafcarons du vafe de gauche en appliques de verre doré.

威尼斯玻璃制品的历史与共和国的发展密切相关。共和国总督对于这一行业垄断地位的维持总是保持着相当积极的警觉性，这是他们丰厚财力的来源。上面呈现的作品，来自克尼市珍贵的收藏，展示出的都是实际尺寸。那只牛角杯是原尺寸的三分之二。左侧的花瓶由镀金的玻璃制成。

The hiftory of Venitian *Glafs-work* is intimately connected with the Republic's development. The Doges difplayed at all times an active vigilance to preferve for the ftate the monopoly of an induftry which was the moft abundant fource of its welfare. The above fpecimens, drawn from Cluny's precious collection, are given in their execution fize. The great horn is 2/3 of the original fize. The mafks on the left hand vafe are application of gilded glafs.

149

150

151

152

153

154

155

159

156

157

158

Complément de l'Alphabet commencé p. 60. Il fut exécuté pour la grande *Bible latine de Robert Eſtienne*, 1540, commandée par le roi François Iᵉʳ, & reparaît dans pluſieurs livres de l'époque, entre autres les *Vies de Plutarque*, trad. d'Amyot (in-fol., 2 vol.), & le *Vocabulaire latin-français* d'Eſtienne. Ce dernier livre, où les lettres ſe ſuivent dans l'ordre alphabétique, montre que les majuscules K, X, Z n'ont jamais été exécutées, vu la rareté de leur emploi. Nous avons ajouté à cette collection (nᵒ 159) un médaillon typographique de l'imprimerie lyonnaiſe (1570), & qui offre certaines analogies avec le ſyſtème de compoſition de cet alphabet. Nous aurons à revenir, en temps & lieu, ſur *Geoffroy Tory* & ſur *Pierre Woeiriot*, auxquels on a attribué à tort la compoſition de ces majuſcules.

本页展示的字母是第 60 页作品的一个补充。这些字母是为罗伯特·埃蒂安（Robert Estienne）的伟大作品《拉丁圣经》所创作。1540 年，在国王弗朗索瓦一世的命令下，再次出现在那一时期的几本书中，其中包括由艾米奥特（Amyot）翻译的《普鲁塔克（Plutarch）的伟人生涯》（2卷），以及埃蒂安的《拉丁语–法语词汇》。在最后一本书中，应该注意的是，尽管字母之间相互连贯，大写字母 K，X，Z 从未被制作，因为它们很少被使用。我们在收藏（第 159号）中加入了里昂印刷商（1570 年）的纹章，与这个字母表系统结构相似。稍后我们会谈到乔佛雷·托利（Geoffoy Tory）和皮埃尔·活瑞尔特（Pierre Woeiriot），这些字母曾被误认为是他们的设计。

Theſe letters are a complement for the Alphabet commenced p. 60. They were executed for *Robert Eſtienne's* great *Latin Bible*, 1540, ordered by king Francis the Firſt, and reappear in ſeveral books of the epoch, among others *Plutarch's Lives of great men*, tranſlated by Amyot (in-folio, 2 vol.) and the *Latin-French Vocabulary* by Eſtienne. In this laſt book, it is to be noticed that, although the letters follow each other, the capital letters K, X, Z have never been executed, their uſe being but ſcarce. We have added to this collection (nᵇᵉʳ 159) a typographical medallion from the printers of Lyons (1570) wich offers certain analogies with this alphabet's ſyſte.n of compoſition. We intend ſpeaking later of *Geoffroy Tory* and *Pierre Woeiriot* to whom theſe letters have erroneouſly been attributed.

Première Année.　　　　　N° 24.　　　　　31 Décembre 1861.

L'ART · POUR · TOUS

ENCYCLOPÉDIE
DE · L'ART · INDUSTRIEL · ET · DÉCORATIF
Paraissant le 15 et le 30 de chaque mois

ÉMILE REIBER, ARCHITECTE
Directeur-Fondateur

50 centimes le Numéro

Abonnement annuel :
Pour toute la France, 12 fr.
Pour l'Étranger, même prix, plus
les droits de poste variables.

Pour toutes demandes
d'abonnements, réclamations, etc.
s'adresser aux Bureaux du Journal,
18, rue Vivienne, à Paris.

XVIᵉ SIÈCLE. — ÉCOLE FLAMANDE.　　　　　PIÉDESTAUX — MEUBLES

PAR VRIESE.

Corinthia.　　　　　Compofita.

Tirés de l'Œuvre de *V. Vriefe* (voy. p. 13, 27, 33, 136), ces *Piédeftaux* paraiffent compofés pour les Fûts de colonne de la pl. 136. Ces deux pièces fourniront d'intéreffants matériaux à l'induftrie du Meuble. — Gravure de J. Cock. *(Fac-fimile.)*

上文的底座来自于弗里塞（V. Vriese）的作品（参见第 13，27，33，136 页），似乎是为了匹配第 136 页中的柱子而创作的。 这两件作品为家具行业提供了有趣的素材。 由柯克（J. Cock）雕刻。（摹本）

The *Pedeftals* here above, taken from *V. Vriefe's* work (fee p. 13, 27, 33, 136), feem intended as fufts for the columns of p. 136. Thefe two pieces will furnifh interefting materials for the induftry of Furniture. — Engraving by J. Cock. *(Fac-fimile.)*

165

Les productions de *Jean-Baptiste Toro*, deffinateur & graveur d'origine italienne, fe diftinguent par une certaine pureté de deffin & par une régularité d'exécution qui con porte une certaine froideur. Cet artifte, appelé en France par Marie de Médicis avec le *Farinafte*, avait choifi Paris pour réfidence & s'eft adonné aux compofitions d'orfévrerie. Ses Vafes, Trophées, Bordures de Glace, Meubles, &c., nous fourniront ultérieurement d'intéreffants matériaux fur fon époque, caractérifée par les troubles de la Fronde. — (*Fac-fimile.*)

出身意大利的画家、雕刻师让·巴蒂斯特·托罗（Jean Baptiste Toro）的作品以一定程度的纯粹性和规则性来表现自己的特色，同时也有一定的冷淡感。他来到法国，带着福丽纳提（Farinasti），通过美第奇家族的玛丽（Mary of Medici），选择了在巴黎居住，同时也给了他创作珍贵作品的时间。他的花瓶、奖杯、镜框、家具等作品，将会向我们展现关于他那个时代的珍贵细节，具有投石党运动的特征。（摹本）

The productions of *Jean Baptifte Toro*, a draughtfman and engraver of Italian origin, diftinguifh themfelves by a certain degree of purenefs and by a regularity of execution which is not void of coldnefs. Called in France, with the *Farinafti*, by Mary of Medici, this artift chofe Paris as refidence and gave his time to compofitions for jewelry. His Vafes, Trophies, Frames of Mirrors, Furniture, &c., will give us precious particulars on his epoch, characterized by the Fronde troubles. — (*Fac-fimile.*)

VITAE RↃ SCOPVS

Spectandum dedit Ortelius mortalib. orbem,
Orbi spectandum Galleus Ortelium.

Néographie Comte.

Intercalée entre le Frontispice & la Préface de la *Cosmographie* du géographe, antiquaire & numismate *Ortelius* (v. p. 46), cette planche donne son Portrait entouré d'un riche Cartouche, le tout gravé par Corneille *Galle* (Éc. d'Anvers, v. p. 13, 25, 27, 33, 41, 59, 78, 93). L'inscription latine du Cartouche inférieur signifie : ORTELIUS A FAIT VOIR L'UNIVERS AUX HOMMES ; GALLE, A SON TOUR, PRÉSENTE ORTELIUS A L'UNIVERS. (*Fac-simile.*)

这一页，是在标题页和前言之前的插页，来自于地理学家、古文物研究者和钱币学家奥特柳斯（Ortelius）的宇宙志，我们在前面第46页中关于他肖像的托饰中提到过，由科尼利厄斯·加勒（Cornelius Galle）所雕刻（安特卫普学派，详见第13、25、27、33、41、59、78、93页）。图中的拉丁文铭文写到：奥特柳斯向人类展示了宇宙；加尔夫（Galle）向宇宙展示了奥特柳斯。（摹本）

This piece, which is intercalated between the Frontispiece and Preface of the geographer, antiquarian and numismatologist *Ortelius' Cosmography*, of which we have already spoken, p. 46, gives his Portrait in a rich modillion, the whole engraved by Cornelius *Galle* (Antwerp School, see p. 13, 25, 27, 33, 41, 59, 78, 93). The Latin inscription of the inferior cartouch signifies : ORTELIUS SHOWS THE UNIVERSE TO MANKIND ; GALLE, IN HIS TURN, PRESENTS ORTELIUS TO THE UNIVERSE. (*Fac-simile.*)

LE LYS MYSTIQUE

467

La feconde édition des *Chronicques de France*, depuis les Troyens jufqu'à la mort de Charles VII, en 1461 (3 vol. in-f°, goth.), connues auffi fous le nom de *Chronicques de Sainct-Denys*, dont la première édition avait paru dès 1476 chez *Pafquier Bonhome*, fut donnée, en 1493, par *Antoine Verard, demourant devant Noftre - Dame de Paris*, à *l'Ymage de Sainct Jehan l'éuangelifte*, ou au Palais, au premier pillier deuant la chapelle où l'on chante la meffe de meffeigneurs du parlement. Ce livre eft un des plus eftimés des *Incunables* de l'imprimerie parifienne. Vers la même date parut chez cet éditeur la *Mer des hiftoires*, de *Comeftor* (in-fol. fur 2 col. goth.). Les illuftrations ci-contre, qui en font tirées, ont toutes trait à l'hiftoire de la Vierge & paraiffent empruntées à l'un de ces beaux *Livres d'heures gothiques*, fi précieux par leur fplendide exécution & édités par ce grand libraire-artifte dès 1488. (Sera continué.)

L'ANNONCIATION

467

《法国编年史》第二版，记录了从特洛伊人到查理七世死亡的历史，于 1493 年由居住在巴黎圣母院前的安东尼·安万托 (Antoine Verard) 创作的，他在传教士圣约翰的宫殿中，上议会成员们唱弥撒的教堂的第一根柱子附近创作了这本书。这本书也被称为圣丹尼斯的编年史，它的第一版于 1476 年出现在帕斯基人像。这幅作品被认为是巴黎印刷最珍贵的作品之一。同一时期，安东尼·安万托的《历史之海》，在科莫斯特(Comestor)所作(其后，第 2 卷)。上面这些插图都是从中获得的，描绘了圣洁的玛利亚不同的生活场景，这些似乎是取自精美的哥特式祈祷书中，制作精良、十分珍贵，1488 年由伟大的出版艺术家出版。(未完待续)

L'ADORATION DES BERGERS

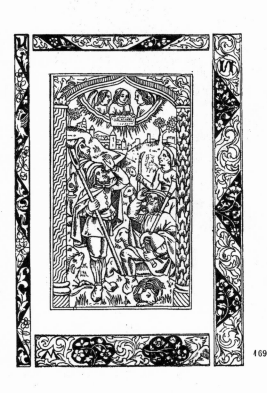

469

L'ADORATION DES MAGES

470

The fecond edition of the *Chronicles of France*, from the Trojans to the death of Charles the Seventh, was given, in 1493, by *Antoine Verard dwelling before Noftre-Dame of Paris*, at the *fign of Saint John the evangelift*, or at the *Palace of Juftice*, near the firft pillar before the chapel in which the mafs is fung for mylords of Parliament. This book was alfo known under the name of *Sainct-Denys' Chronicles*. Its firft edition appeared during 1476 at *Pafquier Bonhome's*. This work is greatly efteemed as one of the moft precious *Incunables* of Parifian printing. Towards the fame period appeared, at *Antoine Verard's*, the *Sea of hiftories*, by *Comeftor* (in fol. on 2 goth. col.). The here above illuftrations are taken from it, and reprefent different fcenes of the Virgin's life; they feem to have been borrowed from one of thefe fine *Gothic Books of prayers*, fo precious for their fplendid exécution, which have been edited by the great publifher-artift towards 1488. (Will be continued.)

Deuxième Année.

N° 26.

10 Janvier 1862.

50 centimes le Numéro

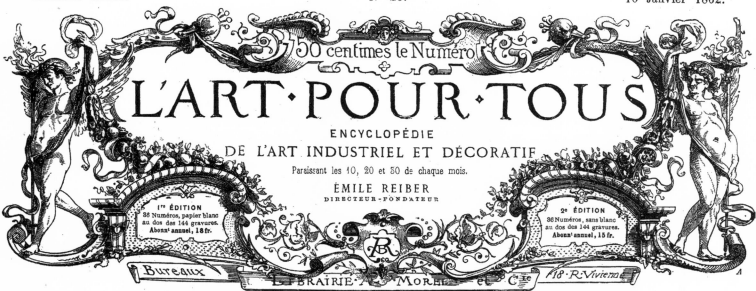

L'ART·POUR·TOUS

ENCYCLOPÉDIE
DE L'ART INDUSTRIEL ET DÉCORATIF

Paraissant les 10, 20 et 30 de chaque mois.

ÉMILE REIBER
DIRECTEUR-FONDATEUR

1re ÉDITION
38 Numéros, papier blanc
au dos des 144 gravures.
Abonn¹ annuel, 18 fr.

2e ÉDITION
36 Numéros, sans blanc
au dos des 144 gravures.
Abonn¹ annuel, 15 fr.

Bureaux   LIBRAIRIE A. MOREL et Cie   18·R·Vivienne

XVIᵉ SIÈCLE. — ÉCOLE ALLEMANDE.

CHASSE. — COSTUMES.
FRISES,
PAR V. SOLIS.

Peintre, graveur sur cuivre et sur bois, *Virgile Solis* naquit en 1514 à Nuremberg et y mourut en 1570. Son Œuvre, qui se monte à peu près à 900 pièces, se distingue par la grande netteté du travail et par l'aspect décoratif des compositions; les pièces les plus finies rappellent la manière de *Hans Sebald Beham* (voy. p. 71). Il tient un rang honorable parmi les *Petits Maîtres* (voy. p. 71). Outre ses propres compositions qu'il a gravées, il a aussi reproduit Raphaël, Lucas de Leyde, Aldegrave, etc. — Nous donnons ici de lui quelques *Frises* qui sont des sujets de chasse, pièces rares et peu connues, tirées de la collection de M. A. D***. (*Fac-simile.*)

维吉尔·索利斯（Virgilius Solis）是一位画家，同时还是木雕师和铜雕师，他于1514年出生在纽伦堡，1570年在那里去世。他的作品大约有900件，其独特之处在于创作的纯粹性和外观的装饰性。他最成功的作品《小马人》，风格神似汉斯·塞巴德·贝哈姆（Hans Sebald Beham），深受世人尊崇。除了自己创作的作品，维吉尔还会对拉斐尔（Raphael）、莱登的卢卡斯（Lucas）和阿尔德格雷夫（Aldegraver）等人的作品进行二次创作。这里展示的是由他完成的一些带状装饰，这些装饰以狩猎为主题，寥寥可数，鲜为人知，是某位不愿透漏姓名的先生的收藏。（摹本。）

Virgilius Solis, a painter and a wood and copper-plate engraver, was born in Nuremberg in 1514, where he died in 1570. His Work, which amounts to about 900 pieces, is distinguished by a great purity of execution and the ornamental appearance of the compositions. The most accomplished pieces are somewhat in the style of *Hans Sebald Beham*. He ranks very honourably amongst the *Little Masters* (see p. 71). Besides his own compositions, which he has engraved, he has also reproduced Raphael, Lucas of Leyden, Aldegraver, etc. We give here some *Friezes* executed by him. These little pieces, which are subjects taken from sport, are very scarce and little known; they belong to the collection of Mr. A. D***. (*Fac-simile.*)

XVIIᵉ SIÈCLE. — ÉCOLE FRANÇAISE (LOUIS XIV).   CHEMINÉE,
PAR J. BÉRAIN.

475

L'Œuvre de *J. Bérain* se compose d'un vol. in-fol. max. d'en-viron 150 planches dont nous préparons une nombreuse série. — La présente *Cheminée*, dont le motif est une arcade simple à sup-ports variés, est décorée des attributs de la valeur militaire. Une frise pastorale dans le goût antique, délicatement fouillée dans le marbre, décore la partie la plus voisine de l'œil, pour servir de point de repos. Un beau *Candélabre*, adossé contre un *Trumeau* orné, accompagne cette composition, qui, par l'application des bronzes, stucs, marbres, glaces et dorures, peut produire des effets d'une magnificence sans égale. Gravure de Scotin l'aîné. — (*Fac-simile.*)

让·贝朗（Jean Berain）的作品由对开卷组成，其中大约有 150 个板块，事实上这其中有许多系列我们正在筹备中。目前壁炉插图的主题在一个具有多风格柱子的拱廊中，象征着好战勇猛。古雅田园风格的饰带由大理石雕成，装饰着最靠近眼睛的部分，安安静静却引人注意。一个精美的大烛台运用了青铜、灰泥、大理石、镜子和金箔等材料，依靠在装饰华丽的间壁上，作为这个板块的结束，产生了无与伦比的壮丽效果。（摹本）

Jean Bérain's work is composed of a volume in folio max. of about 150 plates, of which we are actually preparing a numerous series. — The present *Chimney*, the subject of which is an arcade with diversified pillars, is decorated with the attributes of warlike valour. A pastoral frieze in the Ancients' taste, delicately worked in marble, ornaments the part nearest the eyes, and serves as a point of repose for the attention. A fine candelabrum, leaning against an ornamented pier, terminates the composition, which, by the application of bronzes, stuccoes, marbles, mirrors, and gildings, produces effects of unrivalled magnificence. — (*Fac-simile.*)

XVI° SIÈCLE. — ÉCOLE ROMAINE.

PENDENTIFS DE LA FARNÉSINE.
AMOURS,
PAR RAPHAEL.

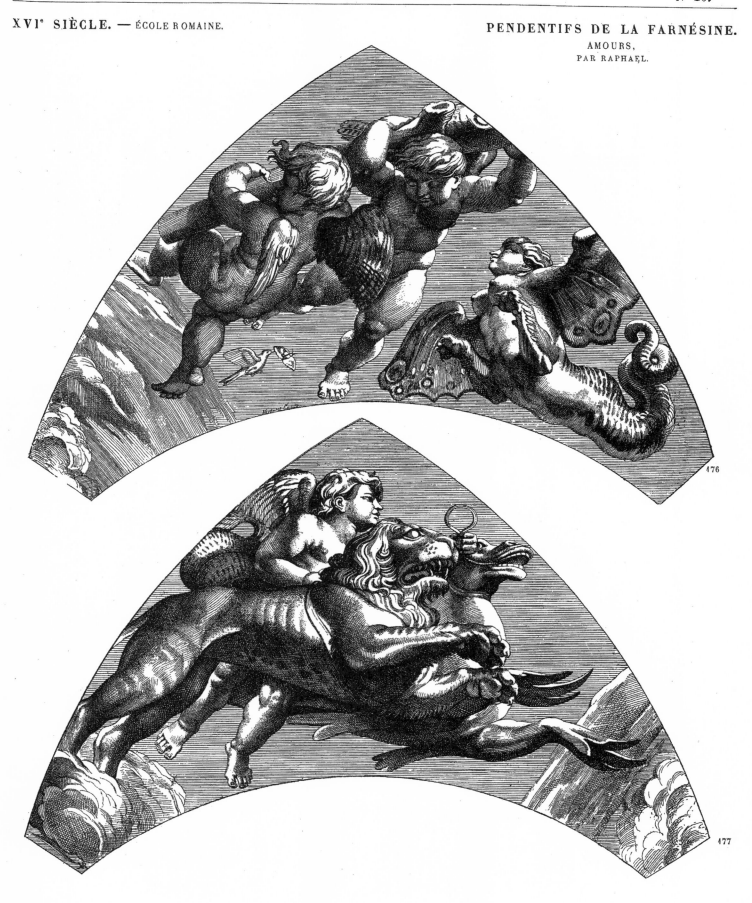

176

177

Les décorations exécutées par *Raphaël* au palais *Chigi* (petit Farnèse ou Farnésine) semblent inaugurer une phase nouvelle dans la *manière* du peintre de la *Dispute du saint Sacrement*, de l'*École d'Athènes* et du *Parnasse*. On pense que l'aspect des peintures exécutées par Michel Ange à la chapelle Sixtine, et que Bramante trouva moyen de lui faire voir, malgré les précautions que le Maître avait prises pour écarter de ses travaux les regards indiscrets, fut la cause de co progrès. — Le sujet de la décoration générale de la Galerie est l'histoire de Psyché. Les triangles cur-vilignes, formés· au-dessus des croisées par la pénétration des voûtes, sont remplis par des amours voltigeants et portant les dépouilles des dieux soumis à l'empire de l'Amour. Gravure de G. Audran. — (*Fac-simile.*) — Sera continué.

拉斐尔（Raphael）在基吉宫（小法尔内斯或法内西纳）完成的装饰画似乎开创了讨论圣礼、雅典学派和诗坛的新阶段。人们认为，米开朗基罗（Michel Angelo）在西斯廷教堂完成的壁画是装饰画兴起的原因，布拉曼特（Bramante）向他展示了这一点，尽管这位最后的主人已经把他的作品从轻率的目光中隐藏起来，装饰一般的主题是普赛克（Psyche）。这些弯曲的三角浮雕，透过拱顶入到室内，使窗户上空荡的三角形内部充满了飘扬的丘比特，他们带着神的战利品，递交给爱的国度。这都是由奥德安（Audran）雕刻。（摹本）

The decorations executed by *Raphael* in the palace *Chigi* (little Farnese or Farnesina) seem to inaugurate a new phase in the painter of the *Debate of holy Sacrement*, *School of Athens*, and *Parnassus*. It is thought that the paintings executed by Michel Angelo in the Sixtina chapel, which Bramante showed to him, in spite of the care this last master had taken to conceal his works from all indiscreet gaze, was the cause of this improvement. The subject of the general decoration is the history of Psyche. The curvilineal triangles, left empty above the windows by the penetration of the vaults, are filled with fluttering Cupids bearing the spoils of the Gods submitted to the empire of Love. Engraved by G. Audran. — (*Fac-simile.*)

XVIᵉ SIÈCLE. — ÉCOLE ITALIENNE.

178

C'est, semble-t-il, à l'usage des tournois qu'il faut faire remonter l'origine des *Cuirs* et *Cartouches* dont les artistes de la Renaissance ont fait un si fréquent usage. Il était de coutume que les *Tenants* du tournoi, pour ouvrir le pas des armes, fissent attacher leurs écus à des arbres sur les grands chemins, ou autres lieux assignés, afin que ceux qui voudraient combattre allassent les toucher de leur épée, en signe d'acceptation du combat. Ces écus, et plus tard leurs représentations en matières diverses telles que le *cuir* ou le *carton* épais, découpés et revêtus de couleurs brillantes, étaient ensuite appendus, pendant toute la durée du tournoi, sur de riches tapisseries autour de la tribune des juges et dans le voisinage du champ clos. Les alternatives de pluie et de soleil ne tardaient pas à donner à ces trophées des formes contournées et bizarres qui furent plus tard mises à profit pour varier les formes des écus eux-mêmes et de leurs bordures. *S. Serlio* (voy. p. 56) nous donne à la fin de son quatrième livre (1544), traitant des cinq ordres et de la décoration des édifices, des spécimens de ces *Écus* qui, taillés en' pierre, ornaient les clefs des arcades et les façades des palais. — Nous ne parlerons pas ici des Armoiries, l'*Art héraldique* devant être ultérieurement présenté dans nos pages avec tous les développements nécessaires. — *(Fac-simile.)*

看来艺术复兴时期的艺术家经常使用皮革和飞檐托饰是源于比赛。这是图尼斯的挑战者们的惯例，在交锋之前，把他们的盾牌绑在高高的树上或其他指定地方，以便给那些想要与他们战斗的人提供机会。这些盾牌，以及后来它们的类似物都是用各种各样的材料，如皮革或厚纸板，用绚丽的色彩对其进行雕刻或覆盖，随后在比赛期间挂在裁判席周围或赛场附近。这些奖杯经过日晒雨淋，最终发生了一些扭曲和奇妙的变化，后来被用来改变盾牌本身的形式和框架。塞巴斯蒂亚诺·塞利奥(S. Serlio，参见第 56 页) 在 1544 年的第四本书最后提到，在谈到 5 座建筑物和其装饰时，我们知道这些盾牌从石头上切割下来，装饰了拱廊的顶饰和宫殿的外立面。我们不会在这里就讲述纹章的内容，而是打算在之后的内容中讨论纹章艺术及其所有必要的发展。(摹本)

It seems that the use of *Leathers* and *Modillions*, employed so frequently by the artists of the Revival of arts, takes its origin from the tournaments. It was customary for the challengers of tourneys, before opening the passage of arms, to have their shields tied to some trees on the high ways, or any other assigned places, so as to give an opportunity to those wishing to fight to touch them with their sword as a sign of acceptation of the contest. These shields, and later their representatives made out of sundry materials such as *leather* or thick *pastboard*, carved or invested with brilliant colours, were afterwards hung up, during all the tournament, on rich tapestries surrounding the tribune of the judges and in the neighbourhood of the field. The exposure of these trophies to the alternation of sun and rain gave them at length some distorted and phantastical forms which were afterwards employed to vary the forms of the shields themselves and of their frames. *S. Serlio* (see p. 56) gives us, at the end of his fourth book (1544), speaking of the five ordres and of the decoration of buildings, some specimen of these *Shields* which, cut out of stone, adorned the crowns of the arcades and the facade of palaces. — We will not speak here of the *Armorial bearing*, having the intention of treating subsequently, in these pages, the *Heraldic art* with all its necessary development. —*(Fac-simile.)*

Deuxième Année.　　　　　　　　N° 27.　　　　　　　20 Janvier 1862.

L'ART POUR TOUS
ENCYCLOPÉDIE
DE
L'ART INDUSTRIEL ET DÉCORATIF
Paraissant les 10, 20 et 30 de chaque mois
EMILE REIBER
DIRECTEUR-FONDATEUR

Bureaux Librairie A. Morel & Cie 18 R. Vivienne

XVIIIᵉ SIÈCLE. — ÉCOLE FRANÇAISE.　　　　　　　　VASES,
PAR BOUCHARDON.

179　　　　　　　　480

Né en 1698 à Chaumont en Bassigny, *E. Bouchardon* commença ses études à Paris sous Coustou le jeune. Ayant remporté le grand prix, il fut nommé pensionnaire du roi à Rome, et à son retour à Paris, en 1732, il fut nommé membre de l'Académie (1744), sculpteur du roi et professeur (1745). On admire de lui, à Rome, les bustes de Clément XII et des cardinaux de Rohan et de Polignac, et à Paris, les figures du Christ, de la Vierge et de six apôtres que l'on voit à Saint-Sulpice. Nous aurons à revenir sur ses travaux à propos de la Monographie que nous préparons de la fontaine de la rue de Grenelle et des beaux sujets qu'il a exécutés pour les bassins de Versailles. Il mourut en 1762, sans avoir pu terminer la statue équestre du roi Louis XV. Frontispice et planche de son premier Livre de Vases (voy. p. 73). — *(Fac-Simile.)*

埃德姆·布沙东（E. Bouchardon）于1698年出生于法国巴西尼地区的肖蒙，在巴黎开始了艺术生涯；在年轻人库斯图（Coustou）的帮助下，获得了大奖；在罗马成为了国王养老金的领取者。1732年，他回到巴黎；1744年，当选为学院院士；1745年，成为了国王的雕塑师兼任教授。他在博尔恩最得意的作品是《克莱门特十二世的半身像》和《罗汉和波利尼亚克的红衣主教》。到巴黎后，在圣稣尔比斯教堂可以看到他眼中基督、圣母和六位使徒的形象。之后我们会再次谈到他的作品，比如我们准备了格勒纳勒街喷泉的专题文章，以及他为凡尔赛宫所做的精美装饰。1762年，在路易十五的骑马雕像完成之前，他遗憾离世。以上为他第一卷关于"器皿"雕塑的书的扉画和插图（参见第73页）。（摹本）

Born in the year 1698 at Chaumont, in Bassigny, *E. Bouchardon* began his studies in Paris, under Coustou the younger Having obtained the great prize, he became pensioner of the king, at Rome. When he returned to Paris, towards 1732, he was elected member of the Academy (1744), sculptor to the king and professor (1745). Among his finest pieces at Rome are the busts of Clement XII. and of the Cardinals of Rohan and of Polignac; Paris contains his figures of the Christ, the Virgin, and six Apostles that are seen at Saint-Sulpice. We will speak again of his works relatively to the monography we prepare of the fountain in Grenelle Street, and also of the fine subjects executed by him for the basins of Versailles. He died in 1762, before having terminated the equestrian statue of Louis XV. — *Frontispiece and plate of his first Book of Vases (see p. 73).* — *(Fac-simile.)*

A l'exemple des trois imprimeurs mayençais, *Ulric Gering*, de Constance, *Martin Crantz* et *Michel Friburger*, de Colmar, qui vinrent importer l'art typographique à Paris, en pleine Sorbonne, en 1469, le savant belge *Josse Bade*, du village d'Asch, près Bruxelles (d'où son nom latin *Jodocus Badius Ascensius*), était venu, avant la fin du xvᵉ siècle, s'établir comme imprimeur à Paris, après avoir professé en divers lieux de France les langues grecque et latine qu'il avait étudiées en Italie. S'étant voué à cet art nouveau avec toute l'ardeur d'un néophyte, il fut assez heureux pour le perfectionner bientôt par l'abandon des formes gothiques et l'introduction du *caractère romain*. Il eut la gloire de marier ses trois filles aux trois chefs de la Typographie française, *Michel Vascosan*, *Robert Estienne* (p. 60, 92) et *Jehan de Roigny*. Il appelait son atelier, véritable sanctuaire des hautes sciences, *prelum ascensianum;* l'estampe contenue dans le *Frontispice* ci-dessus (et qui est sa *Marque d'imprimeur*) en représente l'intérieur ; elle fournit des données curieuses sur les premières pratiques typographiques (encrage à la *balle*, tampon double qui servait à étendre le noir, et tirage *à bras*). Nous appelons l'attention de nos lecteurs sur le remarquable et original entourage de ce Frontispice. — (*Fac-simile.*)

在 15 世纪之前，在布鲁塞尔附近的埃施村学习的比利时人约斯特·巴德（Jost Bade），拉丁名为 Jodocus Badius Ascensius，在法国的不同地方宣称他曾在意大利学习过希腊语和拉丁语言，称自己为印刷者。在这件作品中，他模仿了康斯坦茨的3位德国印刷者，分别是尤里科·盖林（Ulric Gering）、马丁·科朗兹（Martin Crantz）和科尔马的米歇尔·弗里堡（Michel Friburger），是他们于 1409 年在索邦的中心引入了巴黎的排版艺术。约斯特·巴德像一位新手一样，热情投身于这门新艺术，并很快放弃哥特式，引入罗马式。他有幸能把自己的三个女儿嫁给法国制版三巨头米歇尔·瓦斯科桑（Michel Vascosan）、罗伯特·埃蒂安（Robert Estienne，参见第 60，92 页）和杰汉·德·罗伊尼（Jehan de Roigny）。他称他的工作室是科学真正的避难所。

卷首插画（这是他的印刷厂的标志）体现了它的内容，记载了有关第一次印刷实践中不寻常的信息（用打浆机和手臂拉墨球）。我们呼吁读者们能关注这个异乎寻常的卷首。（摹本）

Before the end of the xvᵗʰ century, the learned Belgian *Jost Bade*, native of the village of Asch, near Brussels (from whence his Latin name *Jodocus Badius Ascensius*), had established himself in Paris as printer, after having professed in different places of France the Greek and Latin languages, which he had studied in Italy. In this he imitated the three German printers *Ulric Gering* of Constance, *Martin Crantz* and *Michel Friburger* of Colmar, who imported the typographical art in Paris, in the very center of the Sorbonne, in the year 1469. *Jost Bade* devoted himself to this new art with quite the ardour of a neophyte, and was happy enough to improve it very soon by the abandonment of the Gothic forms and the introduction of the *Roman type*. He had the honour of marrying his three daughters to the three chiefs of French typography, *Michel Vascosan*, *Robert Estienne* (pp. 60, 92), and *Jehan de Roigny*. He called his studio, real sanctuary of the sciences, *prelum ascensianum*. The engraving contained in the *Frontispiece* here above (and which is his *printer's token*) represents its interior; it furnishes curious information on the first typographical practices (ball-inking with a *beater* and *arm-pulling*). We call our readers' attention on the remarkable frame of this Frontispiece. — (*Fac-simile.*)

PORTRAITS. — COSTUMES.
CARTOUCHES, BLASON.

XVe-XVIe SIÈCLES. — ÉCOLE ALLEMANDE.

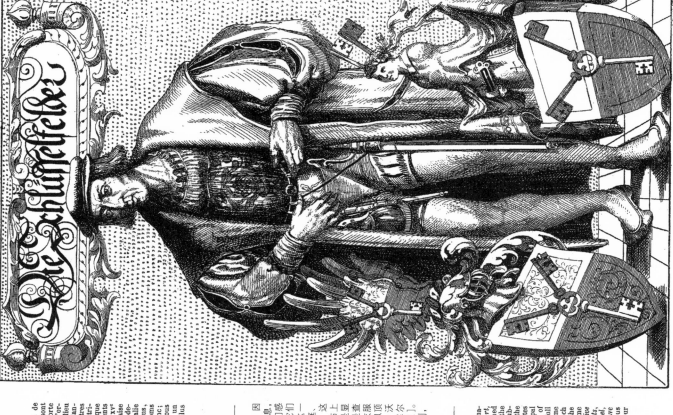

Ces deux planches, intéressantes au point de vue du *Costume* et de l'*Art héraldique*, sont tirées d'une collection de gravures à l'eau-forte sur *tôle de fer* dues à la pointe rustique de l'orfèvre *Kader* et parues à Nuremberg vers le milieu du xvie siècle. Cette suite de plus de 80 planches représente les portraits en pied des ancêtres et contemporains des principales familles patriciennes de cette ville. Les deux spécimens que nous donnons ici fournissent les renseignemens précieux sur le costume allemand à la fin du xve siècle. On y remarquera l'influence italo-française par la présence du pourpoint et des hauts-de-chausses taillades du temps de la guerre d'Italie (Charles VII). — Les *armes parlantes* des *Écus*, rappelées par les *Cimiers*, se rapportent aux noms des deux familles (*Weiss-Vogel*, oiseau blanc; — *Schlüssel-Feld*, champ des clefs). — Nous avons dû interpréter librement ces gravures un peu barbares, pour en rendre l'aspect plus agréable aux lecteurs.

这左右两幅插图中的人物很有趣，因为他们在服装和纹章艺术上所提供的信息，都是从该金匠卡来（Kaler）的质朴的印花，它们一直到16世纪中叶才在纽伦堡出版。这一系列的80多幅图主要代表了贵族家庭先人或当时城市里普通人完整的肖像。这里的两个一样式是15世纪末德国服饰上的珍贵图案。意大利和法国对其影响显著的，因为在意大利战争时期，也就是查理八世在位时，紧身衣和故意裁小的衣服饰，让人回想起两个家族的名字〔韦斯·沃格尔（Weiss-Vogel），白鸟；施勒塞尔（Schlussel），钥匙，菲尔德（feld），领域〕。我们自由地诠释了这些驳入听闻的雕刻，以便使我们的读者阅读时更加愉悦。

These two plates, interesting for the information given by them on *Costume* and *Heraldic Art*, are drawn from a collection of engravings etched on *sheet-iron*. We are indebted for them to the goldsmith *Kader's* rustic print; they were published in Nuremberg towards the middle of the xvith century. This series of more than 80 plates represents the full-sized portraits of the principal patrician families, ancestors or contemporaries, of the city. The two specimens given here are full of precious illustrations on the German costume at the end of the xvth century. The Italian-French influence is remarkable by the presence of the doublets and slashed small clothes from the time of the Italian war (Charles VII.). The *allusive arms* in the shields, similar to those of the *crests*, recall the names of the two families (*Weiss-Vogel*, white bird; *Schlüssel*, key, *feld*, field). — We have interpreted freely these engravings of a barbarous aspect, so as to make them more pleasant to our readers.

XVIᵉ SIÈCLE. — ÉCOLE LYONNAISE.

EMBLÈMES. — DEVISES.

LES DEVISES D'ARMES ET D'AMOURS

DE PAUL JOVE

(Suite de la page 50.)

5. CHARLES-QUINT

EMPEREUR.

6. CHARLES VIII

ROY DE FRANCE.

7. LOUIS XII

ROY DE FRANCE.

8. FRANÇOIS Iᵉʳ

ROY DE FRANCE.

5. Cette devise célèbre est le sublime du genre ; les *Colonnes d'Hercule* avec le mot PLUS OULTRE (*toujours plus loin*) furent choisies par l'homme ambitieux par excellence, qui fut le rival heureux de François Iᵉʳ. Cet emblème eut la fortune d'être justifié par les faits. Il est dû au Milanais Ludovico Marliani, médecin ordinaire de Charles-Quint, depuis évêque de Tuy.

6. Ce roi n'eut pas, à proprement parler, d'emblème particulier. Ses étendards et les manteaux d'armes de ses archers ne portaient que son chiffre, le K couronné, initiale carlovingienne de son nom (*Karolus*), quelquefois avec la devise connue : SI DEUS PRO NOBIS, QUIS CONTRA NOS?

7. Par un *Porc-épic* couronné, qui de près blesse ceux qui l'irritent et lancent ses dards sur ceux qui l'attaquent de loin, ce roi voulait faire voir la promptitude de ses armes : COMINUS ET EMINUS, de près et de loin.

8. Monté jeune sur le trône, ce roi changea la fierté des devises de guerre en joyeux emblèmes d'amour. Pour montrer qu'il se complaisait dans les ardeurs amoureuses, il prit avec les mots italiens N UTRISCO, ESTINGUO, la *Salamandre* à laquelle on attribuait la vertu de ne point se consumer dans les flammes et même de les éteindre.

5. 这句格言令人赞叹，赫拉克勒斯（Hercules）印有超越（PLUS OULTRE）二字的柱子是由一个雄心勃勃的人选择的，他是弗朗索瓦的第一个快乐的对手。这个徽章有幸被事实证明是合理的。查理五世的医生米兰人卢多维科·马里亚尼（Ludovico Marliani）和后来的主教是上述格言的作者。

6. 这个国王的徽章没有特定的象征，他的旗帜和弓箭手的手臂上只有一个加冕的 K，这是他名字卡洛林（Karolus）的首字母。这个精心挑选的座右铭与它结合在一起："如果上帝是我们的，谁会反对我们？（SI DEUS PRO NOBIS, QUIS CONTRA NOS？）"。

7. 这位国王为了显示他手臂的力量，把加冕的豪猪作为他的象征，意欲给那些攻击他的人造成伤害，向那些从远处刺激他的人射箭。格言上面写着："近和远（COMINUS ET EMINUS）"。

8. 这位国王年纪尚小就登基了，他把这幅引以为荣的好战格言变成了同性恋爱的象征。他选择了意大利语中 "NUTRISCO, ESTINGUO" 这个词，意思是 "蝾螈"。这个蝾螈据说具有永不燃烧，甚至熄灭火焰的能力。

5. This motto is the sublime of the kind; *Hercules' pillars* with the word PLUS OULTRE (*beyond*) were chosen by the ambitious man who was Francis the First's happy rival. This emblem had the fortune of being justified by facts. The Milanese Ludovico Marliani, physician of Charles the Fifth and afterwards bishop of Tuy, is the author of the above motto.

6. This king had no particular emblems. His banners and his archers' mantels of arms bear only a crowned K, the carlovingian initial of his name (*Karolus*). Sometimes this well-chosen motto was joined to it : SI DEUS PRO NOBIS, QUIS CONTRA NOS?

7. This king, to show the power of his arms, took as emblem a crowned porcupine, which wounds those who attack it and launches arrows to those who irritate it from afar. The motto says : COMINUS ET EMINUS, near and far.

8. The proud warlike mottoes were changed to gay love-emblems by this king, who ascended the throne when very young. He chose, with the Italian words NUTRISCO, ESTINGUO, the *Salamander*, which is believed to have the power of never burning and even of extinguishing the flames.

Deuxième Année.

N° 28.

30 Janvier 1862.

L'ART POUR TOUS

ENCYCLOPÉDIE
DE
L'ART INDUSTRIEL ET DÉCORATIF

Paraissant les 10, 20 et 30 de chaque mois.

ÉMILE REIBER
DIRECTEUR-FONDATEUR

Abonnement annuel: Pour toute la France 18 fr. Pour l'Étranger, même prix, plus les droits de poste variables.

Pour toutes demandes d'abonnements, réclamations, etc., s'adresser aux Bureaux du Journal, 13, rue Bonaparte, à Paris.

XVIᵉ SIÈCLE. — ÉCOLE FLAMANDE.

FRISES,
PAR JACQUES FLORIS.

Cette planche fait partie du recueil intitulé : *Compertimenta pictoriis flosculis*, etc., et dont nous avons déjà reproduit un *Panneau* (voy. page 41); elle donne deux sujets de *Frises* ou ornements courants dont le motif est à peu près identique. D'un culot central s'élancent deux rinceaux reliant d'autres motifs intermédiaires, dont l'axe est figuré par le bord même de la planche. Il est facile, en posant une petite glace sans bordure le long des bords verticaux, de prolonger la composition en la répétant par la *réflexion du miroir*. A ce propos, nous devons à nos lecteurs de leur dévoiler une pratique par nous surprise aux maîtres ornemanistes de la Renaissance et de l'art oriental, dans l'agréable commerce que nous entretenons avec eux depuis longtemps. C'est précisément à cet usage du *miroir* simple ou double (à angle mobile) que nous devons la plupart de ces admirables compositions de plats et aiguières arabes, damasquinures, médaillons, entrelacs, caissons, rosaces, panneaux, compartiments, nielles, etc., qui nous apparaissent comme des prodiges de génie et de patience. — A bons entendeurs, salut !

此图是这个系列的一部分，这个系列的名字是："Comperitimenta pictoriis flosculis"，我们已经复制了一个嵌板（参见第 41 页）上图中包含两个雕带，和这里的装饰主题几乎相同。从中央底部的两个枝干，将其他中间的主体连接起来，从插图的边界可以看出来。通过在垂直边框上放置一个没有框架的小镜子，通过在镜子上的反射来延长构图是很容易的。我们通过与艺术复兴和东方艺术的装饰工人进行交流，现在向读者们揭开了这个问题。正是通过简单或双重地使用镜子（可移动的角度），我们对这些令人钦佩的作品都有感激之情，比如阿拉伯菜肴和水壶、日内瓦纹、勋章、蔷薇、嵌板、隔间和珐琅作品等，都显示出惊人的天赋与耐心。让那些需要的人从中获益吧！

This plate is part of a collection known under the name of *Compertimenta pictoriis flosculis*, of which we have already given a *Panel* (see p. 41). The above plate contains two subjects of *Friezes* or current ornaments of which the motive is almost identical. Two foliages spring from a central bottom uniting other intermediate subjects, the axle of which is represented by the plate's very border. It is easy, by placing a small mirror without frame along the vertical borders, to prolong the composition by its reflection in the looking-glass. We have, by a frequent intercourse with the Ornament-workers of the Revival of arts and Oriental art, surprised a practice which we now unravel to our readers. It is precisely by the use of the simple or double mirror (with moveable angle) that we are indebted for almost every one of these admirable compositions of Arabian dishes and ewers, damaskeening, modillions, rosaceous, panels, compartments, enamelled works, etc., which seem prodigies of genius and of patience. — Let those who need profit by it !

XVIIe SIÈCLE. — *ÉCOLE FRANÇAISE.*

189

Cette planche semble justifier plus que toutes les autres de **J. Bérain** (pages 31, 102) le titre de *dessinateur du Roy* accordé **à l'artiste.** Elle fait voir le soin qu'on apportait à l'exécution des nombreux *Accessoires* employés dans les *Divertissements du roi*, représentations scéniques dans lesquelles le royal personnage, les princes du sang et les courtisans ne dédaignaient pas de figurer en personne. — Spécimens de Masses, Marteaux et Haches d'armes, Casques, Coiffures et Carquois turcs, Gouvernails, Tridents, Couronnes navales, Vases, Instruments de musique. — Gravure de Daigremont. — (*Fac-simile.*)

布雷恩（J.Brain）给出了这个板块比任何其他国王的制图员的称号更合理（参见第 31，102 页）。它展示了国王在娱乐中使用过的众多器具。这里表现了一种场景，有朝臣、皇室的王子，甚至国王本人都出现了。图中是钉头槌、锤子和战斧的图案，以及土耳其头盔、箭、舵手、三叉戟、海军的冠冕、器皿、乐器。都是由黛戈瑞蒙（Daigremont）雕刻。（摹本）

This plate justifies more than any other the title of *Draughtsman of the King* given to its author, J. Bérain (pages 31, 102). It shows the care with which were executed the numerous *Properties* employed in the King's *Entertainments*. These were scenical representations in which the courtiers, the princes of royal blood, and even the king himself appeared. — Specimens of maces, hammers and battle-axes, helmets, Turkish headgears and quivers, helms, tridents, naval coronets, vases, music-instruments. — Engraving by Daigremont. — (*Fac-simile.*)

XVIᵉ SIÈCLE. — ÉCOLE FRANÇAISE.

FIGURES DÉCORATIVES.
VOUSSURES DE LA CHAPELLE SIXTINE,
PAR MICHEL-ANGE.

HIEREMIAS

We inaugurate by the reproduction of this grand figure, which is one of the most astonishing creations of human genius, the Monography of the *Sixtine Chapel* painted by *Michael-Angelo Buonarotti*. It represents the prophet *Jeremiah* and occupies the right pendentive near the famous *Last Judgment*. Engraving by Georgio Ghisi called the *Mantouan* (1540). — (*Fac-simile*.)

我们以这个伟大人物的复制品为开始，这是天才的人类最惊人的创造之一，是由米开朗基罗（Michael Angelo）画在西斯廷大教堂的壁画。它代表着先知耶利米（Jeremiah），他在著名的最后审判中占有正义的地位。由乔治·阿加西（George Ghisi）创作的名为《曼图安》的雕刻作品。（摹本）

Nous inaugurons, par la reproduction de cette grande figure, qui est une des plus étonnantes créations du génie humain, la Monographie de la *Chapelle Sixtine*, peinte par *Michel-Ange Buona-*

rotti. Elle représente le prophète *Jérémie* et occupe le pendentif de droite le plus voisin du fameux *Jugement dernier*. Gravure de George Ghisi, dit le *Mantouan* (1540). — (*Fac-simile*).

490

Vous voyez cy-joinct vne figure de porte, laquelle i'ay faict mettre en œuure à l'entrée du lieu
des aurengiers *, au chafteau d'Annet, auec les
deuis des croiffans, comme ie faifois en plufieurs
autres lieux par le commandement qui m'en eftoit
faict. Ie ne vous en propoferay gueres de mefures
ne proportions, pour autant que ceux qui fe voudront ayder de telle inuention, prenant le compas
retireront incontinent la hauteur, largeur & ornements qui y font. Ladicte porte fe monftre beaucoup mieux en œuure, qu'elle ne faict au préfent
deffein, par la faulte des tailleurs ** qui n'ont en-
fuiui les traicts. Si eft-ce que pour telles faultes par
eux lourdement commifes, les bons efpritz ne lair-
ront de s'en feruir. Telle porte a environ 4 piedz
de largeur sur 9 piedz de hauteur... laquelle i'ay
faict de plus grande hauteur, pour y trouuer une
façon d'entrelais ***, comme ie l'hay veu à quelques portes anticques. Au-deffoubz de la frife, aux
coftez des pied-droicts, i'ay ordonné & faict mettre
une façon de rouleau & mutules quarrez par le
deffous, auec tel ornement que vous le voyez :
auquel ie ne puis donner de noms propres, mais
bien dire que c'eft une inuention telle qui m'eft
venuë à la fantaifie : tout ainfi qu'en la frife ; car
comme lon m'y faifoit faire des arcs Turquois, i'en
fais auffi au frontifpice auec un carquois à tenir les
flefches, & des croiffants entrelaffez. Et à fin que
cela feuft mieux veu eftre à propos, i'ay entre-
couppé & ofté les moulures de la corniche du tympan, & faict monftrer feulement une faillie de la
couronne **** & quelque petit filet quarré, & par les
extremitez de quelque goutteron & ornement de
corniche qu'on peut mettre aux cymes. Tel ornement de porte n'empefchera point que vous n'en
faifiés d'autre à voftre volonté, & quand vous en
aurez enuie à fin de dreffer quelque belle porte,
par les moïens que nous vous donnons, ou autres
tels qu'il vous plaira les inuenter, ou chercher
ailleurs.

* Orangers. ** Graveurs sur bois. *** Entrelacs, grecques. **** Couronnement.

494

Après avoir passé plusieurs années en Italie pour mesurer les monuments de l'antiquité, *Philibert de l'Orme*, à son retour en France, dut au cardinal du Bellay son entrée en faveur à la cour du roi Henri II. Il donna notamment pour ce protecteur des lettres et des arts les dessins des châteaux d'Anet et de Meudon. La porte ci-dessus est tirée de son VIIIᵉ livre d'Architecture ; nous avons pensé ajouter à l'intérêt de cette pièce en reproduisant dans leur naïf langage les explications de l'auteur. — (*Fac-simile.*)

菲利贝尔·德洛姆（Philibert de l'Orme）为了研究古代遗迹，在意大利度过了许多年，他在亨利二世的宫廷里对红衣教主贝莱（Bellay）的支持表示感谢。他为安奈和梅登城堡的精美艺术品的保护者而创作，上图的门摘自他关于建筑的第五本书。我们认为，作者用巧妙的语言把对自己的解释写在这篇文章里，极大地增加了作品的趣味。（摹本）

Philibert de l'Orme, after having passed several years in Italy to measure the monuments of antiquity, was indebted to the cardinal du Bellay for his favour at Henry the Second's court. He composed for this protector of the fine arts drawings for the castles of Anet and Meudon. The above door is taken from his VIIIᵗʰ book on Architecture. We have thought that great interest would be added to this piece by leaving the author's explanations in his own ingenious language. — (*Fac-simile.*)

Deuxième Année.   N° 29.   10 Février 1862.

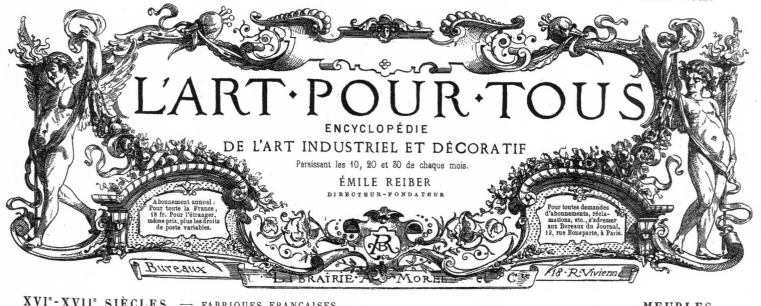

L'ART · POUR · TOUS

ENCYCLOPÉDIE
DE L'ART INDUSTRIEL ET DÉCORATIF
Paraissant les 10, 20 et 30 de chaque mois.
ÉMILE REIBER
DIRECTEUR-FONDATEUR

Abonnement annuel :
Pour toute la France,
18 fr. Pour l'étranger,
même prix, plus les droits
de poste variables.

Pour toutes demandes
d'abonnements, récla-
mations, etc., s'adresser
aux Bureaux du Journal,
13, rue Bonaparte, à Paris.

Bureaux   LIBRAIRIE A. MOREL et Cie   18 · R · Vivienne

XVIᵉ-XVIIᵉ SIÈCLES. — FABRIQUES FRANÇAISES.

MEUBLES,
TABLE ET CHAISES.
(MUSÉE DE CLUNY.)

DÉTAIL-DES-CLOUS-GRAND'-D'EXⁿ

Chaise en ébène garnie de cuir noir ; clous en cuivre jaune. — Table et chaise en noyer sculpté.

这是一把乌木的椅子，上面覆盖着黑色的皮革，装饰着黄铜钉子，用胡桃木雕刻。

Ebony chair covered with black leather ; brass nails. — Sculptured walnut table and chair.

XVIᵉ SIÈCLE. — ÉCOLE ALLEMANDE.

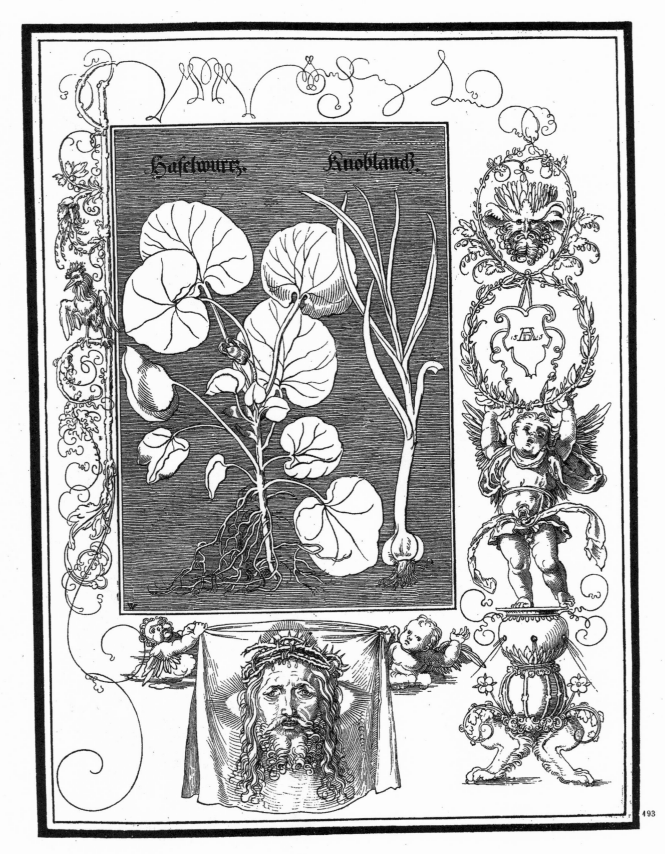

Hafelwurz.   Knoblauch.

493

Planche 42 du Recueil dont nous avons commencé la reproduction p. 79. Ce beau livre est malheureusement incomplet et ne contient plus que 45 pages illustrées par *A. Durer,* et 8 de la main de *L. Cranach.* Ces dessins sont exécutés aux encres de couleur : les p. 1 à 6 en rouge, ainsi que les 8 dessins de la fin du livre et qui sont de ce dernier maître; les p. 7 à 10, 18, 20, 21, 24, 27, 36, 37, 42, 43, en vert, et les autres en violet. L'entourage ci-dessus, dans le bas duquel on voit la figuration du voile de sainte Véronique, accompagne le texte du psaume 92, que nous avons remplacé par deux dessins de plantes tirés de l'herbier de *Jérôme Bock* (dit *Lebouc* ou *Tragos*), l'un des pères de la Botanique, médecin, dessinateur et ministre protestant (1498-1554). — (*Fac-simile.*)

　　第 42 幅插图是源于第 79 页的复制品。但不幸的是，这本美丽的书现在已经不再完整，只有 45 页由丢勒（Durer）和克拉纳赫（L.Cranach）加了插图。它所有的设计都使用彩色墨水完成，第 1 页到第 6 页是红色的，以及书中的 8 幅图，均来自最后的大师，第 7 页到第 10 页以及第 18，20，21，24，27，36，37，42，43 页是绿色，而剩下的则是紫色。上面这幅画的边界处，在作品的下半部分是维罗妮卡的面纱；在诗篇 92 的文本中，在这个地方我们展示了海欧纳纳莫斯·博克（Hieronymus Bock，1498~1554 年）的两幅植物标本图，其中一幅是植物之父，他是一位植物学家、医生、绘图师和新教牧师。（摹本）

Plate 42 from the Collection of which we have begun the reproduction p. 79. This beautiful book, now unfortunately incomplete, contains only 45 pages illustrated by *A. Dürer* and by *L. Cranach.* All the designs are executed in coloured ink : from p. 1 to p. 6 in red, as well as the 8 drawings at the end of the book, and which are from the last master; the pages 7 to 10, 18, 20, 21, 24, 27, 36, 37, 42, 43 are green, the others are violet colour. The above Border, in the lower part of which is seen the figuration of saint Veronica's voil, accompanies the text of Psalm 92, in the place of which we have given two drawings of plants taken from the Herbarium of *Hieronymus Bock* (*Lebouc* or *Tragos*), one of the fathers of Botanic, a physician, draughtsman and protestant minister (1498-1554). — (*Fac-simile.*)

XVIᵉ SIÈCLE. — ÉCOLE DE LYON.

LVGDVNI.
APVD GVLIEL.
ROVILLIVM.
Cum priuilegio Regis.
1 5 6 7.

194

Les productions typographiques de l'École lyonnaise pendant la seconde moitié du xviᵉ siècle sont de la plus haute importance pour l'histoire de l'Art décoratif en général, ainsi que pour celle de l'ornementation des Livres. Nous suivrons les développements de cette École féconde, et nous nous contentons aujourd'hui de reproduire le frontispice des *Commentaires d'André Tiraqueau* sur la loi *Si unquam*. Nous avons pensé ajouter à l'intérêt de cette pièce en intercalant à la place du titre *typographique* (latin) le médaillon contenant le portrait du savant ami de Rabelais, placé dans le livre au verso du frontispice. — *(Fac-simile.)*

里昂学院在 16 世纪下半叶的印刷生产对于装饰艺术的历史和书籍装饰具有重要的意义。我们将跟随这个多产学院的发展，在这里重现了安德烈·提拉克（Andre Tiraqueau）关于法律评论的卷首。为了增添读者新的兴趣点，我们在印刷的标题（拉丁语）的位置插入飞檐托饰，正好在卷首的反面，同时包含了一张拉贝雷斯（Rabelais）朋友的画像。

The typographical productions of Lyons School during the second part of the xviᵗʰ century are of great importance for the history of the decorative Art and the ornamentation of Books. We will follow the developments of this prolific School, and we reproduce here the Frontispiece of *André Tiraqueau's Commentaries* on the law *Si unquam*. To add new interest to this piece, we have intercalated in place of the *typographical* title (Latin) a modillion placed in the book on the reverse of the frontispiece containing the portrait of Rabelais' learned friend. — *(Fac-simile.)*

XVIᵉ SIÈCLE. — TYPOGRAPHIE PARISIENNE.

 195  196  197  198

 199  200  201  202

 203  204  205  206

 207  208  209  210

 211  212  213

Jehan de Roigny, gendre de Josse Bade (p. 106) et par consé-quent beau-frère de *Robert Estienne*, édita en 1552 les six *Comé-dies de Térence*, accompagnées des Notes et Commentaires de Ph. Melanchthon, Érasme, Scaliger, P. Bembo, Étienne Dolet, etc., édition pour laquelle il fit, comme dit son privilége, *tailler tout exprès plusieurs figures à ce commodes et utiles*. Nous en extrayons le présent Alphabet, qui offre quelque analogie avec celui de Robert Estienne (p. 60, 92). — (*Fac-simile.*)

杰汉・德・罗伊尼（Jehan de Roigny）是约斯特・巴德（Jost Bade）的女婿（参见第 106 页），也就是罗伯特・埃蒂安（Robert Estienne）的连襟。他在 1552 年出版了泰伦斯（Terentius）的第六部喜剧，上面有梅兰切克里恩博士（Ph. Melanchtlion）、伊拉兹马斯（Erasmus）、斯卡里格（Scaliger）、本博（P. Bembo）和艾蒂安・多雷（Etienne Dolet）等人的评点。正如他自己所说的那样，他特意把这些字母分隔开，使其方便且实用。我们从这本书中借鉴了这个字母表，这些字母与罗伯特・埃蒂安出版的那个类似（参见第 60 和 92 页）。

Jehan de Roigny, Jost Bade's son-in-law (p. 106) and conse-quently the brother-in-law of *Robert Estienne*, published in the year 1552 the six comedies of *Terentius* with notes and commen-taries by Ph. Melanchthon, Erasmus, Scaliger, P. Bembo, Etienne Dolet, etc. For this edition he ordered, as says his licence, *several figures to be cut, which were commodious and useful to the object*. We draw from the book the present Alphabet which offers some analogy with the one published by Robert Estienne (p. 60, 92). — (*Fac-simile.*)

Deuxième Année.   N° 30.   20 Février 1862.

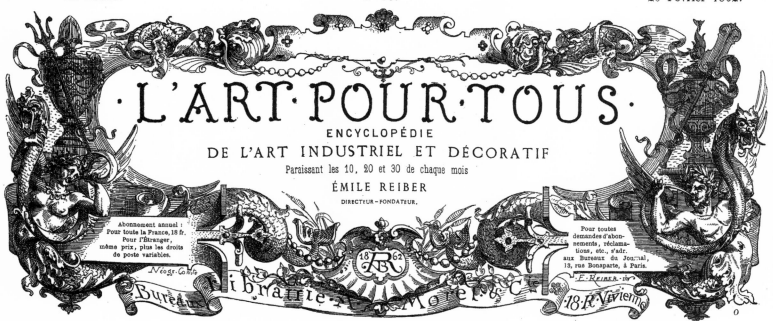

·L'ART·POUR·TOUS·

ENCYCLOPÉDIE
DE L'ART INDUSTRIEL ET DÉCORATIF

Paraissant les 10, 20 et 30 de chaque mois

ÉMILE REIBER

DIRECTEUR-FONDATEUR.

Abonnement annuel :
Pour toute la France, 18 fr.
Pour l'Étranger,
même prix, plus les droits
de poste variables.

Pour toutes
demandes d'abonnements, réclamations, etc., s'adr.
aux Bureaux du Journal,
13, rue Bonaparte, à Paris.

XVIᵉ SIÈCLE. — FABRIQUES DE MURANO.   **VERRERIE.**
VERRES ET BURETTE.
(MUSÉE DE CLUNY.)

N° 2251   N° 2286   N° 2297   N° 2246

L'établissement des premières *Verreries* de la République de Venise paraît remonter à l'année 1028, alors que le fameux doge Pietro Orseolo faisait venir de Constantinople, pour l'exécution des travaux de la basilique de Saint-Marc, une colonie d'artistes grecs dont une partie exécuta ces magnifiques mosaïques de verre à fond d'or encore si justement admirées de nos jours. Les échantillons de Vases que nous donnons sont dessinés, comme ceux de la p. 91, en grandeur d'exécution. — Musée de Cluny. — Les Nᵒˢ indiqués sont ceux du catalogue. — (Sera continué.)

我们相信，在 1028 年，威尼斯共和国的第一批玻璃器皿就被生产出来了。与此同时，著名的教士彼得罗·奥尔塞洛（Pietro Orseolo）为了完成圣马克大教堂的作品，从君士坦丁堡（现土耳其伊斯坦布尔）召集了一批希腊艺术家。这些艺术家中的一些人用金黄色为底色完成了这些华丽的玻璃马赛克的作品。上面这些器皿，和第 91 页的器皿一样，是令现今世人敬仰之物，是按克吕尼博物馆实物的大小所画，图中所示数字就是目录中的数字。
（未完待续）

The first *Glass-wares* of the Republic of Venice were established, as we believe, in the year 1028. At the same time, the famous doge Pietro Orseolo called from Constantinople a colony of Greek artists for the execution of works in the basilik of Saint Marc. A part of these artists executed the magnificent glass-mosaic-works with gold grounds, which are this day an object of admiration. — The Vases we give here above, are, as well as those of p. 91, drawn in execution-size at Cluny's Museum. — The numbers indicated are those of the Catalogue. — (To be continued.)

XVIᵉ SIÈCLE. — ÉCOLE ITALIENNE.

215

Chez les anciens Romains, les *Cheminées* étaient établies au centre des pièces. Quatre montants ou colonnes supportaient un entablement sur lequel venait porter le *Manteau* de cheminée, espèce d'entonnoir quadrangulaire qui ramenait la fumée vers son conduit vertical. Celle-ci, quoique destinée à être adossée contre un mur, et tirée du 4ᵉ livre de *Serlio* (voyez p. 56, 70, 102), rappelle la disposition antique. Tout en faisant ressortir la naïveté de l'arrangement, rappelons qu'il n'était donné qu'aux peuples du Nord (voy. p. 27) de perfectionner cette partie de l'habitation si importante dans nos climats. — La boule de feu figurée sur notre planche doit être comprise comme étant une décoration exécutée en bas-relief sur le *contre-cœur* en fonte de la cheminée. — (*Fac-simile.*)

在古罗马人心中，壁炉要建立在房间的中心，由四根柱子支撑着一个有烟囱的壁炉架，这是一个四边形的漏斗，通过它将烟雾传送到垂直管道。这壁炉虽然贴在墙上，却有种古色古香的气质。这是塞利奥（Serlio）的第四本书（参见第 50、70、105 页）中的图画。当我们看到它简单的设计时，让我们记住，在我们所处的气候中，家中的这一重要部分的改善，仅仅归功于北方人民。插图上的火焰地球是壁炉铸铁后面的浅浮雕装饰。

Among the ancient Romans, the *Chimneys* were established in the very centre of the rooms. Four posts or columns supported an entablature which bore the chimney's *Mantel*. This was a kind of quadrangular funnel, through which the smoke was sent to its vertical pipe. This Chimney, though destined to be placed against a wall, recalls the antique disposition; it is taken from *Serlio's* fourth book (see p. 56, 70, 105). While calling the attention to the simplicity of the arrangement, let us remember that the improvement of this important part of the dwellings in our climate was but achieved by the Northern peoples. — The globe of fire figured on our plate is intended as a bass-relief decorat'on on the cast iron *back* of the chimney. — (*Fac-simile.*)

XVIᵉ SIÈCLE. — ÉCOLE FRANÇAISE.

FIGURES DÉCORATIVES.
NYMPHE DE LA SEINE,
PAR J. GOUJON.

A series of five bas-reliefs representing the *Nymphs of the Seine*, by the celebrated *J. Goujon* (see p. 6), occupied the faces of the ancient *Fountain of the Nymphs* (Fountain of the Innocents), the complete Monography of which we are now preparing.

The figure we give here, drawn from the very original before the monument's recent restoration, was placed on the right inter-pilaster of the fountain's oriental face. Among these five figures, the present one, by its calm and noble attitude, can be compared to the master-pieces of antique statuary.

The vigorously carved folds of the inferior drapery wonderfully set off the fleshes' delicacies; this disposition, more heightened by the channelled pilasters' natural frame, projects on the upper part of the Nymph's body a very sweet and coloured clearness.

We intend reproducing in a short time the neighbouring figure and, when necessary, with the history of the monument's transformations, notes on J. Goujon's life and works.

Une suite de cinq bas-reliefs représentant les *Nymphes de la Seine* et dus au ciseau du célèbre *J. Goujon* (voy. p. 6) occupait les faces de l'ancienne *Fontaine des Nymphes* (Fontaine des Innocents) dont nous préparons la Monographie complète.

La figure que nous donnons ici, dessinée d'après l'original même, avant la récente restauration du monument, occupait l'entre-pilastre droit de la face orientale de la fontaine. De toutes ces cinq figures, celle-ci, par le calme et la noblesse de l'attitude, semble le plus se rapprocher des chefs-d'œuvre de la statuaire antique.

Les plis vigoureusement fouillés de la draperie inférieure font admirablement ressortir la finesse du modelé des chairs; cette disposition, rehaussée par l'encadrement des pilastres à cannelures, projette sur tout le haut du corps de la nymphe un éclat doux et argenté.

Nous donnerons prochainement la figure voisine, et, en temps et lieu, avec l'historique des transformations du monument, les notices sur la vie et les travaux de Jean Goujon.

我们正在准备的完整版，是由著名的古戎（J. Goujon，参见第6页）描绘的塞纳河5个浅浮雕，占据了古代仙女喷泉的正面。

我们在这里给出的人物雕像是在最近修复纪念碑之前的原始作品，被放置在喷泉东面的右内柱上。在这5幅图现存的雕塑，以它平静和高贵的姿态，可以与古文物的大师作品相媲美。

下襟雕琢的褶皱完美地衬托出了人体的娇嫩，凹陷的柱子在人形雕塑两侧形成自然框架，更加突出了女神的上身，极为甜美，色泽清晰。

我们打算在短时间内将旁边的人物雕塑临摹完成，必要时还可以再现纪念碑的转变历史，并介绍古戎的生平和作品。

216

Towards the middle of the xviᵗʰ. century, the great impulse given to Reformation attracted all the eminent characters of the time. The liberation of the mind manifested itself in *Books*, and the Sorbonne soon persecuted an Art which it had patronized at his birth.

The unfortunate end of the printer Etienne Dolet from Lyons, who was burned alive on place Maubert with his books, in presence of the king (3ᵗʰ of August, 1546); the death of Francis the First, in the following year, and the new edicts of repression launched by Henry II caused *Robert Estienne*'s voluntary exile, in 1552. He established himself in Geneva, in the very centre of calvinism, in partnership with his brother-in-law Conrad Bade. — We reproduce here a part of the typographical illustrations of one of the last books edited by him in Paris; we speak of the *Compendium of the history of the Cæsars*, of *Dion Cassius* (Ἐκ τῶν Δίωνος τοῦ Νικαέως Ῥωμαικῶν ἱςορίων, etc.) by J. Xiphilin, a large in-8ᵛᵒ, 1551. These Capital *white*-Letters (Alpha, Gamma, Delta, Kappa) and the Friezes are the paragon of elegance of the French art during the xviᵗʰ century. The name of the artist to whom we are indebted for them is consignated in an act of donation from king Francis the First, dated Bourg-in-Bresse, 1st of October 1511 (Ms. Lib. of the Louvre). It awards 225 *Tours livres* to R. Estienne to be by him delivered as payment to CLAUDE GARAMONT, *cutter and founder of letters, dwelling in Paris, for the cutting of stilettoes for Greek letters to be sent in the king's library*. — (To be continued.)

EX BIBLIOTHECA REGIA

Βασιλῆϊ τ' ἀγαθῷ κρατερῷ τ' αἰχμητῇ.

L V T E T I Æ
Regiis typis
M. D. L. I.

Cum priuilegio Regis.

16 世纪中期，宗教改革所赋予的巨大冲击吸引了当时许多的杰出人物。思想的解放表现在书本上，巴黎大学迫害了建校时就保护的艺术。

艾蒂安·多雷（Etienne Dolet）来自里昂，他的生命悲惨而痛苦地结束在 1540 年 8 月 3 日的茅博特，在国王面前被自己的书引燃的火焰活活烧死。因为弗朗索瓦一世在第二年去世，亨利二世推行新的镇压法令使得罗伯特·埃蒂安（Robert Estienne）在 1552 年被流放。他与妹夫康拉德·巴德（Conrad Bade）在日内瓦，这个加尔文教的中心成功立足。我们在这里翻印了他在巴黎编辑的最后一本书的一部分印刷插图，我们想谈谈狄奥·卡修斯（Dion Cassius）的凯撒（Caesars）的历史纲要，是西菲林（J. Xiphilin）1551 年的作品。图中这四个大写的白色希腊字母和条状花纹是 15 世纪法国艺术优雅的典范。我们受惠于艺术家的名字记录在弗朗索瓦国王的捐赠行为中，日期为 1541 年 10 月 1 日，在布雷斯的布尔格，由卢浮宫的里布女士捐赠。他奖励埃斯布蒂安（H. Estienne）225 里弗（古时的法国货币单位及其银币），交给克劳德·加拉蒙（Claude Garamont），他居住在巴黎，是裁剪信件的创始人，用于切割希腊字母，以便信件从国王的图书馆寄出。（未完待续）

Vers le milieu du xviᵉ siècle, le grand mouvement de la Réforme attirait à lui tous les esprits éminents. L'affranchissement de la pensée s'affirma dans les *Livres*, et la Sorbonne ne tarda pas à persécuter un Art qu'elle avait protégé à sa naissance.

Le sort malheureux de son ami, le libraire lyonnais Étienne Dolet, brûlé vif sur la place Maubert avec ses livres, en présence de François Iᵉʳ (3 août 1546); la mort du roi son protecteur, arrivée l'année suivante, et les nouveaux édits de répression lancés

par Henri II, décidèrent *Robert Estienne* (p. 60, 92, 106) à s'exiler volontairement en 1552. Il alla continuer son industrie à Genève, en plein foyer du calvinisme, en société de son beau-frère Conrad Bade. — Nous reproduisons ici une partie des illustrations typographiques d'un des derniers livres édités par lui à Paris ; nous voulons parler de l'*Abrégé de l'histoire des Césars*, de *Dion Cassius* (Ἐκ τῶν Δίωνος τοῦ Νικαέως Ῥωμαικῶν ἱςορίων, etc.), par J. Xiphilin, grand in-8ᵒ, 1551. Ces Majuscules

blanches (Alpha, Gamma, Delta, Kappa) et ces Frises sont le *paragon* des élégances de l'art français du xviᵉ siècle. Le nom de l'artiste auquel nous les devons est consigné dans un acte de donation du roi François, daté de Bourg-en-Bresse, 1ᵉʳ octobre 1541 (Ms. Bibl. du Louvre), de 225 *livres tournois*, en faveur de R. Estienne, pour être par lui délivrées, *pour taille des poinçons des lettres grecques de la librairie du Roy*, à CLAUDE GARAMONT, *tailleur et fondeur de lettres demourant à Paris*. — (Sera continué.)

Deuxième Année.   N° 31.   28 Février 1862.

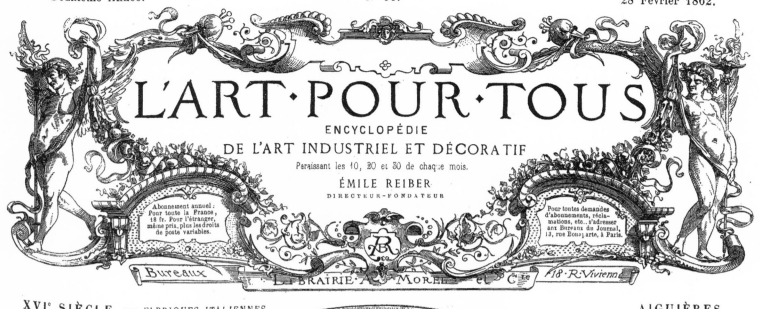

L'ART·POUR·TOUS

ENCYCLOPÉDIE
DE L'ART INDUSTRIEL ET DÉCORATIF

Paraissant les 10, 20 et 30 de chaque mois.

ÉMILE REIBER
DIRECTEUR-FONDATEUR

Abonnement annuel :
Pour toute la France,
18 fr. Pour l'étranger,
même prix, plus les droits
de poste variables.

Pour toutes demandes
d'abonnements, réclamations, etc.. s'adresser
aux Bureaux du Journal,
13, rue Bonaparte, à Paris.

BUREAUX   LIBRAIRIE A. MOREL et Cie   18·R·Vivienne

XVIᵉ SIÈCLE. — FABRIQUES ITALIENNES.

FAÏENCES DE PESARO.

AIGUIÈRES.

(MUSÉE DE CLUNY.)

NEOGR. COMTE   E. REIBER del.

223

Fonds blancs ; émaux bleus, verts et jaunes. Les armes papales (Jules III, Alexandre Farnèse) d'or à six fleurs de lis d'azur posées 3, 2 et 1. Diam. du bassin, 0,33 ; hauteur du vase, 0,22.

图中是白色的背景与蓝色、绿色和黄色珐琅壶。教皇，也就是尤利乌斯三世、亚历山大·法尔内塞（Alexander Farnese）的徽章，与6个天蓝色的百合鲜花呈现在一个镀金底色上，按顺序排列。钵体的直径为0.33米，壶高0.22米。

White grounds ; blue, green and yellow enamel. The *papal* arms (Julius III., Alexander Farnese) with six azure lily flowers ranged 3, 2 and 1, on a gilded field. Diam. of the basin, 0,33 ; height of the vase, 0,22.

Spécimens de galne, trépieds, cadres, tables et guéridons tirés du 8ᵉ Livre des œuvres de *Salembier* (planches 44 et 45). — Tout en admirant le côté gracieux de leurs productions, constatons ici un défaut assez commun aux artistes de cette époque, qui leur faisait traiter les *détails* de leurs compositions comme des *vignettes* d'illustration de livres. — (*Fac-simile.*)

从《萨兰比耶之书》（参见第 44 和 45 版块）中，我们可以看到各种带鞘的三脚支架、框架、桌子和猎物的标本。尽管我们钦佩这些作品的优雅设计，但我们不禁注意到，这一时期几乎所有的艺术家都有一个共同的不足：他们用一种独特的方式把作品的细节当作书中插图的小花饰来对待。（摹本）

Specimens of sheaths, tripods, frames, tables and gueridons taken from the 8ᵗʰ Book of *Salembier*'s works (plate 44 and plate 45). — Notwithstanding our admiration for the graceful arrangement of these productions, we cannot help noticing here a fault common to almost all the artists of that period : their singular manner of treating the *details* of their compositions as *vignettes* for the illustration of books. — (*Fac-simile.*)

L'ornementation en *Arabesques* offre les plus grandes ressources dans la composition par la variété des sujets que ce genre de décoration peut admettre. Parmi les objets puisés dans la nature, les *Oiseaux* surtout, par la diversité de leurs formes et de leur plumage, ont joué un grand rôle dans ce système d'ornementation. Le Panneau ci-dessus, qui appartient à l'*Ecole d'Anvers* (les frères Floris, etc.), est, par l'originalité de la disposition et le soin de l'exécution, un des spécimens les plus curieux du genre. — (*Fac simile.*)

这类装饰所容纳的种类繁多，蔓藤花纹的装饰在其构成中提供了很大方便。来自大自然的生物，尤其是鸟类，由于它们的形态和羽毛的多样性，深受装饰者的青睐。这幅长方形的图片属于安特卫普学校（弗洛里斯兄弟等），其独创性和处理的谨慎性，在完成过程中是最令人好奇的。（摹本）

The *Arabesque* ornamentation offers great facilities in its composition by the variety of subjects this kind of decoration admits of. Among the objects taken from nature, and above all others, *Birds*, by the diversity of their forms and plumages, have been in great favour for this sort of ornamentation. The present panel, which belongs to the *Antwerp School* (Floris brothers, etc.), is, by the originality of the composition, as well as the care with which the execution has been attended to, one of the most curious specimens of the kind. — (*Fac-simile.*)

LUCARNES,
PAR PHILIBERT DE L'ORME.

234

XVIe SIÈCLE. — ÉCOLE FRANÇAISE.

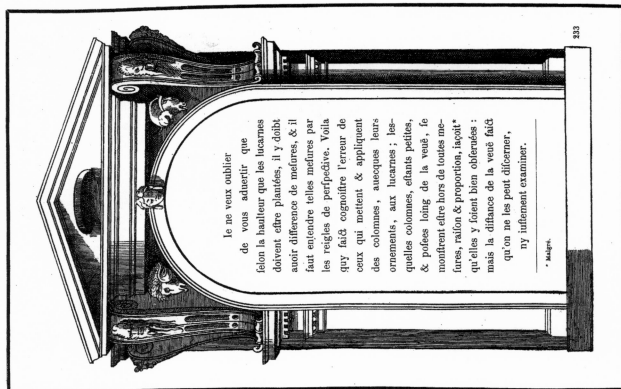

233

On donne le nom de *Lucarnes* à toute espèce d'ouvertures donnant jour aux Étages supérieurs d'une construction, compris dans la hauteur du toit, au-dessus de la corniche de couronnement de l'édifice. Nous avons déjà fait voir (p. 27) les développements donnés par l'École flamande à ces parties importantes de la décoration extérieure des édifices. Nous donnons ici deux dessins de Lucarnes de *Ph. de l'Orme* avec les explications de l'auteur. — *(Fac-simile.)*

多默斯（Dormers）是建筑物上层中的各种开放式光线开口的名字，它们被放置在建筑物墙口上方的屋顶上。我们已经在第 27 页展示过佛兰德学派发展这个外部装饰的重要部分。今天，我们翻印了由奥玛博士所作两幅画，附上作者的解释。（摹本）

The name of *Dormers* is given to every kind of opening admitting light in the upper stories of a construction; they are placed on the roof, above the building's cornice. We have already shown (p. 27) the developments given by the Flemish School to this important part of exterior decoration. We reproduce to-day two drawings of Dormers, by *Ph. de l'Orme*, with the author's explanations. — *(Fac-simile.)*

Deuxième Année.　　　　　　　　N° 32.　　　　　　　　10 Mars 1862.

50 centimes le Numéro

L'ART·POUR·TOUS

ENCYCLOPÉDIE
DE L'ART INDUSTRIEL ET DÉCORATIF
Paraissant les 10, 20 et 30 de chaque mois.

ÉMILE REIBER
DIRECTEUR–FONDATEUR

1ʳᵉ ÉDITION
36 Numéros, papier blanc
au dos des 144 gravures.
Abonnᵗ annuel, 18 fr.

2ᵉ ÉDITION
36 Numéros, sans blanc
au dos des 144 gravures.
Abonnᵗ annuel, 15 fr.

Bureaux　　LIBRAIRIE A. MOREL et Cⁱᵉ　　18. R. Viviena

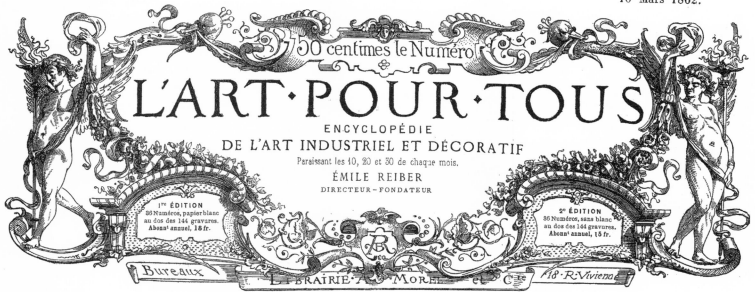

XVIIIᵉ SIÈCLE. — ÉCOLE FRANÇAISE.　　　　　　　　CUL-DE-LAMPE,
PAR P. CHOFFARD.

235

Pendant la seconde moitié du xviiiᵉ siècle, la récente découverte des villes antiques d'Herculanum et de Pompéi, jointe aux voyages archéologiques entrepris à cette époque sur le sol inexploré de la Grèce antique, firent éclore en France des ouvrages luxueux dont les *Illustrations* furent confiées à d'habiles artistes. Nous empruntons à l'un de ces ouvrages le *Cul-de-lampe* ci-dessus, dû à la pointe gracieuse et habile de *P. P. Choffard,* 1778. (*Fac-simile.*)

在 18 世纪后半期，赫尔库兰（Herculanum）和庞培（Pompeia）的最新发现，增加了对当时古希腊未经勘探的土地进行的考古活动。不久后，法国才华横溢的艺术家们创作了丰富的插图作品。我们从这些作品中挑选了由天资颇高的乔法德（P. P. Choffard）于 1778 年创作的上述悬饰。（摹本）

During the latter part of the xviiiᵗʰ century, the recent discovery of the antique cities of Herculanum and Pompeia added to several archeologic travels undertaken at that period on the unexplored soil of antique Greece, soon produced in France rich Works the *Illustrations* of which were executed by talented artists. We borrow from one of these works the above *Bracket,* composed by the talented *P. P. Choffard,* 1778. (*Fac-simile.*

XIIᵉ SIÈCLE. — ÉCOLE ITALO-NORMANDE (Sicile).   **MARTEAU DE PORTE**
                                                            A PALERME.

Even after their decisive settlement in one of the finest French provinces (during the xᵗʰ century), the *Normans*, although they had abandoned piracy, still preserved their taste for travels and adventures. Among the most brilliant of their expeditions, the landing in Italy may be ranked. This took place during the xiᵗʰ century. Their leaders were *Robert Guiscard* and *Roger the Norman*, the sons of Tancrede of Hauteville. After assisting his brother Robert in the expedition of Calabria, Roger came to Sicily from whence he drove the Greeks and the Arabians. Thus while Robert got for the above mentioned Calabrian expedition the title of *Duke* of Apulia and Calabria, Roger became *Great Count* of Sicily (1074). Roger the Second, his son, blended the two states in 1130, forming thus a kingdom under the name of *kingdom of the two Sicilies*, over which he ruled. His coronation took place in Palermo. Among the monuments with which he ornamented his capital, the *Chapel* of the palace, terminated in 1132, is one of the most remarkable. The *Door-knocker* given here, executed in bronze and composed of ornaments purely *geometrical* (a character of this epoch), is part of the chapel's decoration. Although this curious object of industrial art almost belongs to the French school, the locality in which it is executed, and the fact of a colony of artists from Pisa having inhabited Palermo during the xiiᵗʰ century, make us attribute it to the Italian school. — Execution : size. — The figure on the upper part of the plate shows the knocker's projection.

✵

Même après leur établissement définitif dans une des plus belles provinces françaises (au xᵉ siècle) les *Normands*, ayant abandonné la piraterie, mais obéissant à leur goût instinctif pour les voyages et les aventures, se signalèrent par plusieurs expéditions, dont la plus brillante est, sans contredit, la descente en Italie, vers le milieu du xiᵉ siècle, des fils de Tancrède de Hauteville. *Robert Guiscard* et *Roger le Normand*. Après avoir aidé son frère dans son expédition de Calabre, qui valut à Robert le titre de *duc* de Pouille et de Calabre, Roger descendit en Sicile d'où il chassa les Grecs et les Arabes, et se fit nommer *grand comte* de Sicile (1074). Roger II, son fils, réunit les deux États en 1130, sous le nom de *royaume des Deux-Siciles* et se fit couronner à Palerme. Parmi les monuments dont il orna sa capitale, la *chapelle* du palais, terminée en 1132, est un des plus remarquables. Le *Marteau de porte* ci-joint, exécuté en bronze et composé d'ornements purement *géométriques* (un des caractères du style de cette époque), fait partie de sa décoration. Quoique ce curieux objet d'art industriel appartienne presque à l'art français, la localité où il se trouve exécuté et le fait avéré de l'existence d'une colonie d'artistes pisans à Palerme au xiiᵉ siècle, nous font attribuer à l'école italienne. — Grandeur d'exécution. — La figure du haut de la planche fait voir la saillie du Marteau *en plan*.

✵

10世纪时，诺曼人决定在法国最优秀的省份之一定居之后，他们虽然已经放弃了海盗行为，但仍然热衷于旅行和冒险。在他们诸多精彩的探险之中，登陆意大利可能要排在首位。这发生在11世纪，领头人是罗伯特·吉斯卡德（Robert Guiscard）和罗杰·诺曼（Roger Norman），他们是侯特威尔家族坦克雷尔（Tancrede）的儿子。在帮助他的兄弟罗伯特在卡拉布里亚的探险后，罗杰来到西西里岛，从那里乘车去了希腊和阿拉伯。因此，当罗伯特在上述的卡拉布里亚探险时得到了普利亚（Apulia）公爵和克拉布里亚（Clabria）公爵的领地时，罗杰就成为了西西里大帝（1074年）。罗杰的

儿子罗杰二世在1130年把这两个国家合为一体，形成了一个以他所统治的两个以西西里命名的王国。他的加冕典礼在巴勒莫举行。在装饰他的首都的历史遗迹中，建于1132年的宫殿礼拜堂是其中最引人注目的一座。此图中的门环是由青铜制成的，由纯几何形状的装饰物组成，是那个时代的特征，也是教堂装饰的一部分。尽管这种奇怪的工业艺术的特征几乎属于法国风格，但它的执行地，以及比萨的一群艺术家在12世纪居住在巴勒莫的事实，使我们把它归于意大利。本图就是当时完成时的大小。在门环投影的上半部分。

XVIIe SIÈCLE. — ÉCOLE ITALIENNE.
A. MITELLI (1650).

CHAPITEAUX,
MASCARONS, CARTOUCHES.

Né à Bologne en 1609, *Agostino Mitelli*, après une jeunesse remplie de misère combattue par un travail opiniâtre, entra dans l'école du *Dentone* (Girolamo Curti) et exécuta par la suite, en compagnie du *Colonna*, des travaux décoratifs importants. Il a laissé une centaine de planches de détails décoratifs, où sa facilité pour les compositions *plafonnantes* se fait jour. Nous réunirons sur quatre de nos pages, ses spirituels croquis de *Chapiteaux, Mascarons, Vases et Cartouches* (16 planches) dont nous donnons ici un premier spécimen. (*Fac-simile.*)

公元 1609 年，阿戈斯蒂诺·米泰利（Agostino Mitelli）出生在意大利的博洛尼亚。尽管他顽强与厄运斗争，但是他青年时期还是过得苦不堪言。他最后被登音（Dentone）的学校录取，此地也是吉罗拉莫·柯蒂（Girolamo Curti）的求学之地，并与科隆纳（Colonna）一起完成了重要的装饰作品。他给我们留下了大约 100 多页的装饰细节，其中他对天花板装饰的卓越天赋是有目共睹的。我们将在书中的 4 页中展示他装饰的大写字母、怪面饰、器皿和飞檐托饰（16 幅）的精美素描。（摹本）

Agostino Mitelli was born in Bologna in 1609. His youth was miserable, nothwithstanding the obstinate work with which he fought against ill-fortune. He was at length admitted in *Dentone's* (Girolamo Curti's) school, and executed, in company with the *Colonna*, important decorative details, in which his extraordinary aptitude for *ceiling decorations* is obvious. — We will give on four of our pages several of his intelligent sketches of *Capitals, Masks, Vases* and *Modillions* (16 plates). (*Fac-simile.*)

XIVe SIÈCLE. — ÉCOLE HISPANO-MORESQUE.

GRAND VASE
DE L'ALHAMBRA.

From the very beginning of the viiith century the warlike spirit of which Mahomed used as one of the most powerful auxiliaries for the propagation of his doctrines had greatly spread itself. Southern Spain was already part of the immense empire over which ruled the caliph of Damas. Towards the middle of this century, a separate empire was formed in the country : the *Caliphate of Cordova*, which, after 275 years of existence, was divided in several independent provinces. This event took place in the year 1031. The christian princes of the peninsula were not long before enlarging their estates at the expense of the Mussulmans. The latter, in 1050, implored the assistance of a *Moorish* tribe of Yemen the *Almoravides*, the conquerors of several kingdoms among which those of Fez and Marocco. Thus the *Moorish* settlement in Spain took place in the middle of the eleventh century. — The Arabians and the Moors were industrious people who spread the fine arts in Spain. Their influence lasted very long in this country as well as in Sicily and even in Italy. We have recalled their historical events so as to prevent all confusion arising from the different denominations given to the artistical productions of both nations. The celebrated Mosque of Cordova (viiith century) is an *Hispano-Arabian* monument; the *Alhambra* in Granada (end of the xiiith cent.) is an *Hispano-Moorish* monument. The great *Vase*, which we give to-day, is taken from the Arabian *Anteguedades* by P. Lozano, Madrid, 1784, and is one of the finest specimens of Moorish faience (height 1 m. 36 cent.). We owe to a distinguished amateur a photography which exactly reproduces this ceramic master-piece, and also several copies, the originals of which are in the Museum of the Alhambra. We will communicate to our readers these interesting pieces, while continuing our historical notices on the Hispano-Oriental art.

238

从 8 世纪开始，征服精神成为穆罕默德（Mahomet）传播其教义的强有力的手段之一，并取得了一定成果。西班牙南部已经成为大马士革哈里发帝国的一部分。到 8 世纪中叶，这个国家形成了一个独立的帝国，它是科尔多瓦哈里发帝国；在经过了 275 年之后，于 1031 年被分裂成几个独立的省份。这个半岛的基督教王子以牺牲穆斯林为代价，很快就壮大了起来。到了 1050 年，来自也门的摩尔人部落的阿尔莫雷维斯（Almoravid）征服了非斯和摩洛哥王国。因此，摩尔人在西班牙的历史可以追溯到 11 世纪中叶。阿拉伯人和摩尔人都是勤劳的民族，他们在西班牙使艺术蓬勃发展；以致于对所在的国家、西西里乃至意大利很长一段时期都受到了他们的影响。我们回顾他们的历史，以避免混淆这两个民族教派的工业和艺术作品。著名的科尔多瓦清真寺（8 世纪）是西班牙—阿拉伯式纪念碑；格拉纳达的阿尔罕布拉宫（13 世纪末）是西班牙—摩尔式纪念碑。这里展示的大花瓶，摘自于洛扎若（P.Lozano）的《阿拉伯古董》（马德里，1785 年），它是已知摩尔人陶瓷作品中最著名的一件（高 1.36 米）。对于此物的出版，我们要感谢一位杰出的爱好者的投稿，使得这件陶瓷杰作的精美曲线得以再现，另外还有几件关于它的复制品，现存放于阿尔罕布拉博物馆。我们将向读者传达这些有趣的作品，同时对西班牙和东方艺术历史持续关注。

Dès le commencement du viiie siècle, cet esprit de conquête dont Mahomet avait fait un des plus puissants auxiliaires de la propagation de ses doctrines avait porté ses fruits : l'Espagne méridionale faisait déjà partie de l'immense empire des califes de Damas. Vers le milieu de ce siècle, ce pays forma un empire séparé, le *Califat de Cordoue*, qui, après deux cent soixante-quinze ans d'existence, se démembra en 1031 en plusieurs provinces indépendantes. Les princes chrétiens de la péninsule ne tardèrent pas à s'agrandir aux dépens des Musulmans qui appelèrent à leur secours, en 1050, les *Almoravides*, tribu maure ori- ginaire de l'Yémen, qui avait conquis les royaumes de Fez et de Maroc. L'établissement des *Maures* en Espagne remonte donc au milieu du xie siècle. Les Arabes et les Maures étaient des peuples industrieux qui firent fleurir les arts en Espagne; leur influence se fit sentir longtemps dans ce pays ainsi qu'en Sicile et même en Italie, et nous avons dû rappeler ces faits historiques pour éviter la confusion des dénominations dont on qualifie les produits industriels et artistiques de ces deux peuples. La fameuse mosquée de Cordoue (viiie siècle) est un monument *hispano-arabe*; l'*Alhambra* de Grenade (fin du xiiie siècle) est un monument *hispano-mauresque*. Le grand *Vase* que nous donnons ici, tiré des « Anteguedades arabes » de P. Lozano, Madrid 1785, in-4°, est le plus beau spécimen de faïence mauresque connu (hauteur 1m,36). Au moment de mettre sous presse, nous devons à l'obligeance d'un amateur distingué la communication d'une photographie reproduisant le galbe exact de ce chef-d'œuvre de céramique, ainsi que de plusieurs calques faits sur l'original même, qui fait partie du musée de l'Alhambra. Nous communiquerons à nos lecteurs ces intéressants détails, tout en continuant nos notices sur l'art hispano-oriental.

Deuxième Année.

N° 33

20 Mars 1862.

50 centimes le Numéro

L'ART POUR TOUS

ENCYCLOPÉDIE
DE
L'ART INDUSTRIEL ET DECORATIF
Paraissant les 10, 20 et 30 de chaque mois.

ÉMILE REIBER
DIRECTEUR-FONDATEUR

Abonnement
annuel :
Pour
toute la France,
18 francs.
Pour l'Étranger,
même prix, plus
les droits de poste
variables.

Pour
toutes demandes
d'abonnements,
réclamations, etc.,
s'adresser
aux Bureaux
du Journal,
18, rue Vivienne,
à Paris.

XVIᵉ SIÈCLE. — TYPOGRAPHIE ROMAINE.

ENTOURAGES,
NIELLES.

Almost every decorative Schools, at their creation, had for object to produce with the plainest means the greatest possible sum of *effect*. This will be subsequently proved by specimens of the beginning of the Egyptian and Greek Art, and also by reproductions of the Oriental and Occidental fine Arts. — This principle can be traced in the *Illustrations* of the first Italian typographical productions. The book (a rare in-folio) to which we borrow the above Ornaments was published in Rome, by the bookseller *Jocopo Mazocchi*, in the year 1521. It was during the same year the pope Léon X died. This work bears the simple title : *Epigrammata antiquæ urbis*. It contains the complete nomenclature of the ancient inscriptions which were seen in différent places of Rome, and which have since almost wholly disappeared. A quantity of these inscriptions have in this book varied frames or borders and other ornaments, which we intend reproducing completely.

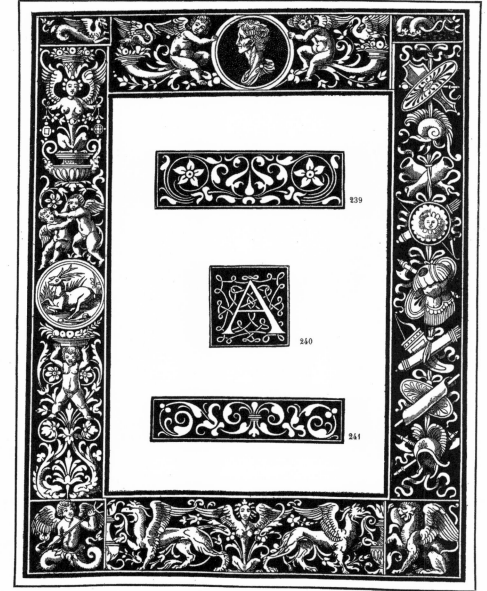

239

240

241

242

Produire avec les moyens les plus simples le maximum *d'effet* possible, tel semble être le but qu'à leur naissance se sont proposé toutes les Écoles décoratives. Les origines de l'Art égyptien et grec, celles des arts de l'extrême Orient comme de ceux de l'Occident, dont les spécimens seront ultérieurement reproduits dans nos pages, mettront ce fait en évidence. —On retrouve ce principe dans les Illustrations des premières productions typographiques italiennes. Le livre (in-folio rare) auquel nous empruntons les Ornements ci-contre, vit le jour à Rome en 1521, l'année même de la mort du pape Léon X, chez le libraire *Jacques Mazocchi*. Il porte ce simple titre : *Epigrammata antiqua urbis*, et renferme la nomenclature complète des anciennes Inscriptions que l'on voyait en divers lieux de Rome à cette époque, et dont beaucoup ont disparu depuis. Un grand nombre de ces inscriptions sont accompagnées d'entourages variés, et d'autres ornements que nous reproduirons en totalité. (*Fac-simile*).

几乎每个艺术流派的创作中，都是以最简单的装饰，力求呈现出最好的效果。埃及和希腊艺术的起源，即远东艺术以及西方艺术的起源，之后我们的书中会展现相关复制品证明这一事实。这一原则可以在第一本意大利版画作品的插图中找到。我们借用图中饰品的这本书（罕见对开本），由商雅克·马佐基（Jacques Mazocchi）于 1521 年，也就是教皇利奥十世去世的同一年，在罗

马出版。它有一个简单的标题："古代隽语"，包含当时在罗马不同地方看到的古代铭文的完整术语，其中许多已经消失。这些铭文中许多都伴随着各种各样的边框和其他装饰品，我们将其完整地复制。

XVIᵉ SIÈCLE. — ÉCOLE FRANÇAISE.

BENEFICIVM CVM FŒNORE REPONENDVM

Il est à remarquer que, malgré les nombreux travaux de construction exécutés sous ses ordres, malgré son Œuvre gravé qui est des plus considérables, malgré son séjour à la cour et la protection que lui accordèrent plusieurs personnages illustres, le nom de *J. Androuet Du Cerceau* (voy. p. 9, 35) n'a été tiré de l'oubli que grâce aux recherches de quelques amateurs modernes. Il incombe à l'*Art pour Tous* de populariser les remarquables productions de cet artiste laborieux. — La présente composition de *Cheminée* accompagnée de ses cheuets, fait partie d'une suite comprise dans son *Ordonnance de Cheminées, lucarnes, puits et fontaines*, etc. (in-folio, Paris, Wechel, 1561). Le cartouche central représente les *trois Grâces*. — (*Fac-simile*.)

应当指出的是，虽然在雅克·安德鲁埃·迪塞尔索（J. Androuet Du Cerceau）指导下完成了许多的建设工程，他的雕刻工作是最可观的，他被留在皇室并高度保护，名字只有通过几个现代的艺术爱好者的调查才得以曝光。目前壁炉的组成部分是天窗、天井和起火装置等（对开本，巴黎，韦谢尔，1501年）部分。中间的圆形装饰框描绘了美惠三女神。（摹本）

Notwithstanding *J. Androuet Du Cerceau*'s engraved work, notwithstanding the numerous constructions executed by his orders, and his sojourn in court, even in spite of his high protection, his name was brought to light only by the investigations of several modern amateurs. The present composition of a *Chimney* with its andirons is part of a series contained in his *Ordonnance of Chimneys, dormers, wells and fountains*, etc. (in-folio, Paris, Wechel, 1561). The central modillion represents the *three Graces*. (*Fac-simile*.)

XVIII° SIÈCLE. — ÉCOLE FRANÇAISE.

ÉCRAN,
PAR F. BOUCHER·

La souplesse et la facilité du crayon de *F. Boucher* (voy. p. 67) se remarquent surtout dans ses nombreux croquis de compositions pour l'Art industriel et décoratif de son temps. Il a notamment laissé une suite d'*Ecrans* qui ont été gravés avec talent. Nous reproduisons ici aussi fidèlement que le permettent les procédés actuels de gravure typographique, un dessin à la mine de plomb, jusqu'ici resté *inédit*, et qui fait partie de la collection de M. de Hal***.

布歇（F. Boucher）使用铅笔极其灵巧，在他那个时代许多工业和装饰艺术的素描作品特别引人注目（参见第 67 页）。今天，我们再现了迄今为止已知的排版雕刻工艺更为逼真的铅矿画，至今未经编辑，其主题是装饰性隔板。这件作品属于某位哈尔姆先生（M.de Hal***）的藏品。

The extreme facility of *F. Boucher's* pencil (see p. 67) is especially remarkable in his numerous sketches of compositions for the industrial and decorative Art of his time. We reproduce to-day, with more fidelity than had been possible by the typographical engraving processes known as yet, a lead mine drawing, to this day *unedited*, and whose motive is a *Screen*. — This piece belongs to the collection of M. de Hal***.

245

Les *Plafonds* (plats fonds) d'ornement et de décoration étaient en usage chez les Égyptiens et les Grecs. Pus tard l'adoption des *Voûtes* pour les Salles de grande dimension en restreignit l'emploi aux appartements de petite et de moyenne grandeur. Ils étaient exécutés en bois de charpente, et leur décoration ressortissait de la construction même, qui fournissait de riches motifs de *Caissons*. L'existence de ces *Caissons* chez les anciens Romains nous est révélée par la domination de *Lacunarii* appliquée à ces sortes d'ouvrages, qui furent appelés *palchi* (échafauds, planchers) par les constructeurs romains et florentins de la renaissance, *tasselli* par les Romagnols et *travamenti* ou *soffitadi* par les Vénitiens, chez lesquels ce mode de couverture à *compartiments* fut fort en usage au moyen âge et au XVIᵉ siècle, sous le nom d'*opera soda di legname*. Nos pages montreront ultérieurement le grand parti qu'ils tirèrent de ce système de décoration *rationnelle*. Nous donnons ici un *Angle de plafond* tiré du quatrième livre de *Serlio*; on y voit, dans l'encoignure de la plate-bande les armes d'un doge. L'auteur a joint à sa composition le profil des moulures. (*Fac-simile*).

花体装饰的天花板深受埃及人和希腊人的喜爱。后来，大尺寸的大厅开始采用拱顶，它们的用途就被限制在中小型公寓中。天花板的原料多使用木材，上面的装饰是建筑固有的，为箱形坞门的装饰提供了丰富的基本图案。在古代罗马时期，根据箱形坞门的存在和这些作品，向我们透露了拉丘纳里（Lacunarii）的装饰品。这些作品被罗马和佛罗伦萨称为"palchi"，也就是舞台或地板，被罗马尼亚居民称作"tasselli"，被威尼斯人称作"travamenti 或 soffitadi"，其中这种风格的隔板在16世纪非常流行。我们的书中将随后展示由这些艺术家从这个合理的装饰系统中绘制出来的一部分，会给出从塞利奥（Serlio）第四本书中的天花板轮廓。在角落里，教士的手臂明显可见的，作者还对其作品的构成进行了说明。（摹本）

Ornamented and decorative *Ceilings* were in great favour among the Egyptians and Greeks. Later the adoption of *Vaults* for halls of great dimensions confined their use to apartments of small or middling size. They were executed in timber, and their decoration was inherent to their construction, which afforded rich motives for the ornamentation of *Caissons*. The existence of the caissons, among the ancient Romans, is revealed to us by the denomination of *Lacunarii* given to these sorts of works, which were also called *palchi* (stages, floors) by the Roman and Florentine constructors, *tasselli* by the inhabitants of Romagna, and *travamenti* or *soffitadi* by the Venitians, among whom this style of *compartment*-covering was very much in use during the middle age and the XVIᵗʰ century under the name of *opera soda di legname*. Our pages will subsequently show the great part drawn by these artists from this system of *rational* decoration. We give here a *Ceiling angle* taken from *Serlio's* fourth book. In the corner, the arms of a doge are visible. The author has also given with his composition the profile of the mouldings. — (*Fac-simile*.)

Deuxième Année.　　　　　　　　　N° 34.　　　　　　　　30 Mars 1862.

·L'ART·POUR·TOUS·

ENCYCLOPÉDIE
DE L'ART INDUSTRIEL ET DÉCORATIF
Paraissant les 10, 20 et 30 de chaque mois.

ÉMILE REIBER
DIRECTEUR-FONDATEUR

Abonnement annuel:
Pour la France, 18 fr.
Pour l'Étranger, même
prix, plus les droits
de poste variables.

Pour toutes demandes
d'abonnt, réclamations,
s'adresser aux Bureaux
du Journal, 13, rue
Bonaparte, à Paris.

Bureaux　Librairie A. Morel　18 R. Vivienne

XVIIIᵉ SIÈCLE. — ÉCOLE FRANÇAISE.

CARTOUCHE DE FLEURS,
PAR RANSON.

Flowers imitated from nature have been used with great modération by the artists belonging to the great decorative épochs. The æsthetical analyse of their masterpieces testifies that in Decoration the great talent consists in taking only the particular and characteristical lineaments, the whole of which constitues the essence of the object to be represented, and avoiding a servile imitation for *measure*, *number* and *harmony*; without these qualities no work can be really artistical. We will subsequently examine the causes which have put the *imitative* manner in such favour. — The present plate is drawn from *Ranson*'s Work (p. 4). This delicate composition, carefully engraved by Berthault, seems destined for the back of an armchair, to be executed in needle-worck. — (*Fac-simile*).

246

Les artistes appartenant aux grandes époques de l'Art décoratif ne se sont servi qu'avec beaucoup de mesure des *Fleurs* imitées d'après nature. L'analyse esthétique de leurs chefs-d'œuvre nous montre qu'en Décoration le propre du grand Art est de tirer des objets naturels les traits principaux et caractéristiques dont l'ensemble constitue l'essence même de l'objet à figurer, et de négliger la servilité dans l'imitation, en donnant aux formes créées ces qualités de *mesure*, de *nombre* et d'*harmonie* qui seules constituent les vraies œuvres artistiques. Nous aurons à examiner ultérieurement les causes qui ont dû mettre en faveur le genre *imitatif*. — La planche ci-contre est tirée de l'œuvre de *Ranson* (p. 4). Sa gracieuse composition, gravée avec soin par Berthault, paraît destinée à un dossier de fauteuil à exécuter en tapisserie. — (*Fac-simile*).

　　属于装饰艺术伟大时代的艺术家，经常模仿来自大自然的花朵。通过对他们作品美学的分析证明，在装饰艺术中，伟大的艺术是从自然物体中汲取主要的特征，这些特征共同构成了被塑造物体的本质，忽略了模仿中的奴性，通过在创造的形式中建立尺度、数量以及和谐的品质，这些品质构成了真正的艺术作品。我们随后会研究一下这种模仿方式的

　　原因。现在这幅插图是从朗松（Ranson）的作品（参见第4页）中提取出来的，由帛尔陀（Berthault）精心雕刻而来，似乎注定为了扶手椅的靠背而创作的挂毯。（摹本）

XVIᵉ SIÈCLE. — ÉCOLE ALLEMANDE.

POÊLE,
PAR W. DIETTERLIN.

在德国，使用陶器或铸铁火炉已经变得十分普遍，可能是因为寒冷的气候以及人们习惯久坐的习俗。这里的图画取自迪特林（W. Dielterlin）的《五柱布局》（参见第 22 和 82 页）。这本奇特的书的第一部分于 1593 年在斯图加特出版，第二版和更完整的版本于 1598 年由休伯特·卡莫克斯（Hubert）和巴尔萨泽·卡莫克斯（Balthazar Caymocx）兄弟在纽伦堡出版。最后一版包含了 200 多篇建筑细节和不同的装饰作品，现在我们正在准备这些大量的插图，这些插图是想象力极度兴奋的产物，而且颜色别出心裁，独一无二。毫无疑问，这些奇特的东西，对那些在艺术品中只寻求精致简单的艺术爱好者，也会带来一点点的满足感。（摹本）

Des mœurs plus sédentaires, un climat plus rigoureux semblent avoir localisé en Allemagne l'usage des *Poêles* en fonte ou faïence. Le dessin de celui-ci est tiré de l'*Ordonnance des cinq colonnes de W. Dietterlin* (voy. p. 22, 82).

La première partie de ce livre curieux parut d'abord à *Stuttgard*, 1593 ; une deuxième édition, plus complète, vit le jour à *Nuremberg*, chez les frères *Hubert* et *Balthazar Caymocx*. 1598. Cette dernière contient plus de 200 compositions de *Détails d'architecture* et de *Décorations diverses*. Nous avons en préparation une suite nombreuse de ces planches pleines d'une imagination fiévreuse, d'une fantaisie et d'une couleur singulières, qualités qui ne satisfont pas toujours ceux qui recherchent uniquement l'aspect aimable et gracieux dans les œuvres d'art. — Pl. 59 de la deuxième édition. — (*Fac-simile*.)

The use of faience or cast iron *Stoves* has become general in Germany, probably on account of the cold climate and also the more sedentary customs. The drawing of the present one is taken from *W. Dietterlin's Ordonnance of the five columns* (see p. 22, 82). — The first part of this curious book appeared in *Stuttgard* towards 1593. The second and more complete edition was published in *Nuremberg* by the brothers *Hubert* and *Balthazar Caymocx*, in the year 1598. This last edition contains more than 200 compositions of *Details of Architecture* and *diverse decorations*. We are now preparing a great quantity of these plates, which are the productions of an enfevered imagination, and in which the colour will be found fanciful and singular. These oddities will, no doubt, bring but small satisfaction to those amateurs who seek only delicate and easy aspects in works of art. — Pl. 59 of the second edition — (*Fac-simile*.)

XVIᵉ SIÈCLE. — FABRIQUES ITALIENNES.
FAÏENCES DE GUBBIO.

FIGURES DÉCORATIVES.
FOND DE COUPE.
PAR GEORGIO ANDRÉOLI.

248

Comme toutes les autres productions artistiques de la Renaissance, l'Art Céramique de cette époque porte son cachet spécial. — Les travaux des infatigables Alchimistes du moyen âge avaient fait atteindre à l'Art du feu un remarquable degré de perfection. Les vitrifications de terres et de métaux obtenues par les chercheurs d'or et de pierre philosophale, et reconnues applicables aux vases de terre, avaient fait naître une grande variété d'émaux brillants restés presque inconnus aux Anciens. Quand cette science toute moderne, qui est la Chimie, eut donné la main aux arts de Bysance et de l'antiquité, les artistes éminents de l'Italie purent rapidement imprimer un type définitif aux productions de cet Art nouveau. Les reflets métalliques obtenus par les Maures d'Espagne (p. 128) ne tardèrent pas à être imités par les officines italiennes, et bientôt les Faïences d'art furent l'objet de l'enthousiasme de toute une génération. Les princes italiens patronnèrent à l'envi les fabriques; celle de Gubbio (duché d'Urbino) se distingua par les ouvrages du célèbre maestro Giorgio Andreoli, natif de Pavie. Nous reproduisons ici un beau Fond de Coupe à pied ramassé, dû à ce maître, et qui fait partie de cette nombreuse série de Belles qui furent si fort en vogue au XVIᵉ siècles. — La tête de femme est exécutée en émaux terre de Sienne naturelle relevés de terre brûlée; la banderole porte l'inscription: Dianira (Dejanira) bella. Fonds bleus, reflets métalliques et rehauts d'or.
— Musée de Cluny, Nᵒ 2936 du Catal. — Diam. 0,26.

陶瓷艺术，和其他艺术复兴的艺术作品一样，都有其独特的印记。在中世纪的时候，那些有能力的炼金术师把火的技艺提升到炉火纯青的程度。人们在寻找点金石时所获得的陶制和金属玻璃制品，可适用于陶制的器皿，产生了大量的技艺高超的珐琅，这在古代人眼中是鲜为人知的。现代科学，我们现在称之为化学，曾帮助拜占庭制作了许多古董，来自意大利的才华横溢的艺术家们迅速为这一新艺术定下了一个明确的风格。西班牙摩尔人发现了金属的反射（参见第 128 页），并很快在意大利的实验室中被模仿。在那个时期，艺术的法则是热烈的崇拜。意大利王子对建筑进行保护，将其古比奥（Gubbio），即乌尔比诺公爵的作品与著名大师吉里奥·安德雷奥利（Gioryio Andreoli）的作品区分。帕维亚市是他的家乡，这里我们再现了这位大师的一只脚部粗糙的精美杯子。这是 16 世纪备受青睐的《美女》系列的一部分，女士的头部是用生的锡耶纳釉，由烧过的锡耶纳点燃制成的，四周带着铭文字母 "Dianira, bella"。它有着蓝色的背景，同时金属反射出金色光芒，编号 2936 号，直径 0.26 米，收藏于克吕尼博物馆。

The ceramic Art, as all the other artistical productions of the Revival of Art, bears its particular stamp. The works of indefatigable Alchimists in the middle age had raised the Fire-art to a remarkable degree of perfection. The earthen and metal vitrifications obtained by the seekers of the philosopher's stone, applicable to earthen vases, had given birth to a quantity of brilliant enamels, which the Ancients hal scarcely known. When this modern science, which we now call chemistry, had helped the Byzantine and antique productions, talented artists from Italy rapidly imprinted a definitive style to this new Art. Metallic reflections were discovered by the Moors of Spain (p. 128), and were soon imitated in Italian laboratories. At that period artistical Faïences were the object of an enthusiastic admiration. The Italian princes protected the fabrics; that of Gubbio (Duchy of Urbino) was distinguished by the celebrated maestro Gioryio Andreoli's works. The city of Pavia was his native place. We here reproduce from this master a fine Cup with a clumsy foot. It is part of the collection entitled Beauties which had such favour during the xvіᵗʰ century. The Woman's head is executed with raw Siena enamels, set off by burnt Siena; the bandroll bears this inscription: Dianira (Dejanira) bella. Blue grounds, metallic reflections and golden lights. — Cluny Museum, nᵣ 2936 of the Catal. Diam. 0, 26.

XIᵉ SIÈCLE. — ÉCOLE ITALIENNE.

LETTRES ORNÉES.

Suite des Majuscules ornées de la page 12; les signes se rapportent à la légende des couleurs, indiquée à cette page.

延续第 12 页的大写字母装饰，这些符号与本页所显示的颜色的图例有关。

Continuation of the ornamented Capital lettres, p. 12. The signs are relative to the legend of the colours indicated on this page.

· 132 ·

Deuxième Année.　　　　　N° 35.　　　　　10 Avril 1862.

50 centimes le Numéro

L'ART POUR TOUS

ENCYCLOPÉDIE
DE
L'ART INDUSTRIEL ET DÉCORATIF
Paraissant les 10, 20 et 30 de chaque mois

EMILE REIBER
DIRECTEUR-FONDATEUR

Abonnement
annuel :
Pour toute
la France,
18 fr.
Pour l'Étran-
ger, même
prix, plus
les droits de
poste
variables.

Pour toutes
demandes
d'abonne-
ments, récla-
mations, etc.,
s'adresser
aux Bureaux
du Journal,
18, rue
Vivienne,
à Paris.

Bureaux Librairie A. Morel & Cie 18 R. Vivienne

XVIe SIÈCLE. — ÉCOLE FRANÇAISE.

FONTAINE,
PAR A. DU CERCEAU.

*Jacques Androuet du Cer-
ceau* (pp. 9, 35, 130) was born
in Orleans during the be-
ginning of François the First's
reign. He studied under his
father, to whom the first cardinal Georges of Amboise had
confided the reconstruction
of his castle of Gaillon. Du
Cerceau next became the pupil of *Etienne Delaulne,* still
better known under the name
of *Master Stephanus.* This
talented artist exercised in
the same city the professions
of goldsmith, draughtsman
and engraver. We intend
reproducing several of his
works.

The young artist was soon
known in his native city by
various publications (*Temples, Domestic lodgings,
Triumphal arches,* 1549.
Perspectives from Leonardo
Teodorico, 1550. *Arabesques,
Perpectives,* copied after Michele Crecchi of Lucca, 1551).
He succeeded to his father in
the works of the castle Gaillon, which had become the
property of cardinal de Bour-
bon. Du Cerceau was pre-
sented to king Henry the
Second, and in 1552 es-
tablished himself in Paris.
The present fountain, re-
markable by its elegant proportions, is taken from his
Ordonnances, etc. (See p. 130.)
— (*Fac-simile.*)

Né à Orléans, dans les premières années du règne de
François Ier, *Jacques Androuet du Cerceau* (pp. 9, 35,
130) fut élève de son père,
que le premier cardinal Georges d'Amboise avait chargé
de la reconstruction de son
château de Gaillon, et d'*É-
tienne Delaulne,* plus connu
sous le nom de *maître Stephanus,* qui exerçait dans la
même ville les professions
d'orfévre, de dessinateur et
de graveur, et dont nous ne
tarderons pas à reproduire
les œuvres.

Bientôt le jeune artiste se
fit connaître dans sa ville
natale par diverses publications (*Temples, Logements
domestiques, Arcs de triomphe,* 1549. *Perspectives* d'a-
près Léonardo Teodorico,
1550. *Arabesques, Perspectives* d'après Michele Crecchi
de Lucques, 1551). Appelé à
succéder à son père dans les
travaux du château de Gaillon dont le cardinal de Bour-
bon était devenu possesseur,
il fut présenté par ce dernier
au roi Henri II et vint en
1552 se fixer à Paris.

La fontaine ci-jointe, remarquable par l'élégance de
ses proportions, est tirée de
ses *Ordonnances,* etc. (V.
p. 130). — (*Fac-simile.*)

雅克·安德鲁埃·迪塞
尔索（Jacques Androuet du
Cerceau）于弗朗索瓦一世
执政初期的奥尔良（参见
第 9, 35, 130 页），在
他父亲手下学习，对他来
说，安博瓦兹的第一位红
衣主教乔治（Georges）委
托他重建盖伦城堡。他和
艾蒂安·德拉纳（Etienne
Delaulne）一样，在斯特凡
努斯（Stephanus）大师的
名义学习而闻名。这位天才
艺术家在一个城市同时做
着金匠、美术家和雕刻家三
个职业。我们有意再现他的
几幅作品。

通过各种各样的出版
物，这位年轻的艺术家很快

就在他的家乡被世人熟知。
他继承了他的父亲在盖伦
城堡工作，这座城堡已成
为波旁红衣主教的财产。
迪塞尔索被推荐给了亨利
二世，并于 1552 年在巴
黎得到承认。图中这座喷
泉雕塑，由于其优雅的比
例而引人注意，取自于他
的作品（参见 130 页）。（摹
本）

XVIIe SIÈCLE. — ÉCOLE ITALIENNE.

VASES. — MASCARONS,
PAR A. MITELLI.

Agost. Mitelli

251

Les travaux qu'exécuta *Mitelli* (p. 127) avec le *Colonna* en Italie sont : l'hôtel du cardinal de Santa Croce à Bologne, les appartements de l'aile droite du palais Pitti à Florence, les décorations de la Vigne de Mezzo-Monte, dirigées par l'Albane, et d'autres travaux exécutés aux environs de Bologne et de Florence. Ils passèrent ensuite tous deux en Espagne à la cour du roi Philippe IV, 1650. Avant ce départ Mitelli publia les croquis des *Vases, Mascarons*, dont nous donnons ici un deuxième spécimen. — (*Fac-simile.*)

米泰里(Mitelli)和科隆纳(Colonna, 参见第 127 页) 在意大利完成的作品有：位于博洛尼亚的圣十字教堂的主教座堂，位于佛罗伦萨碧提宫右翼的公寓，以及阿尔巴诺(Albano)指导下完成的麦佐·蒙特(Mezzo–Monte) 别墅的装饰 ，还有其他在博洛尼亚和佛罗伦萨周边地区的作品。之后，他们于 1650 年前往西班牙国王菲利普四世的宫廷。在他离开之前，米泰里发表了我们今天给出的第二个样本 "花瓶和面具" 的草图（摹本）。

The works executed in Italy by *Mitelli* and *Colonna* (p. 127) are : The cardinal di Santa Croce's hotel in Bologna, the apartments occupying the right wing of the Pitti palace in Florence, the decorations of Mezzo-Monte-villa under the direction of the Albano, and other works executed in the environs of Bologna and Florence. They afterwards went in Spain at king Philip the Fourth's court, 1650. Before his departure, Mitelli published sketches of *Vases* and *Masks* of which we give to-day a second specimen. — (*Fac-simile.*)

XVIIᵉ SIÈCLE. — ÉCOLE FRANÇAISE (LOUIS XIV.)

CHAPITEAUX,
PAR J. BÉRAIN.

De tous les Détails qu'embrasse l'Art décoratif, c'est le *Chapiteau* de Colonne qui met le mieux en lumière les caractères distinctifs du style d'une époque. C'est aussi la partie qui a été traitée avec le plus de soin et de variété par les artistes des diverses écoles. — Nous continuons la suite de nos études spéciales sur le *Chapiteau* (voy. pp. 62, 86, 127) par la reproduction d'une partie de la remarquable série due à *J. Bérain* (pp. 31, 102, 110) de compositions traitant ce sujet. — (*Fac-simile.*)

　　在构成装饰艺术的所有细节中，柱头毫无疑问能映射出一个时代更多的鲜明特点和风格特征。这也是几乎所有学派的艺术家最为关注的部分。通过再现贝朗（J. Berain）的部分非凡作品，我们要继续对柱头进行后续研究（参见第 62, 86, 127 页）。（摹本）

Of all the details which compose the decorative Art, the *Head of columns* is unquestionably that which throws more light on the distinctive characters and style of an epoch. It is also the part to which the artists of almost every school have paid the greatest attention. We continue the sequel of our studies on the *Capital of Columns* (see pp. 62, 86, 127) by the reproduction of part of *J. Bérain's* remarkable compositions in that kind. — (*Fac-simile.*)

ENTOURAGES. — MÉDAILLES,
PAR ÉNÉE VICO (1557.)
(Suite des pages 11, 76.)

XVIe SIÈCLE. — ÉCOLE ITALIENNE.

LE LIVRE DES IMPÉRATRICES ROMAINES

261

262

CLAUDIE, fille du tribun Publius Clodius et de l'ambitieuse Fulvie, fut la seconde épouse d'Auguste. Cette impératrice de quelques jours mourut du regret de se voir répudiée.

On voyait sur son tombeau les trois Parques dont l'une file ses jours, la seconde les dévide, et la dernière en coupe le fil au commencement de leur trame.

Claudia, daughter of the tribune Publius Clodius and the ambitious Fulvia, was the second wife of Augustus. This empress of a few days died from grief of having been repudiated. On her tomb are figured the fatal sisters : one spins her days, the second one winds them, and the third cuts the thread at the beginning of their weft.

克劳迪娅（Claudia），护民官巴利乌斯克洛迪斯（Publius Clodius）和雄心勃勃的富尔维娅（Fulvia）的女儿，奥古斯都（Augustus）的第二任妻子。这位女皇因为被否定而悲痛欲绝，在几天后离开了人世。在她的坟墓上雕刻着命运三女神：一个纺织着她的时间，第二个正在缠绕它们；第三个剪断了连接着两位女神的织线。

JULIE ou LIVIE, était fille de Drusus César et de Liville, et fut femme de Néron, fils de Germanicus et frère de Caligula. Sa vertu égalait sa beauté. L'empereur Claude la fit mourir sans motif : son crime était d'avoir trop de perfections et d'avoir déplu à l'orgueilleuse Messaline. Ses médailles sont très-rares; notre auteur paraît n'avoir pu les rencontrer.

Julia or Livia was the daughter of Drusus Cesar and Livilla. She was the wife of Nero, son of Germanicus and brother of Caligula. The beauty of Livia was as great as her virtue. She was unjustly put to death by the emperor Claudius ; her only crimes were her perfection and the hatred of the proud Messalina. Here medals are very scarce. Our author has not been able to find a single one.

朱莉娅（Julia）或者说利维娅（Livia）是德鲁苏·凯撒（Drusus Caesar）和利维利亚（Livilla）的女儿。她是尼禄（Nero）的妻子，尼禄是格马尼库斯（Germanicus）的儿子，卡利古拉（Caligula）的兄弟。利维娅的美丽和她的美德一样伟大。最终她被处以不公正地处死，而她唯一的罪行却是她的完美和对傲慢梅萨琳娜（Messalina）的仇恨。这里的奖章非常稀缺，我们的作者一直没能找到任何一个。

Deuxième Année.   N° 36.   20 Avril 1862.

L'ART·POUR·TOUS

ENCYCLOPÉDIE
DE L'ART INDUSTRIEL ET DÉCORATIF

Abonnement annuel :
Pour toute la France 18 fr.
Pour l'étranger,
même prix, plus les droits de poste
variables.

Paraissant les 10, 20 et 30 de chaque mois.

ÉMILE REIBER
DIRECTEUR—FONDATEUR

Pour toutes demandes
d'abonnements, réclamations, etc.,
s'adresser
aux Bureaux du Journal,
13, rue Bonaparte, à Paris.

HANS SEBALD BEHAM
1543

XVIᵉ SIÈCLE.   ÉCOLE ALLEMANDE.   COSTUMES.

This *small Master* (p. 71) was born in Nuremberg in the year 1500. He was a painter and a wood and copper engraver. He distinguished himself in his native town and in Frankfort, where he died in 1550. He has left nearly 300 pieces carefully engraved. We give here *Costumes* from the time of the Peasants' war. —263. *Lansquenets holding council.* — 264-65. *Armed peasants giving each other the watch.*

这位小师父（参见第71页）于1500年出生于纽伦堡，是一位画家、木雕和铜雕刻家。跟着巴塔勒姆·比姆（Barthelemy Beham）.阿尔德格雷夫(Aldegrave)和阿布雷特·丢勤 (Albert Durer) 学习过。他在家乡和法兰克福工作，并于1550年去世。他留下了近300件精心雕刻的作品。我们在这里给出的是农民战争时期的服装。图263是德国雇佣兵正在交谈，说道："现在该怎么办？"这是一场摇摆不定的战争。"图264,265是武装农民正在交谈，第一位农民："今天早上很凉爽"。第二个农民："它不会造成伤害"。

264

263

265

263

Peintre et graveur sur cuivre et sur bois, né en 1500 à Nuremberg, ce *petit Maître* (voy. p. 71) étudia d'après Barthélemy Beham, Aldegrave et Albert Durer. Il travailla dans sa ville natale et à Francfort où il mourut en 1550; il a laissé plus de trois cents pièces précieusement gravées au burin. Nous donnons ici de lui des *Pièces à costumes* du temps de la Guerre des paysans. — 263. *Lansquenets tenant conseil.* Légende : « Que faire maintenant? Voici la guerre qui branle dans le manche. » — 264-65. *Paysans armés échangeant un mot d'ordre.* Légendes : — 1ᵉʳ paysan : « Il fait frais ce matin. » 2ᵉ paysan : « Cela ne peut pas nuire. » — (*Fac-simile.*)

XVIe SIÈCLE. — FABRIQUES ITALIENNES.

ARMES OFFENSIVES.
POIGNARDS FLORENTINS.

The *Poignard* (from the French *poing*, clenched hand), which was often worn in the sleeve, is to be considered more like a familiar than a war-weapon. In Spain, in Italy, and particularly in Florence, these weapons were in great use during the xvith century. During that period, murders were very common. The Poignard was used in a similar manner to the *Dagger*, and the curious plates of Joachim Mayer's book, the title (German) of which is : *A fundamental description of the free, chivalrous and noble Art of fencing with various weapons*, show us that it was taught by means of wooden models, terminated by buttons in form of balls. The five poignards here above are from Henry the Second's time. They are of Florentine fabrication. They are entirely in steel : the blades are screwed in the handles across the guard. It is undoubtedly as a protection against these dangerous weapons that quilted doublets became in fashion at the end of the xvith century. — Collection of Goodrich Court. — Execution-size.

那种经常藏在袖子里的短剑（来自法语，意为拳头、握紧的手）除了作为战争时的武器，在生活中也很常见。在西班牙、意大利，特别是在佛罗伦萨，这些武器在 16 世纪时被广泛使用，在此期间，谋杀案非常普遍。 短剑的用法和匕首类似，约阿希姆·梅尔（Joachim Mayer）的书中有着精巧的插图，书的德语题目意思是这样的："一种对自由、侠义和高贵的击剑艺术及几种武器的基本描述"。这本书向我们展示了它是通过木制模型进行教学的，手柄以球形的旋钮结束。上面的五把短剑是亨利二世时期在佛罗伦萨制造，完全是钢制的，刀片穿过防护装置拧入手柄中。毫无疑问，这是一种防止这种危险武器的保护手段，到 16 世纪末期，缝了衬垫的紧身上衣变得流行起来。古德里奇法院（英格兰）的收藏。完成时大小。

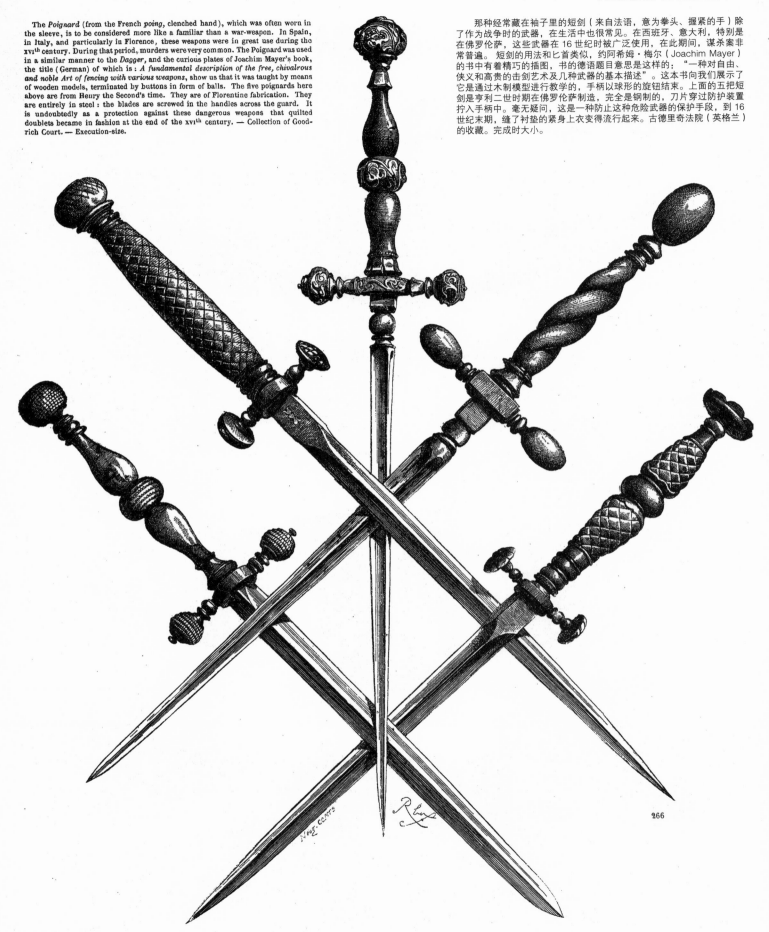

266

Le *Poignard* (du français *poing*, main fermée), qui se portait souvent dans la manche, doit plutôt être considéré comme une arme privée que comme une arme de guerre. En Espagne, en Italie, et particulièrement à Florence, ces armes étaient très en usage au xvie siècle, et les assassinats très-fréquents. On le maniait comme la Dague, et les curieuses planches du livre de Joachim Mayer dont le titre (allemand) est : *Une fondamentale description du libre, chevaleresque et noble art de l'escrime à plusieurs sortes d'armes*, nous montre qu'on en enseignait l'usage au moyen de modèles en bois, terminés à la pointe par un bouton en forme de boule.

Les cinq poignards ci-dessus sont du temps de Henri II, et de fabrication florentine. Ils sont entièrement en acier; les lames sont vissées dans les poignées au travers de la garde. C'est probablement pour se mettre à l'abri de ces dangereuses lames que fut adoptée, vers la fin du xvie siècle, la mode des pourpoints et hauts-de-chausses matelassés (rembourrés de crin). — Collection de Goodrich Court (Angleterre). — Grandeur d'exécution.

Trompés par le *monogramme* dont les trois frères *Hopffer* (1510-1550) signaient souvent leurs planches, et qui représente une grappe de houblon (en allemand *hopfen*), les amateurs ont longtemps attribué leurs ouvrages à un maître imaginaire que l'abbé de Marolles, dont la collection renfermait deux cent vingt-cinq pièces de ces artistes, a nommé le *Maître au Chandelier.* Nous aurons ultérieurement l'occasion de reproduire ce monogramme avec d'autres pièces décoratives de même provenance, et qui jouent un rôle important dans l'histoire des origines de la *gravure d'l'eau-forte.* Malgré ses irrégularités de dessin, la planche dite des *trois Vases* est fort estimée des amateurs quand elle ne porte pas le numéro dont, au XVIIe siècle, le marchand d'estampes de Nuremberg, David Funck, a marqué l'ensemble des deux cent trente planches dont il s'était rendu acquéreur. — *(Fac-simile.)*

霍普夫（Hopffer）三兄弟（1510~1550 年）经常在他们的作品上签名，代表是一串啤酒花的字母组合，是艺术爱好者的误用。他们的作品一直被认为归功于一个虚构的大师，马勒思修道院院长称其是"拿灯的大师"。我们将随后再现这个字母组合以及相同艺术家的装饰作品，这些作品在硝酸蚀刻工艺的历史中发挥了相当重要的作用。尽管这幅画有不合规矩的地方，但这里的三幅器皿的插图受到业余爱好者的尊敬，特别是深受纽伦堡的大卫·福克（David Funck）的喜爱，他总共买了 230 幅插图。（摹本）

The monogram with which the three brothers *Hopffer* (1510-1550) often signed their works, and which represents a bunch of *hop*, has abused the amateurs. Their pieces have long been attributed to an imaginary master whom the abbot of Marolles calls the *Master with the lamp.* We will subsequently reproduce this monogram as well as decorative pieces of the same artists, which play rather an important part in the history of *etching by aqua fortis.* Notwithstanding the irregularities of the drawing, the plate here above, said of *the three Vases,* is held in great esteem by amateurs, especially when it does not bear the number with which David Funck of Nuremberg has marked a totality of 230 plates bought by him. — *(Fac-simile.)*

XVIᵉ SIÈCLE. — ÉCOLE FRANÇAISE.

PORTE IONIQUE,
PAR PH. DE L'ORME.

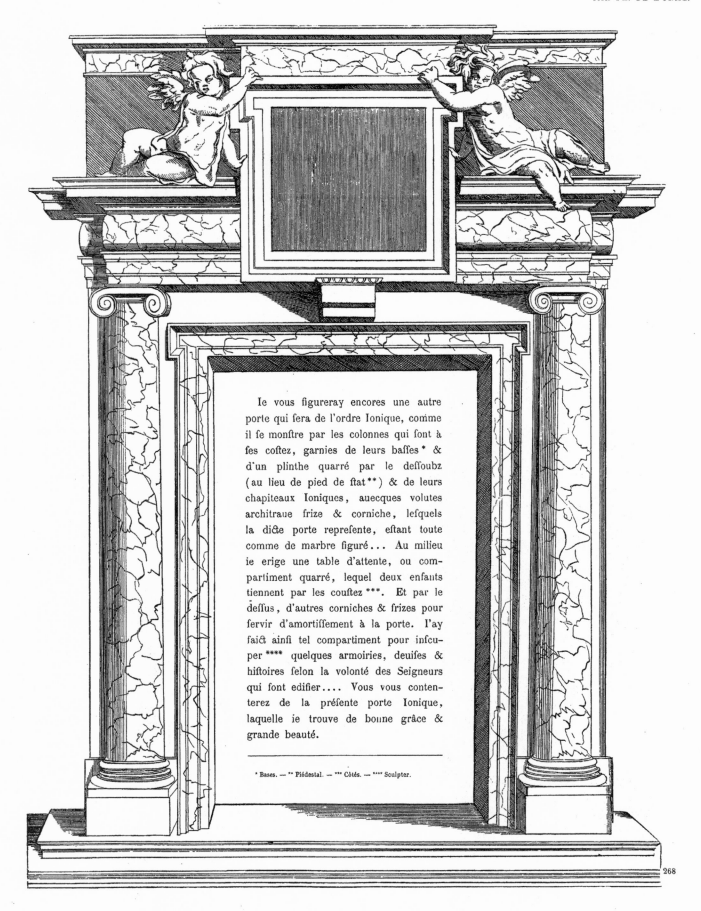

Ie vous figureray encores une autre porte qui fera de l'ordre Ionique, comme il fe monftre par les colonnes qui font à fes coftez, garnies de leurs baffes* & d'un plinthe quarré par le deffoubz (au lieu de pied de ftat**) & de leurs chapiteaux Ioniques, auecques volutes architraue frize & corniche, lefquels la dicte porte reprefente, eftant toute comme de marbre figuré... Au milieu ie erige une table d'attente, ou compartiment quarré, lequel deux enfants tiennent par les couftez***. Et par le deffus, d'autres corniches & frizes pour feruir d'amortiffement à la porte. l'ay faict ainfi tel compartiment pour infcuper**** quelques armoiries, deuifes & hiftoires felon la volonté des Seigneurs qui font edifier.... Vous vous contenterez de la préfente porte Ionique, laquelle ie trouve de bonne grâce & grande beauté.

* Bases. — ** Piédestal. — *** Côtés. — **** Sculpter.

268

L'intérêt qui s'attache aux compositions de l'artiste quand les explications qu'il y a jointes ont la fortune de parvenir à la postérité, nous fait un devoir de reproduire ce dessin de *Porte* (*Ph. de l'Orme*, 8ᵉ liv. d'Arch.), qui n'est guère remarquable que par la simplicité de la composition. L'auteur, dans son texte, promet les dessins de ses Portes du Pavillon central des Tuileries : la mort l'empêcha de donner suite à ce projet. Nous les retrouverons plus tard. — (*Fac-simile.*)

当艺术家们对自己作品的解释说明有迹可循时，人们通常对他们作品的兴趣极大增加。出于这个原因，插图中的这个门由于其朴素简单和作者笔记而值得注意。在他的文本中，他向读者承诺他的画作将会在杜伊勒里宫中央馆的门上，但却因他的离世没能实现。（摹本）

Great interest is generally added to the compositions of artists when their own explications can be traced. For this reason we here give this *Door* (*Ph. de l'Orm*, 8ᵗʰ book of Arch.), which is only remarkable by its simplicity and the notes of the author. In his text, he promises to his readers his drawings for the doors of the central pavilion in the Tuileries. Death prevented the realisation of this project. — (*Fac-simile.*)

Deuxième Année.　　　　　　　　　N° 37.　　　　　　　　30 Avril 1862.

·L'ART·POUR·TOUS·

ENCYCLOPÉDIE

DE L'ART INDUSTRIEL ET DECORATIF

Paraissant les 10, 20 et 30 de chaque mois.

ÉMILE REIBER

DIRECTEUR-FONDATEUR

Abonnement annuel :
Pour toute la France, 18 fr.
Pour l'Étranger,
même prix, plus les droits
de poste variables.

Pour toutes
demandes d'abonnements, réclamations, etc., s'adresser
aux Bureaux du Journal,
13, rue Bonaparte, à Paris.

XVIIᵉ SIÈCLE. — ÉCOLE FRANÇAISE.　　　　　　**ORFÉVRERIE. — VASE**

ENTOURAGES,

PAR JEAN LEPAUTRE.

J. *Lepautre's* style (see pp. 5, 17, 23) more than that of any other artist of his time, distinguishes itself by an easy composition and by a richness of arrangement often bordering clumsiness. He is one of the best representatives of the *redundant style.* This singular manner became in fashion at the time of the Italian decline of Arts. The extreme magnificence of courts requested more exterior splendour than serious qualities. — The above plate, taken from the series of *Small Vases with borders*, by J. Lepautre, sets off the qualities and imperfections we have spoken of. In this collection, the pieces of goldsmith's works are laid on grounds representing landscapes and architectural perspectives enlivened by personages. The borders are varied but almost all composed of foliages, entwined around a heavy moulded frame, and accompanying figures of children or women in flowing draperies, and satyrs vigorously executed. — (*Fac-simile.*)

La manière de *J. Lepautre* (voy. pp. 5, 17, 23), plus encore que celle des autres artistes de son siècle, se distingue par une composition toujours abondante et facile et par des ajustements dont la touche plantureuse dégénère souvent en lourdeur. Il est un des représentants les plus énergiques du *style redondant*, puisé dans les productions de la décadence italienne ; le faste des cours demandait alors aux arts plus d'éclat extérieur que de qualités sérieuses. — La planche ci-contre, tirée de la suite des *Petits Vases à entourages*, dus à cet artiste, met en relief les qualités et les défauts que nous venons de signaler. Dans cette série, ces pièces d'Orfévrerie se détachent sur des fonds de paysages et perspectives d'architecture, animés par des personnages. Les bordures sont variées et se composent de gros rinceaux de feuillages, s'enroulant autour d'un fort cadre mouluré et enveloppant des figures d'enfants, de femmes drapées, de satyres, vigoureusement accentuées. — (*Fac-simile.*)

Le Potre Inuent et fecit　Auec priulege　le Blond exc

269

勒坡特（Lepautre）的风格（参见第5、17、23 页）超过了他那个时代的任何艺术家，他的特点是对丰富的构图进行简单的调整，带给来一种庄重的感觉。他是冗余风格的最佳代表之一，借鉴了意大利的颓废风格作品；然而，阶级的炫耀要求艺术存在更多外在的光鲜华丽，而不是庄重严肃的品质。旁边的插图摘自这位艺术家的《带边框

的小器皿》，印证了刚才指出品质和缺陷。在这个合集中，金匠的作品都是以自然景观和建筑视角为代表，边上有生动的人物形象。边饰各有不同，但几乎全部由巨大的树叶组成，缠绕在沉重的模架上，旁边常有儿童或妇女身着飘动的衣襟，以及萨蒂尔（Satyrs）显得过分突出。（摹本）

XVIᵉ SIÈCLE. — ÉCOLE FRANÇAISE.

TOMBEAU,
PAR A. DU CERCEAU.

PALLIDA MORS ÆQVO PVLSAT PEDE
PAVPERVM TABERNAS REGVMQVETVRRES

270

Après son établissement à Paris, *A. Du Cerceau* (voy. pp. 9, 32, 130, 137) fit paraître en 1559 son livre des *Cinquante Bastiments pour servir aux Seigneurs, etc., qui voudront bastir aux champs*, et en 1560 son deuxième volume d'*Arcs de triomphe*. Il trouva enfin des protecteurs sérieux dans la reine mère (Catherine de Médicis) et le roi Charles IX auquel il dédia son remarquable volume des *Ordonnances de Portes, Cheminées, Lucarnes, Tombeaux*, etc. Nous en extrayons la planche ci-dessus qui est un projet de Sépulture pour un grand capitaine ; la frise porte les vers d'Horace dont notre poëte (Malherbe) n'a pas rendu l'énergique concision. — (*Fac-simile*.)

迪塞尔索（Du Cerceau）在巴黎名声鹊立后，在 1559 年出版了他的著作《供贵族使用的五十座建筑物》《谁希望在乡下建造》等。1560 年出版了他的第二本关于凯旋门的书。他最后在女王母亲（美第奇家族的凯瑟琳）和查理九世那时找到了真正的庇护。他把自己关于壁炉、天窗、门框、坟墓等精彩的作品献给了国王。我们从中提取了现在的这幅插图，这是一个伟大首领的墓碑。楣带上有贺拉斯的著名诗句："苍白的雾"等。（摹本）

After his establishment in Paris, *A. Du Cerceau* (see pp. 9, 32, 130, 137) published in 1559 his book of the *Fifty buildings for the use of lords, etc., who should desire to construct in the country*. In 1560 appeared his second book on *Triumphal Arches*. He at length found serious protection near the queen mother (Catherine of Medici) and Charles IX. He dedicated to the king his remarkable volume on the *Ordonnance of Chimneys, Dormers, Doors, Tombs*, etc. We draw from it the present plate, which is a project for the sepulture of a great captain. The frieze bears Horace's celebrated verses : "*Pallida mors*," etc. — (*Fac-simile*.)

XVIᵉ SIÈCLE. — ÉCOLE FLAMANDE.

LES IMAGES DES DIEUX (D'ORTELIUS).

ENTOURAGES. — MÉDAILLES.

(Suite de la page 46.)

3. JUPPITER AMMON

271

4. JUPPITER ANXVR

272

3. Jupiter Ammon (Corniger Ammon, *Ovide*) avait au milieu des sables de la Libye un temple qui rendait des oracles célèbres. Alexandre le Grand le visita et s'y fit proclamer Fils de Jupiter Ammon, ce qui explique la coiffure en cornes de bélier que donnent souvent à l'un et à l'autre les pierres gravées et médailles antiques.

4. Jupiter Anxur (ἄνευ ξυροῦ) dont parle Virgile, était vénéré dans un lieu de la Campanie portant ce nom, et où fut bâtie plus tard la ville de Terracine ; ses signes distinctifs étaient la foudre et la couronne de laurier, l'apparence juvénile et l'absence de barbe.

3. 奥维德（Ovid）的作品阿蒙神（Ammon）在利比亚的沙漠上拥有一座寺庙。他的神谕远近闻名。当亚历山大大帝访问它时，他吩咐神谕宣告他是阿蒙的儿子。这解释了英雄和上帝出现在雕刻的石头和古老的纪念章上，以及头饰是羊角的原因。

4. 维吉尔（Virgil）所说的安克苏尔（Anxur，被宣称为Supo）在一个名叫坎帕尼亚的地方受到崇敬，泰拉奇纳（Terracina）后来建造在那里。其独特的标志是闪电和月桂花环，以及年轻的外观和胡须。

3. Jupiter Ammon (Corniger Ammon , *Ovid*) had a temple in the sands of Libya. His oracles were far famed. When Alexander the Great visited it, he bade the oracle proclaim him Jupiter Ammon's son. This circumstance explains why the hero and the god are both represented on engraved stones and antique medals with a head-dress composed of ram's horns.

4. Jupiter Anxur, of whom Virgil speaks, was venerated in Campania on the very spot where the city of Terracina was built. His distinctive signs were the thunderbolts and the laurel-crown, a juvenile appearance and a beardless chin.

5. VEIVPPITER

273

6 APOLLO

274

5. Vejuppiter, ou le Jupiter de deuxième ordre, était représenté dans un temple voisin du Capitole, tenant des flèches à la main, dans une attitude menaçante. On lui immolait une chèvre. Ce dieu a été confondu avec Pluton et Apollon. Ovide, dans ses *Fastes*, le nomme le *Jupiter sans foudre.*

6. Apollon (*Phoïbos* des Grecs) fils de Jupiter et de Latone, frère jumeau de Diane , né à Délos, Dieu de la lumière, de la médecine, des arts et des lettres, vainqueur du serpent Python et des Cyclopes, conducteur du char du Soleil. Il avait la présidence du chœur des Muses et habitait avec elles sur les sommets du Parnasse, du Pinde et de l'Hélicon. — Notre médaille parait se rapporter à l'Apollon *Musagète* dont la lyre était l'attribut ; il était représenté le corps couvert de longues draperies et dans l'attitude calme de l'inspiration poétique.

5. 维尤普特（Vejuppiten）或二级神，位于国会大厦附近的一座庙宇中，他手握着箭，摆出一副威胁的姿态，一只山羊牺牲了。这个神经常与冥王（Pluto）和阿波罗（Apollo）混淆。奥维德（Ovid）在他的《金碧辉煌》中，叫他没有闪电的朱庇特（Jupiter）。

6. 阿波罗也就是希腊人中的菲波斯（Phoibos），是朱庇特（Jove）和拉托那（Latona）二人之子，是戴安娜（Diana）的孪生兄弟，他出生在德洛斯。他是光明之神、医学之神和艺术之神。他打败了蟒蛇和独眼巨人，驾驭太阳战车赢得胜利。 阿波罗还统辖着缪斯（Muses），并与他们一起居住在帕纳苏斯、宾德斯和赫利肯峰顶上。我们这里的勋章似乎与阿波罗有关，他的属性是一个七弦竖琴，他的身体覆盖着长长的帷幔，充满了诗意的灵感。

5. Vejuppiter, or the secondary Jove, was figured in a temple near the Capitole, holding arrows in a threatening attitude. A goat was sacrificed to him. This god has often been taken for Pluto and Apollo. Ovid , in his *Splendours,* calls him *Jupiter without the thunder.*

6. Apollo (*Phoibos* among the Greeks), son of Jove and Latona, twin-brother of Diana, was born in Delos. He was the God of Light, of Medecine, and of the fine Arts. He vanquished the Python serpent, the Cyclops, and lead the chariot of the Sun. Apollo also presided the Muses and dwelled with them on the summits of Parnassus, Pindus and the Helikon. — Our medal seems to represent *Apollo Musagetes,* whose attribute was a lyre. He is figured with the body covered with long draperies and in the calm attitude of poetical inspiration.

XVIIᵉ SIÈCLE. — TYPOGRAPHIE FRANÇAISE.

LETTRES ORNÉES.
(LOUIS XIII.)

275

276

277

278

279

280

281

282

283

284

285

Les Majuscules typographiques à fonds de rinceaux *en grisaille* sont d'origine vénitienne, et parurent vers la fin du xvıᵉ siècle. Adoptées par les Flamands pour l'ornementation de leurs éditions de luxe (Cosmographie de Mercator, Plantin à Anvers, etc.), ces types parurent bientôt en France où ils furent en faveur sous le règne de Louis XIII. — La suite que nous donnons ici est de source française; les marques de l'artiste auquel nous la devons se trouvent à la lettre C. Pour compléter cette série, nous donnerons ultérieurement des spécimens variés de *Culs-de-lampe* de même origine. — (*Fac-simile.*)

灰色背景的大写字母是起源于16世纪末的威尼斯，佛兰德人采用他们的更丰富的版本为自己装饰［比如墨卡托(Mercator)的《宇宙志》和安特卫普(Plantin)的《普兰丁》等］。这些艺术类型出现于法国，在路易十三统治期间受到很大的青睐。我们图中给出的系列源于法国，艺术家的标记可以在字母 C 处找到。为了完成这个标本，我们将出版来自相同出处的各种边饰示例。（ 摹本 ）

The typographical Capital letters with *grey grounds* are of Venitian origin and appeared towards the end of the xvıᵗʰ century. The Flemish adopted them for the ornamentation of their rich editions (Mercator's Cosmography, Plantin in Antwerp, etc.). These types appeared in France, where they found great favour, during the reign of Louis XIII. The series given by us is of French origin; the artist's mark is to be found at letter C. To complete this specimen, we will publish various examples of *Brackets* from the same source. — (*Fac-simile.*)

Deuxième Année.   N° 38.   10 Mai 1862.

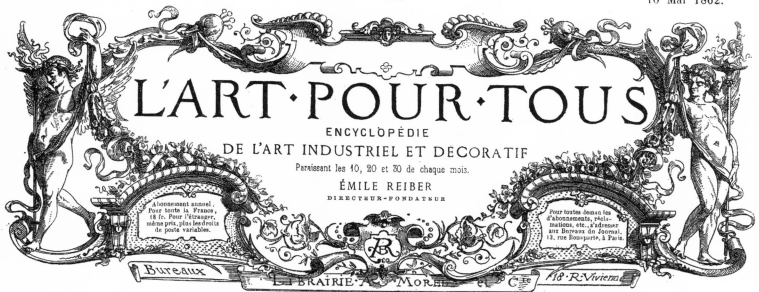

L'ART·POUR·TOUS

ENCYCLOPÉDIE
DE L'ART INDUSTRIEL ET DÉCORATIF
Paraissant les 10, 20 et 30 de chaque mois.
ÉMILE REIBER
DIRECTEUR-FONDATEUR

Abonnement annuel.
Pour toute la France,
18 fr. Pour l'étranger,
même prix, plus les droits
de poste variables.

Pour toutes demandes
d'abonnements, récla-
mations, etc., s'adresser
aux Bureaux du Journal,
13, rue Bonaparte, à Paris.

Bureaux   LIBRAIRIE A. MOREL et Cie   18·R·Vivienne

XVIᵉ SIÈCLE. — ÉCOLE FLAMANDE.   ENTOURAGES. — PORTRAITS.
STRADANUS, PEINTRE.

286

Jean de Straet ou *Stradanus* naquit en 1536 à Bruges, où il commença ses études artistiques. Il put de bonne heure voyager en Italie, où *Vasari* se l'attacha pour les travaux de décoration qu'il exécutait au Palais du grand-duc à Florence. Outre ses compositions d'histoire, on a de lui une série de *Chasses,* où nous puiserons de nombreux croquis de *Costumes.* Il vivait encore en 1604.
— La planche ci-dessus (rare) représente son *Portrait* entouré des figures allégoriques de l'Histoire, de l'Art et de la Poésie, et accompagné de quatre emblèmes sur la puissance de la Vertu. La grande inscription latine signifie : « LA RICHESSE, LA FORCE, LA GLOIRE, LA JEUNESSE ET L'HONNEUR SONT PÉRISSABLES ; LA VERTU SEULE DEMEURE. » Dans le cartouche du bas on lit : « PERSÉVÉRANCE TRIOMPHE DE TOUT.» Gravure de J. Wiericx. — (*Fac-simile.*)

让·德·斯特拉特（Jean de Straet）或斯特拉达诺（Stradanus）于1536年出生在比利时布鲁日，在那里开始了他的艺术研究。当他还很小的时候游游历过意大利，和瓦萨里（Vasari）一起在佛罗伦萨的大公宫殿里进行装饰。除了他的历史作品，他还留下了一系列的狩猎的插图，我们将从中借鉴有趣的服装。上面罕见的插图是斯特拉达诺的代表肖像，周围是历史、艺术和诗歌的寓言人物，并伴随着四个美德力量的象征图案。周围伟大的拉丁文铭文载有这样的话："财富、力量、荣耀、青春和荣誉可以灭亡，唯有美德长存"。构成下部飞檐托饰的是这样一句话："毅力战胜一切"。由维力克科斯（J. Wiericx）雕刻。（摹本）

Jean de Straet or *Stradanus* was born at Bruges in 1536, where also he began his artistical studies. When still very young, he travelled through Italy and worked with *Vasari* at the decorative ornamentations which were executed in the Grand Duke's palace of Florence. Besides his historical compositions, he has left a series of plates on *Hunting,* from which we will borrow interesting *Costumes.* The above plate (rare) represents the *Portrait* of Stradanus, surrounded by the allegorical figures of History, Art and Poetry and accompanied by four emblems on the power of Virtue. The great Latin inscription bears the words : "RICHES, FORCE, GLORY, YOUTH, AND HONOUR CAN PERISH ; VIRTUE ALONE REMAINS." In the modillion on the lower part of the composition is the sentence : "PERSEVERANCE TRIUMPHS OVER ALL." — Engraving by J. Wiericx. — (*Fac-simile.*)

2ᵉ Année.   L'ART POUR TOUS.   Nº 38.

XVIᵉ SIÈCLE. — ÉCOLE ALLEMANDE.   CHEMINÉE,
PAR W. DIETTERLIN.

Dans la Préface de la 1ʳᵉ édition de son OEuvre d'Architecture, que nous avons eu la patience de déchiffrer malgré l'obscurité du style, *W. Dietterlin* (p. 22, 82, 134) nous apprend qu'appelé à la cour de Wurtemberg (p. 82) par l'intendant Conrad Schlossberger, il s'y vit occupé pendant deux ans de nombreux travaux, en compagnie de son ami *Henri Schickart*, architecte de la cour. Ces travaux avaient pour objet la décoration intérieure et l'ameublement de la résidence princière de Stuttgard, aux constructions de laquelle on venait de mettre la dernière main. Les ouvrages à exécuter paraissent avoir été soigneusement concertés avec son intelligent protecteur Conrad, auquel Dietterlin dédie son livre et qu'il nous dépeint comme un amateur fanatique d'ouvrages de menuiserie. Il cite même certaine *merveilleuse Armoire* qu'ils avaient combinée avec un soin infini, et aux proportions de laquelle ils étaient arrivés à donner cette rare harmonie qui fait les chefs-d'œuvre. — Nous reviendrons prochainement, à propos d'un rapprochement curieux, sur la présente *Cheminée*, qui est la pl. 62 de l'édition de Nuremberg. — (*Fac-simile*.)

文德林·迪特林（W. Dielterlin）在第一版《建筑作品》的序言部分中提到（参见第 22，82，134 页），受到符腾堡行政长官施拉夫伯格（Conrad Schlossberger）的召集（参见第 82 页），在这两年中创作了无数作品。在他的朋友亨利·施卡特（Henri Schickart）的帮助下，成为法院建筑师。他们的主要目标是斯图加特王室的室内装饰和家具。迪尔特林完成的作品似乎与聪明的摄政者康拉德（Conrad）周密地协商过，还专门为他写了一本书，并把他称为木工的狂热追随者。他甚至提到了一个奇妙的复制品，他们十分用心，成功地赋予它罕见和谐的比例，这些都可称为杰作。我们之后会再次谈论这个摘自纽伦堡版第 62 版面的壁炉。（摹本）

W. Dietterlin ;(pp. 22, 82, 134), in the preface of the first edition of his Architectural work, relates that, called at the court of Wurtemberg (p. 82) by the intendant Conrad Schlossberger, he was occupied during two years with numerous works, in society of his friend *Henri Schickart*, the court architect. Their endeavours had for principal object the interior decoration and furniture of the princely residence of Stuttgart. The works to be executed seem to have been carefully concerted with his intelligent protector Conrad. Dietterlin dedicated his book to him and speaks of him as a fanatic admirator of carpentry. He even mentions a *marvellous Press*, which they had combined with infinite care, and to the proportions of which they had given the elegant harmony which constitutes a master-piece. — We intend speaking again on the present *Chimney*, the sixty-second plate of the Nuremberg edition. — (*Fac-simile*.)

FRISES,
PAR SALEMBIER.

XVIIIᵉ SIÈCLE. — ÉCOLE FRANÇAISE (LOUIS XVI).

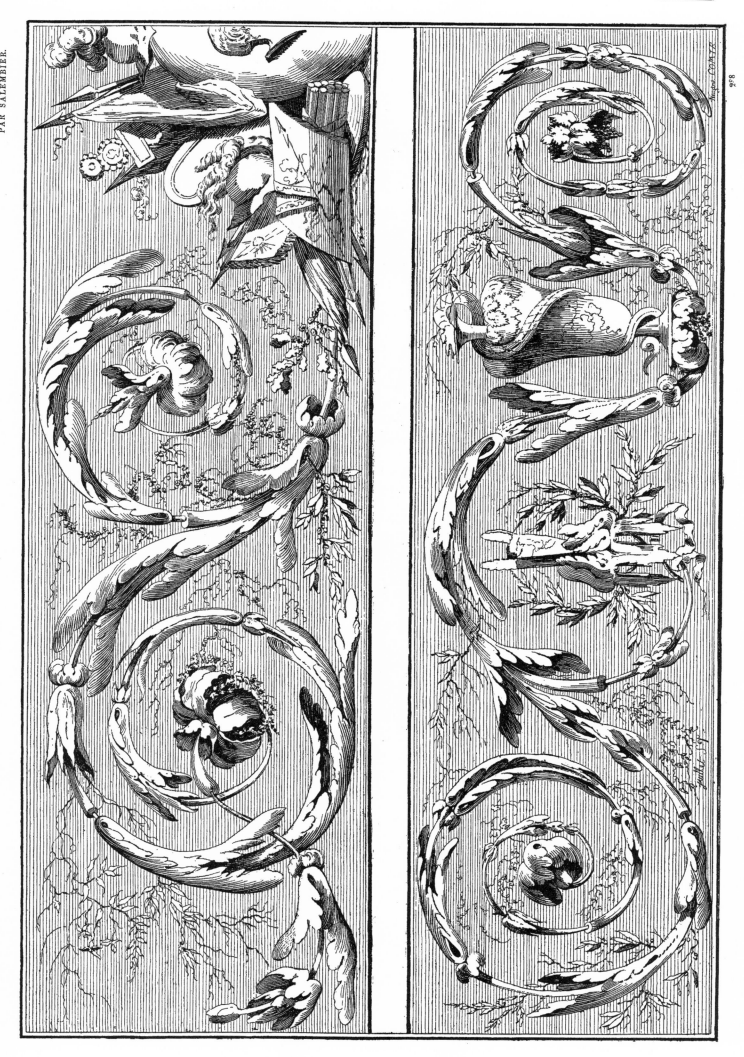

289

Nous avons fait voir (p. 132) l'origine des *Caissons* ressortant de la construction des couvertures ou *hauts-planchers*. Nous continuons ici cette étude en reproduisant une planche de *compartiments simples*, tirée du 4ᵉ livre de Serlio, et qui fait voir différentes combinaisons géométriques en usage au XVIᵉ siècle pour les Plafonds des appartements de petite dimension. Nous nous bornons à faire ressortir la simplicité de ces combinaisons de lignes, applicables à toute espèce d'ouvrages, tels que : Panneaux de menuiserie, de parquetage, de marqueterie et d'incrustation, claires-voies, treillages, fonds, papiers peints, broderies, etc. — (*Fac-simile.*)

我们已经在建筑覆盖物或高地板上（参见第133页）讲述了花格镶板的起源。我们这里继续研究，通过塞利奥（Serlio）的第四本书，重现了一个简单无装饰的间隔插图，展示了不同的几何组合，它们在17世纪期间的意大利多用于小尺寸的天花板。我们只是简单地把注意力集中在这些组合的简单性上，因为它们几乎适用于任何类型的作品，例如：木工面板、室内地面、镶嵌细工、表面装饰、开放式作品、格架、地面、壁纸和刺绣等。

We have snown (p. 133) the origin of *Coffers* in the construction of coverings or *high floors*. We here continue our study by reproducing a plate of *plain compartments*, drawn from Serlio's 4ᵗʰ book, and showing different geometrical combinations in use through Italy during the XVIIᵗʰ century for ceilings of small dimensions. We simply call the attention on the plainness of these combinations. They are applicable to almost any kind of works, such as : carpentry-panels, flooring, marquetry and incrustations, open works, lattices, grounds, painted papers, embroideries, etc. — (*Fac-simile.*)

Deuxième Année. Nº 39. 20 Mai 1862.

L'ART POUR TOUS

ENCYCLOPÉDIE
DE
L'ART INDUSTRIEL ET DÉCORATIF

Paraissant les 10, 20 et 30 de chaque mois

EMILE REIBER
DIRECTEUR-FONDATEUR

Bureaux — Librairie A. Morel & Cie — 18 R. Vivienne

XVIIIᵉ SIÈCLE. — ÉCOLE FRANÇAISE (LOUIS XVI).   **ORFÉVRERIE. — VASES,**
PAR CAUVET.

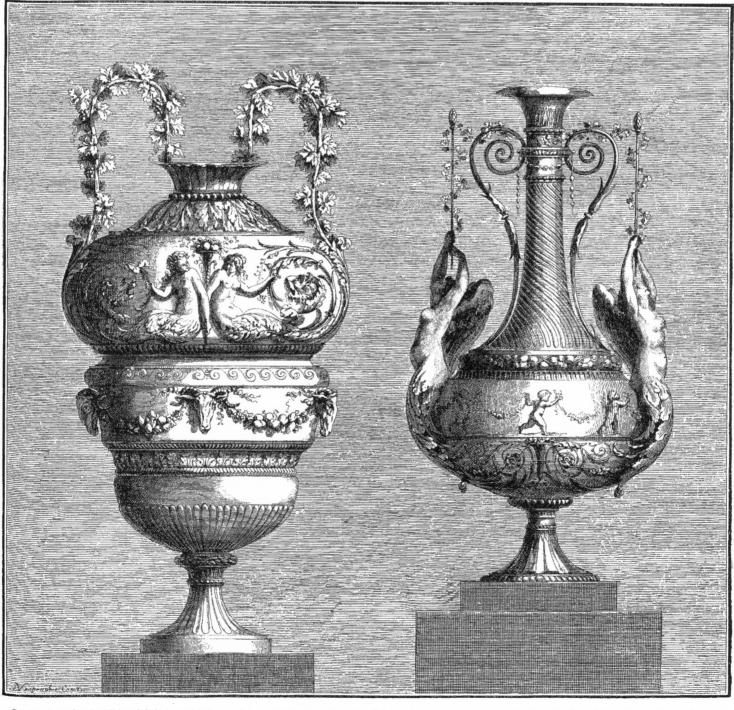

Spécimen de la *Céramique de luxe* de la fin du XVIIIᵉ siècle. — Vases en porcelaine (pâte tendre) ; montures en bronze doré. — Réunion de deux planches de la série de *Vases de G.-P. Cauvet.* — (*Fac-simile.*)

这幅图是 18 世纪末陶瓷艺术的标本。陶瓷器皿（软性成分）；镀金青铜底座。这是科韦（G. P. Cauvet）的一系列器皿中两个样本的复制品。（摹本）

Specimen of the *Ceramic Art* at the end of the XVIIIth century. — Vases of porcelaine (soft composition); gilded bronze mountings. — Reproduction of two plates from the series of *Vases* by *G. P. Cauvet.* — (*Fac-simile.*)

XVIIᵉ SIECLE. — ÉCOLE ITALIENNE.

291

292

293

294

Même dans sa décadence, l'art italien conserve un remarquable sentiment de puissance. Abandonnant la pureté des formes, souvent il se jette dans la bizarrerie. — Les croquis d'*Arabesques* ci-dessus, rappelant les motifs capricieux de la décoration des faïences italiennes du XVIᵉ siècle, témoignent d'une grande activité d'imagination. — Les originaux appartiennent à la Bibliothèque de la ville de Versailles.

意大利艺术即使在衰落中也保持着非凡的实力，其形式的纯粹性消失了，常常呈现怪异的状态。以上的蔓藤花纹草图就模仿了意大利在 16 世纪奇特的装饰，它们证明了艺术家极其活跃的想象力。原件属于凡尔赛市图书馆。

Even in its decline, the Italian Art preserves a remarkable strength. The purity of its forms disappears, and it often falls in oddity. The above sketches of *Arabesques* imitate the fanciful decoration of Italian faiences during the XVIᵗʰ century. They testify of an extremely active imagination. — The originals belong to the library of the city of Versailles.

XVIe SIÈCLE. — ÉCOLE ALLEMANDE.

ENTOURAGES, PORTRAITS,
PAR TOBIAS STIMMER

FRANCISCUS GALLIÆ REX

Tobias Stimmer, a painter and wood-engraver, was born at Schaffhausen in Switzerland towards 1534. He established himself in Strasburg and died there in the last years of the XVIth century. T. Stimmer soon distinguished himself in the decorations painted *in fresco* which were then in great favour in Germany. His subjects were taken from the Bible and the Roman antiquities. — We will subsequently reproduce several remarkable pieces of that kind.

The margrave of Baden called him at his court. The artist executed in oil-painting and of natural size the pictures of the margrave's ancestors.

On his return to Strasburg, and conjointly with his brother *Christopher,* Stimmer devoted almost all his time to the illustration of the books published by Bern. Jobin and Lazare Zetzner of Strasburg, Thomas Guarin of Basle, Sigismund Feierabendt of Frankfort, etc. We borrow from the *Eulogium of men illustrious by the letters* (P. Jovii Elogia viror. liter. illustrium ; Basil. Pern. 1576) the remarkable *Portraits* of our kings Francis I. and Henry II. The first one is very curious. It reproduces the little known features of the Valois, *father of the fine arts,* during the first years of his manhood.

In the *Frames* of the Portraits are the figures of *War* and *Peace* (295), of *Orient* and *Occident* (296). — *(Fac-simile* To be continued.

Tobias Stimmer, peintre et graveur sur bois, né à Schaff-house en Suisse en 1534, s'é-tablit de bonne heure à Strasbourg (où il mourut dans les dernières années du XVIe siè-cle). Les décorations peintes *à fresque* sur les façades des maisons et des édifices publics étaient alors très en faveur par toute l'Allemagne, et T. Stim-mer ne tarda pas à se distin-guer dans ce genre de travail dont les sujets étaient puisés dans les histoires de la Bible et les antiquités romaines, et dont nous aurons à reproduire ultérieurement de remarqua-bles spécimens.

Séduit par la beauté de ses ouvrages, le margrave de Bade l'appela à sa cour et lui fit exé-cuter en peinture à l'huile et en grandeur naturelle les por-traits de ses ancêtres.

De retour à Strasbourg, et conjointement avec son frère *Christophe,* cet artiste se voua presque exclusivement à l'il-lustration des livres édités par les libraires Bern. Jobin et La-zare Zetzner de Strasbourg, Thomas Guarin de Bâle, Sigis-mond Feierabendt de Franc-fort, etc. — Nous emprun-tons aux *Éloges des hommes illus-tres par les lettres* (P. Jovii Elogia viror. liter. illustrium Basil. Pern. 1576) les remar-quables *Portraits* de nos rois François Ier et Henri II. Le premier surtout est curieux en ce qu'il reproduit le type peu connu du Valois, *père des let-tres,* dans les premières an-nées de sa virilité.

Dans les *Entourages* variés des Portraits on remarque les personnifications de la *Guerre* et de la *Paix* (295), et de l'O-rient et de l'Occident (296).— *(Fac-simile.)* Sera continué.

HENRICUS II, GALLIÆ REX

托比亚斯·斯蒂默（Tobias Stimmer）是一位画家和木雕家，1534年出生于瑞士沙夫豪森。他在斯特拉斯堡确立自己的地位，于16世纪的最后几年在那里去世。当时，整个德国都非常喜欢房屋和公共建筑外墙上的壁画装饰，他很快在壁画装饰中脱颖而出，他的装饰主题可能借源于《圣经》的故事和罗马文物，随后我们将复制这样类型的几件艺术品。

巴登的总督在宫殿里征召他，要求他完成总督祖先的同比例大小的油画图像。

斯蒂默尔回到斯特拉斯堡，与他的兄弟克里斯托弗（Christopher）一起，几乎把所有的时间都用于在伯尔尼出版书籍的插图，有斯特拉斯堡的乔宾（Jobin）和

拉扎尔·泽兹纳（Lazare Zetzner），巴塞尔的托马斯·瓜林（Thomas Guarin），法兰克福的西吉兹穆（Sigism）和菲拉贝特（Feierabendt）等等。我们借用了《用字母表示男性的赞美》的内容，它们是国王弗朗索瓦一世和亨利二世的图像。第一幅十分引起人的兴趣，它再现了美术之父瓦卢瓦（Valois）刚成年时的男子气概。肖像的边框主题是"战争与和平"（图295），"东方和西方"（图296）中的人物。未完待续。（摹本）

XVI SIÈCLE. — ÉCOLE FRANCAISE.

NOVVM PVLPITI GENVS, IN QVO DVOBVS ADVERSIS, ET
APTATIS SPECVLIS, LITERARVM FORMÆ REFLEXÆ, AC
AVCTÆ EX ALTERO, LECTIONEM REDDVNT MAGIS
EXPEDITAM, MINVSQVE HEBETATVR OCVLORVM ACIES

Nouuelle induſtrie de faire vn poupitre, auquel eſtant appliquez deux miroërs l'vn à l'oppoſi-
te de l'autre, les formes des lettres reuerberées de tous deux, & augmentées par l'vn qui eſt con
caue, on lit bien aiſément vn liure, auec grande recreation de la veuë.

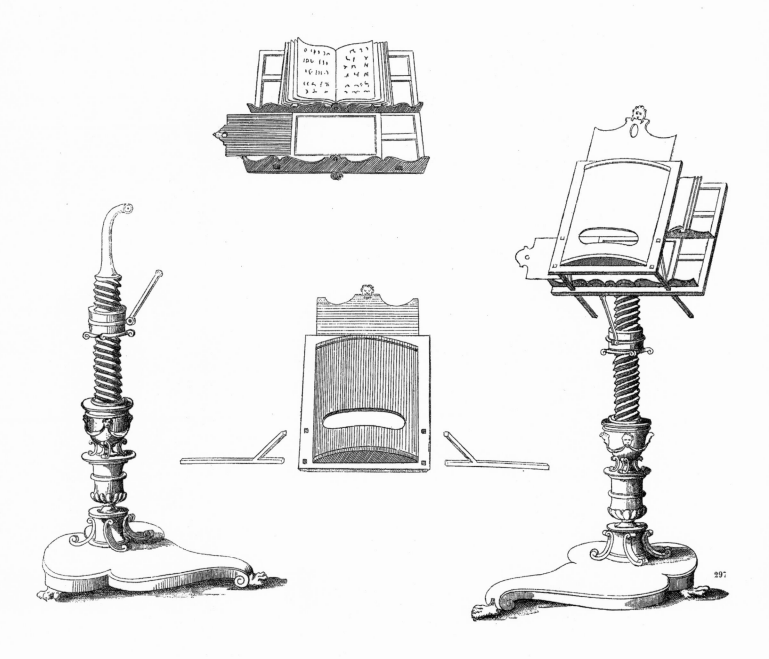

Pl. 42 du remarquable *Théâtre des Machines*, de J. Besson, dont nous avons déjà publié une planche p. 35. — Dans l'ajuste-ment décoratif du pied de ce curieux *Pupitre* on reconnaîtra encore l'élégance de style de notre *A. du Cerceau* (pp. 130, 137).

Nous laissons à la sagacité des lecteurs curieux le soin d'étudier, dans les pièces démontées qui y sont jointes, la partie mécanique de cet instrument. Nous nous bornons à reproduire l'explication latine avec la version française originale, en faisant observer que l'inclinaison *variable* du pupitre (fixé à charnière à la partie supé-rieure du pied de l'instrument) s'obtient en faisant tourner, par une simple impulsion horizontale, l'écrou mobile sur le pas de vis vertical. — *(Fac-simile.)*

来自贝松（Besson）不同寻常的《机器剧场》，其中已经出版了35页的一幅。在这张奇怪的桌脚中，迪塞尔索（Du Cerceau）的风格（图130，137）很容易被认出。

我们让读者用自己的聪明才智去研究上面关于仪器机械部分的细节。我们给出了法文原版和拉丁文解释。需要说明的是，在垂直螺旋线的螺纹上，仅仅水平推动，转动可移动螺母，就可以改变桌子的倾斜度（固定在仪器脚上的一个铰链上）。

Pl. 42 from Besson's remarkable *Theater of Machines* of which we have already published a plate p. 35. — In the decorative arrangement of the foot of this curious *Desk* the style of *A. du Cerceau* (pp. 130, 137) will be easely recognized.

We leave to the sagacity of our readers the study of the instrument's mechanical part in the particulars which are joined here above. We give the Latin explanation with the French ori-ginal version. It is to be remarked that the *variable* inclination of the Desk (fixed on a hinge at the superior part of the instru-ment's foot) is obtained by turning with a mere horizontal impulsion of the movable nut on the thread of the vertical screw. — *(Fac-simile.)*

Deuxième Année.   N° 40.   30 Mai 1862.

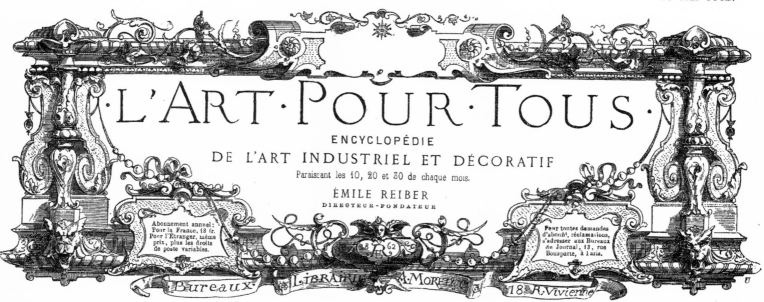

L'ART · POUR · TOUS ·

ENCYCLOPÉDIE
DE L'ART INDUSTRIEL ET DÉCORATIF
Paraissant les 10, 20 et 30 de chaque mois.

ÉMILE REIBER
DIRECTEUR-FONDATEUR

Abonnement annuel:
Pour la France, 18 fr.
Pour l'Étranger, même
prix, plus les droits
de poste variables.

Pour toutes demandes
d'abonnt, réclamations,
s'adresser aux Bureaux
du Journal, 13, rue
Bonaparte, à Paris.

Bureaux   Librairie   A. Morel   18. R. Vivienne

XVIIᵉ SIECLE. — ÉCOLE FRANÇAISE.

ORFÈVRERIE. — VASES,
PAR J.-B. TORO.

298

Les pièces décoratives dues à *J. B. Toro* (p. 94) se distinguent des productions contemporaines par une grande recherche de pureté dans les lignes et par une exécution soignée, mais froide et peu colorée. On peut reprocher à cet artiste son imparfaite connaissance des lois de la perspective, et la manière trop grêle dont il traite ses extrémités, défauts que fait ressortir la planche ci-jointe. Cette pièce d'orfévrerie est inspirée, comme forme, des produits de la céramique italienne et française du commencement du XVIIᵉ siècle. — (*Fac-simile*,)

2ᵉ ANNÉE. — N° 15.

由托罗（J. B. Toro）完成的装饰作品（参见第94页），通过线条中的极度优雅，以及细致而冷酷的色彩，将自己与当代作品区分开来。这位艺术家的不完美之处，来自于他对透视法的无知以及对四肢纤细的态度，目前的这幅插图把所有这些缺点都表现很明显。这件金匠作品的形式受到17世纪初法国和意大利陶瓷制品的启发。

The decorative pieces composed by *J. B. Toro* (p. 94) distinguish themselves from contemporary productions by an extreme elegance in the lines and also by a careful, but cold and feebly coloured execution. The imperfections of this artist come from his ignorance of the laws of perspective and from the slender manner with which he treats the extremities. The present plate puts all these defects to light. The form of this piece of goldsmith's work was inspired by the French and Italian ceramic productions of the beginning of the XVIIᵗʰ century. — (*Fac-simile.*)

XVIIᵉ SIÈCLE. — ÉCOLE FRANÇAISE.

CORNICHES
DE GRANDS APPARTEMENTS,
PAR J. BÉRAIN.

299

La décoration des grands appartements au XVIIᵉ siècle comportant généralement une ordonnance de colonnes ou de pilastres, les couronnements ou *Corniches* demandaient une grande solidité de lignes, nécessitée par la fermeté d'aspect des points d'appui. En même temps que la hauteur de ces appartements imposait aux couronnements de grands reliefs et de fortes saillies (consoles pour le jeu de la lumière, cette disposition avait pour effet de mettre la décoration des parois en harmonie avec la richesse de lignes (moulures, panneaux, caissons, etc.) qui faisait le caractère de la décoration des plafonds de cette époque (voy. p. 43.)— Pl. tirée de l'œuvre de *J. Bérain* (pp. 31, 102, 139).—(*Facsimile*)

在 17 世纪期间，面积大的公寓装饰着圆柱和方柱。在那个时期，人们非常关注顶饰或檐口。这些公寓的高度要求从顶部巨大浮雕和坚固的凸起物来分布光线，是为了获得光明的分布而使用了巨大而坚固的浮雕。这种配置可以有效地使墙壁的装饰与那个时代的天花板装饰的丰富线条（造型、面板和花格镶板等）相协调（参见第 43 页）。这是从布雷恩（J.Brain）的作品中选取的插图（参见第 31，102，139 页）。（摹本）

During the XVIIᵗʰ century, apartments of great dimensions were decorated with columns and pillars. At that period great attention was paid to the crownings or *Cornices;* the elevation of these apartments requested from the crownings great reliefs and strong protuberances (consols) for the distribution of light. This disposition had for effect to put the decoration of walls in harmony with the richness of lines (mouldings, pannels, coffers, etc.) which characterized the ceiling decoration of that epoch (see p. 43). — Plate drawn from *J. Berain's* work (pp. 31, 102, 139). — (*Fac-simile.*)

NYMPHE MARITIME,
PAR LE CANGIAGE,

XVIᵉ SIÈCLE. — ÉCOLE ITALIENNE.

300

Nég⁺ COMTE.

Luca Cambiasi dit le Cangiage, peintre décorateur, né en 1527 à Moneglia (Êt. génois), fut d'une fécondité extraordinaire. Il reste de lui une innombrable quantité de dessins à la plume qui se ressentent de son incroyable facilité, et dont nous donnons ici un spécimen. — *(Fac-simile.)*

Après avoir exécuté une foule de décorations en Italie, il fut appelé à la cour de Philippe II d'Espagne, en 1573. il y mourut en 1585, laissant imparfaite la décoration de la grande voûte de l'Escurial.

卢卡·坎比亚西
（Luca Cambiasi）也称
为坎吉奇（Cangiage），
于1527年出生在热那
亚州的莫内利亚。他是
一位装饰画家，极富活
力。他有不计其数的钢
笔绘画作品，都以其非
凡的构图技巧而著称。
我们在这里给一个样本。

坎比亚西在意大利
完成了大量的装饰品之
后，于1573年被召集
到西班牙菲利普二世的
宫廷中。并于1585年
在那里死去。没有完成
埃斯库里亚尔的巨大拱
顶的装饰。

Luca Cambiasi, also called *Cangiage*, was born at Moneglia (Genoese States) in 1527. He was a decorative painter and extremely fecund. An innumerable quantity of his pen - drawings exist. They are all remarkable for the extraordinary facility with which they are composed. We here give a specimen. — *(Fac-simile.)*

Cambiasi, after having executed a great number of decorations in Italy, was called in Spain at the court of Philip II, in 1573. He died there in 1585, leaving unachieved the decoration of the great vault of the Escurial.

XVIᵉ SIÈCLE. — ÉCOLE ITALIENNE.

THÉORIE DES VASES,
PAR S. SERLIO

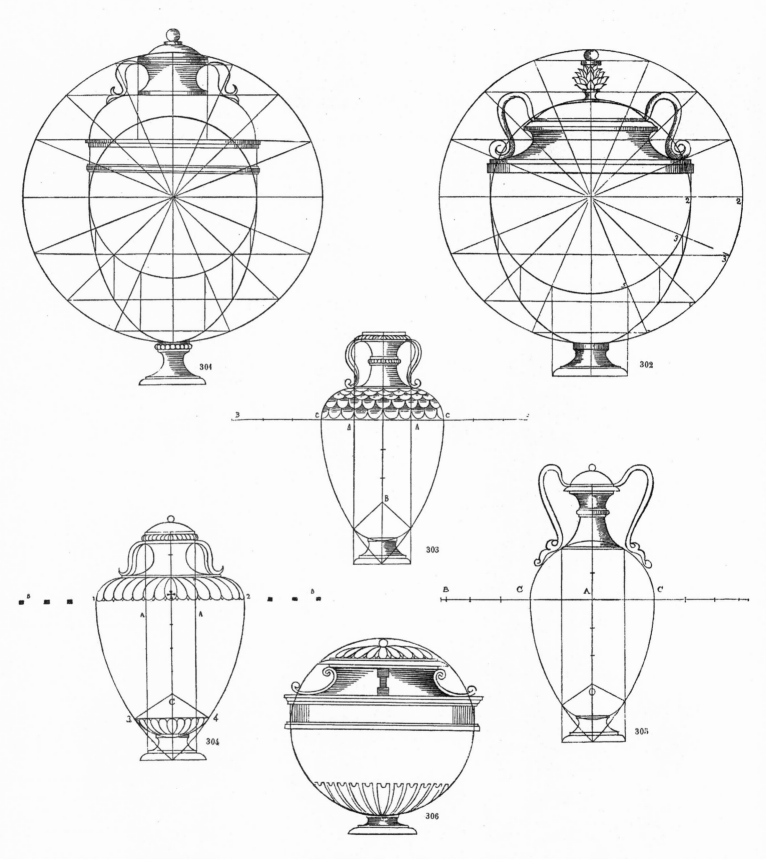

Les études des Maîtres sur les *proportions et formes* des Vases sont très-rares. Serlio, dans son premier livre d'Architecture (tracé des courbes), donne à ce sujet quelques indications précieuses. Nous les avons résumées dans la planche ci-dessus, qui sera un excellent sujet d'études pour les praticiens. — Les figures 301 et 302 sont une explication du tracé dit *des deux cercles*; nous y reviendrons. Les figures 303, 304, 305 ont trait au tracé *en croix* ou tracé de *l'œuf*, qui est de l'invention de Serlio. La fig. 305 fait voir que le *galbe* ou *calibre* du vase est obtenu par une courbe à trois centres qui sont les points A, B et O; l'horizontale de la *croix* porte 10 divisions égales; la verticale 9 de ces divisions, dont 5 au-dessous du centre A. Les fig. 303 et 304 sont des variantes. La fig. 306 (vases de *grande capacité*) procède d'un cercle dont moitié pour la *panse* du vase, moitié pour le couvercle. — *(Fac-simile.)*

大师对器皿的比例和形式的研究是非常罕见的。塞利奥（Serlio）在他的《建筑艺术》一书中，就这个问题给出了一些宝贵的意见。我们已将它们汇总，放在了上面的插图中。这对于从业者来说是一个很好的研究课题。我们将再次用图 301 和图 302 中的简洁数字来说明，这是两个圆形的描摹应用。图 303，304 和 305 是塞利奥发明的交叉或椭圆形描摹应用。图 305 显示，器皿的轮廓或口径是通过具有三个中心的曲线获得的，这三个中心是点 A，B 和 O。十字的水平线具有 10 个相等的分度，垂直线有 9 个，其中 5 个在中心 A 的下方。图 303 和 304 只是一个变体。图 306（大容量的器皿）从一个圆圈开始，其中一半是器皿的腹部，另一半是盖子。（摹本）

Studies from Masters on the *proportions* and forms of Vases are very scarce. Serlio, in his firts book of Architecture (tracing of curves), gives several precious indications on this subject. We have resumed them in the above plate, which will be an excellent study for patricians. — We will speak again in our next numbers of the fig. 301 and 302, which are application of the *two circles tracing*. The figures 303, 304, 305 relate to the *cross* or *egg-tracing*, which were Serlio's inventions. Figure 305 shows that the *contour* or *calibre* of the vase is obtained by means of a curve with three centres which are the points A, B and O. The horizontal line of the *cross* has 10 equal divisions; the vertical bears 9 of these divisions, 5 of which are below the centre A. The figures 303 and 304 are only alterations. Fig. 306 (vases of *great capacity*) proceeds from a circle, one half of which is for the *paunch* of the vase, and the other for the cover. — *(Fac-simile.)*

Deuxième Année.　　　　　　　　N° 41.　　　　　　　　10 Juin 1862.

·L'ART·POUR·TOUS·

ENCYCLOPÉDIE
DE L'ART INDUSTRIEL ET DÉCORATIF
Paraissant les 10, 20 et 30 de chaque mois.

EMILE REIBER
DIRECTEUR–FONDATEUR

Abonnement annuel :
Pour toute la France, 18 fr.
Pour l'Étranger,
même prix, plus les droits
de poste variables.

Pour
toutes demandes
d'abonnements, ré-
clamations, etc.,
s'adr. aux Bureaux du Journal,
13, Rue Bonaparte, à Paris.

Bureaux — Librairie A. Morel & Cie — 18·R·Vivienne

XVIIIᵉ SIÈCLE. — ÉCOLE FRANÇAISE.

ORFÈVRERIE DE TABLE,
PORTE-HUILIER,
PAR J. A. MEISSONNIER.

307

Cet accessoire du Service de table est composé d'un simple pied de rocailles accompagné d'un entrelacement de branches de vigne et d'olivier qui retiennent les deux burettes, dont la destination et le contenu sont également indiqués par des figurations analogues sur les culots qui leur servent de couvercle. — Grandeur d'exécution. — Inventé par *J.-A. Meissonnier,* architecte. Gravure de Huquier. — *(Fac-simile.)*

这个餐具配件是由一块岩石做成，上部藤枝和橄榄树交织在一起，可以放两个调味瓶。他们的目的和所包含的内容显示在表面。这就是完成的大小。这是由建筑师米修纳（ J. A. Meissonnier ）设计，一个由哈吉尔（Huquier）雕刻。（摹本）

This accessory for the dinner-service is composed of a rock-work piece. The upper part is formed by entwined branches of wine and olive tree, which hold the two cruets. Their destination and what they contain is indicated on their covers. — Execution-zize. — Invented by *J.-A. Meissonnier.* an architect. Engraved by Huquier. — *(Fac-simile.)*

XVIe SIÈCLE. — ÉCOLE ITALIENNE.

PLAFONDS A COMPARTIMENTS,
PAR S. SERLIO.

Dans la suite de son Etude sur les *Plafonds* (pp. 70, 132, 152), S. Serlio recommande pour ne pas donner de la lourdeur à ces sortes d'ouvrages où les lignes de construction jouent un si grand rôle, l'emploi de *tons de peinture* d'autant plus sobres que l'appartement à décorer est moins élevé. Il proscrit l'emploi des couleurs brillantes, applicables seulement aux galeries voûtées et aux grands appartements, et donne, simplement dans le but d'*enrichir les imaginations pauvres*, le présent spécimen de dispositions de caissons, rinceaux et d'arabesques tirés de l'antique et à exécuter en *grisaille* (chiaroscuro). Le n° 308 rappelle la disposition adoptée pour le plafond de la galerie de François Ier au château de Fontainebleau (voy. p. 15). — Nos 309, 310; dispositions tirées des couvertures des anciennes salles romaines (reproduites également par A. Du Cerceau). — 311 : Caissons tirés des Arcs de triomphe antiques. — Nous présentons aux lecteurs attentifs les charmants griffonnages qui remplissent ces compartiments comme une mine féconde à exploiter. — (*Fac-simile.*)

塞利奥（Serlio）在研究天花板装饰时，坚持在中等高度的公寓中使用浅色绘画（参见第 70，132，152 页）。因为通过这个方法，可以避免笨拙。绚丽色彩的使用只适用于拱形的画廊和大型公寓。为了帮助人们想象力，他给出了从古董装饰中取材，创作出花格镶板、叶饰和蔓藤花纹的组合，这些都将使用灰色完成（明暗对比）。图片 308 的处理方式类似于弗朗索瓦一世画廊的天花板（参见第 15 页）。图 309 和图 310 是由迪塞尔索（Du Cerceau）再现的古罗马大厅屋顶的布置。图 311 是古色古香的凯旋门上绘制的花格镶板。我们向细心的读者介绍填充这些隔层的精致图案，作为珍贵的学习材料。（摹本）

Serlio, in his study on *Ceilings* (pp. 70, 132, 152), insists on the use of ligth tones of painting in apartments of moderate elevation. By this rule, clumsiness is avoided. The use of brilliant colours is only applicable to vaulted galleries and large apartments. He gives, in order to *help Poor imaginations*, the present composition for coffers, foliages, and arabesques, drawn from the antique; these dispositions are to be executed in *grey tones* (chiaroscuro). Nr. 308 is disposed in a manner similar to that of the ceiling in Francis the First's gallery in Fontainebleau (see p. 15). — Nrs. 309, 310: Dispositions of roofs, from the ancient Roman halls (reproduced by A. Du Cerceau). — Nr. 311: Coffers drawn from antique triumphal arches. — We present to attentive readers the delicate scrawlings which fill up these compartments, as precious materials for study. — (*Fac simile*).

XVIe SIÈCLE. — FABRIQUE FRANÇAISE.

SERRURERIE.
ENTRÉE DE SERRURE DOUBLE.
(MUSÉE SAUVAGEOT.)

Nécgr COMTE   No 605   E. Reiberf.

312

Aux deux extrémités d'un soubassement dont la frise est décorée de guirlandes de draperies, auxquelles quatre mufles de lion servent d'attaches, deux cariatides en gaînes supportent un entablement terminé par un fronton cintré dont le tympan est décoré d'une tête d'ange ailé. La frise porte l'une des devises grecques deCatherine deMédicis, qu'elle alternaitavec celles plus connues ΨΩΣ ΦΕΡΟΙ ΗΔΕ ΓΑΛΗΝΗΝ et ΑΠΤΕΡΟΣ ΟΥ ΔΥΝΑΤΑΙ (nous les retrouverons plus tard.) Celle-ci doit se lire ainsi : ΑΜΗΧΑΝΙΑΣ ΕΥΕΛΗΙΣΤΙΑ ΠΕΡΙΕΣΤΙ (la confiance au succès soutient les faibles). Cette devise se rapporte à l'Emblème placé sous les armes de la reine mère et qui représente le globe terrestre. Sur une mer unie, les rayons du soleil percent les nuages, font pâlir les étoiles et naître l'arc-en-ciel. — De chaque côté de l'Écusson central que surmonte la couronne royale, des femmes à tunique relevée, portant le glaive et le fiambeau (personnifications de la Justice?), se détachent sur les plis du manteau royal; dans l'intervalle, les deux K adossés, initiales grecques du nom de la reine. — Cette piéce, d'une exécution assez grossière (fonte de fer vivement ciselée), provient du château d'Anet. — Grandeur d'exécution.

两个以鞘形的人像柱倚靠着底座，其底座上的饰带装饰着帷幔。帷幔中放置着四个狮子头。在人像柱的上方是一个拱顶形楣檐，在楣檐中间的部位有一个带翼的天使头像。饰带上有凯瑟琳·梅第奇（Catherine of Medici）采用的希腊格言之一，并且与著名的格言交替使用（我们稍后会再次提到它们）。这句话意思为：“成功的信心支持着无助的人”。这句格言与皇后纹章下方的徽章有关，徽章象征着地球。在平静的海面上，来自天空的光刺穿云层，使星星变得暗淡，孕育出一道彩虹。在中央盾形纹章的顶部有一个王冠，王冠两侧有穿着半长袍的女子手持宝剑和火炬（正义的化身）。在她们身后装饰着褶皱的幕帘，上面放置着一些符号。上面放置着一些数字。数字间有两个倾斜的字母K，这是女王希腊名字的首字母。这件作品来自安奈城堡，铸铁凿出，手法流畅自然，此图就是完成时的大小。

Two caryatides in form of sheaths are leaning on the extremities of a base, the frieze of which is decorated with draperies. On these draperies are placed four lions' heads. Above the caryatides is an entablature terminated by a curved frontal, on the tympan of which is placed a winged angel's head. The frieze bears one of the Greek mottoes adopted by Catherine of Medici, and which she used alternately with these better known ones ; ΦΩΣ ΨΕΡΟΙ ΗΔΕ ΓΑΛΗΝΗΝ and ΑΠΤΕΡΟΣ ΟΥ ΔΥΝΑΤΑΙ (we shall find them again later.) This one must be read thus: ΑΜΗΧΑΝΙΑΣ ΕΥΕΛΗΙΣΤΙΑ ΠΕΡΙΕΣΥΙ (confidence in success sustains the helpless). This motto relates to the emblem placed unber the armorial bearings of the queem-mother, and which represents the terrestrial globe. On a calm sea, rays from the sky pierce the clouds, cause the stars to wax pale and give birth to the rainbow. On both sides of the central escutcheon which surmounts the royal crown, women with half-raised tunics hold the sword and the torch (personifications of Justice ?). These figures are laid on the folds of the royal mantle. In the intervals are placed the two leaning K, the queen's Greek initial lettres. This piece (the execution of which is rather course, chiselled cast iron) comes from the castle of Anet. — Execution-size.

XVIᵉ SIÉCLE. — *ÉCOLE ITALIENNE,*

COMPARTIMENTS. — EMBLÈMES,
PAR BATTISTA PITTONI

These two plates from *Ludovico Dolce's Emblems,* freely engraved by *B. Pittoni,* are a proof that even at the xviᵗʰ century artists did not fail borrowing from the materials which surrounded them. Thus, the frame of figure 313 is taken from a series of *Cartouchs* which illustrate *Mercator's Géohraphy* (Antwerp School, 1574), and which will be found in our pages.

As for the frame of Nr. 314, it can be easily recognised, being executed at the Fontainebleau palace. It ornaments (save sundry differences of no importance) one of the piers ot Francis the First's gallery. It has too undoubtedly been met with by amateurs in A. Du Cerceau's work. Plate 313 reproduces the emblem and motto of Cardinal Charles of Lorraine (1555-1574), a son of Claude of Lorraine, the head of the Guise family.

L. Dolce was one of the most estimated poets ot his epoch. The *diletanti* will certainly find great pleasure in the original text of the *dichiarazioni* which accompagny every emblem, and in which fine verses are often to be found. — To be continued.

DEL S. CARLO CARDINAL DI LORENA

313

Mentre la Vite, o l'Hedera ſeguace
Haverà tronco, oue s'appoggi, o muura,
Mai ſempre ella ſarà uerde, e uace
Diſtendendo le braccia alta, e ficura.

Tal; mentre fermo in ſu la pietra giace
De la virtu ferma, coſtante, e dura·
Queſto Signor, ogni ſua opra fia
Verde l'alto ualore, e corteſia

Ces deux planches tirées du Recueil des *Emblèmes* de *Ludovico Dolce*, librement gravés à l'eau-forte par *B. Pittoni* (Venise, Fr. Ziletti, 1583), prouvent que les artistes, même au xviᵉ siècle, ne se faisaient pas faute de tirer parti des matériaux qui les entouraient. Ainsi l'Entourage de la fig. 313 est tiré de la série de *Cartouches* qui illustrent la *Géographie de Mercator* (École d'Anvers, 1574) et que l'on retrouvera dans nos pages.

Quant à l'Entourage du n° 314, les voyageurs qui ont bonne mémoire se rappelleront l'avoir vu exécuté au palais de Fontainebleau où il orne (sauf quelques variantes) l'un des trumeaux de la galerie de François 1ᵉʳ; les amateurs, de leur côté, le reconnaîtront pour l'avoir rencontré dans l'œuvre de Du Cerceau. La pl. 313 donne les Emblème et Devise du cardinal Charles de Lorraine (1525-1574), fils de Claude de Lorraine, chef de la maison des Guises.

L. Dolce fut un poëte estimé de son temps. Les *dilettanti* nous sauront gré de ne les avoir pas privés du texte original des *dichiarazioni* qui accompagnent chaque emblème, et où se rencontrent souvent de fort beaux vers. — Sera continué.

这两张插图摘自卢多维科·多尔切（Ludovico Dolce）的徽章系列，由皮托尼（B.Pitton，威尼斯，Fr.iletti，1583 年）雕刻，这证明了即使在 16 世纪，艺术家也能从他们的周围借鉴到一些素材。因此，图 313 的框架取自一系列涡卷饰边框，描绘了墨卡托（Mercator）的地理学（安特卫普派，1574 年），这些将在我们的书中找到。

至于图 314 的边框，可以很容易辨认出来，它是在枫丹白露宫制作的，装饰了弗朗索瓦第一画廊的窗间壁（除了一些无关紧要的差异）。艺术爱好者会认出他，因为其在迪塞尔索（Du Cerceau）的作品中出现过。图片 313 是红衣主教查尔斯·德·洛雷厄(Charles de Lorraine，1525~1571 年）的徽章和格言，他是克劳德·德·洛林 (Claude de Lorraine) 的儿子，盖斯家族的领袖。

多尔切是当时受人尊敬的诗人，艺术爱好者将感激我们没有剥夺他们每个象征徽记的原始特征，并且经常伴有美妙的诗句。未完待续。

DI MONS GIOVAN THOMASO ELETTO DI PRESSINONE

314

L'Arco celeſte a l'occhio altrui giocondo,
Chi fece queſto e quell' altro Hemiſpero,
Poſe per ſegno e patto fermo e uero,
Che durerebbe per molt' anni il mondo.
Più toſto caderà giù nel profondo
Di fino aciaio, o di diamante intero
Ben ſalào muro; che ſido e ſincero

Non fia di Dio l'alto ſermon fecondo.
Chi ſi confida nel favor di ſopra
Senʒa tema di forte, o di fortuna
Puo far ſicuramente ogni bell' opra.
L'aria, ch' è intorno nubiloſa o bruna,
Chiara diviene; e coſi in uan s'adopra,
Chi non ha nel Signor fiducia alcuna.

Deuxième Année.

N° 42.

20 Juin 1862

L'ART · POUR · TOUS

ENCYCLOPÉDIE
DE L'ART INDUSTRIEL ET DECORATIF
Paraissant les 10, 20 et 30 de chaque mois.

ÉMILE REIBER
DIRECTEUR-FONDATEUR

Abonnement annuel :
Pour toute la France,
18 fr. Pour l'étranger,
même prix, plus les droits
de poste variables.

Pour toutes demandes
d'abonnements, récla-
mations, etc., s'adresser
aux Bureaux du Journal,
13, rue Bonaparte, à Paris.

Bureaux   LIBRAIRIE A. MOREL et Cie   18 · R · Vivienne

XVIᵉ SIÈCLE. — ÉCOLE FLAMANDE.

FIGURES DÉCORATIVES.
VÉNUS ET L'AMOUR,
PAR H. GOLTZIUS.

Hubert Goltzius was born at Venloo, in 1520, from parents of German origin. His first years were devoted to the study of belles-letters. He soon abandoned them for painting, and copied from the antique under *Lambert Lombard*'s direction. He next went to Rome. The materials of several illustrated works were found by him in his studies. These works were accompanied by historical notes and curious remarks, of which we will speak in our subsequent numbers. On his return to Flanders, Goltzius composed different pieces, among which the Conquest of the golden fleece, executed for the Austrian court. He also composed several series of Gods and Goddesses, Nymphs and Muses, and other mythological subjects. Stroke-engraving then occupied his time. In this he distinguished himself by the science and brilliancy of his execution. We reproduce to-day a *fac-simile* taken from a series of *medallions* of Gods and Goddesses. It represents *Venus and Cupid,* and is engraved by himself from his own compositions.

Né à Venloo en 1520, de parents originaires d'Allemagne, *Hubert Goltzius* employa sa première jeunesse à l'étude des belles-lettres. Bientôt entraîné vers la Peinture, il étudia l'antique sous *Lambert Lombard* et vint à Rome compléter ses études. Elles lui fournirent les matériaux de plusieurs ouvrages illustrés, qu'il accompagna de notes historiques et de remarques curieuses, et sur lesquels nous aurons l'occasion de revenir. De retour en Flandre, il se livra à diverses compositions au nombre desquelles on remarque la Conquête de la Toison d'or, exécutée à Anvers pour la maison d'Autriche et plusieurs séries de Dieux et Déesses, de Nymphes, de Muses et autres sujets mythologiques. Il se livra aussi à la gravure au burin et s'y distingua par la science, la hardiesse et le brillant de son exécution. Nous reproduisons ici en *fac-simile* l'une des planches de la suite de ses *médaillons* de Dieux et Déesses, représentant *Vénus et l'Amour,* et gravée par lui d'après une de ses propres compositions.

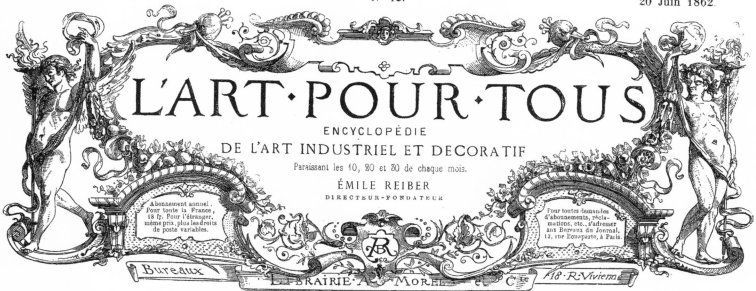

2   Cum Cerere: et Baccho mea invicta potentia magna est,
Alitæ his exiguam vim meus ignis habet.

E. Reiber direx.

休伯特·高伏斯（Hubert Goltzius）1520 年都出生于荷兰芬洛，父母都是德裔，他年轻时研究的是人文科学。不久后，他开始学习绘画，并在兰伯特·朗伯德（Lambert Lombard）的指导下，于罗马完成了学业。接下来他去了罗马，在研究中发现了几个有插图作品，他们都附有历史笔记和奇谈怪论，我们将在随后的插图中讲述。在他回到法兰德斯后，将各种各样的构图进行"混搭"，其中有"征服金羊毛"和"奥地利法庭的处决"。他还将几个系列的神和

女神组合起来，比如宁芙（Nymphs）和缪斯（Muses），以及其他神话主题。他还用凿子雕刻，并以其科学、独创和辉煌的执行力而著称。我们今天再现了一组神话的圆形奖章，其中的人物是维纳斯（Venus）和丘比特（Cupid），由他自己雕刻而成。

XVIIᵉ SIÈCLE. — ÉCOLE FRANÇAISE (LOUIS XIII).

Echelle de quatre Toises

1   2   3   4

PLAN

Bassin

316

Marie de Médicis, veuve de Henri IV, se trouvant trop étroitement logée au Louvre, acheta, en 1611, pour la somme de 90,000 livres, l'hôtel du Luxembourg, dont le Palais actuel (érigé sur les plans et sous la conduite de *Jaques de Brosse*) porte encore le nom. Le terrain à affecter aux jardins manquant de profondeur, et s'étendant en longueur sur la rue de Vaugirard (v. p. 168), l'allée principale fut établie le long de la façade méridionale du palais, et terminée comme perspective du côté de la rue d'Enfer par une Fontaine décorée en forme de *grotte,* que nous reproduisons d'après le dessin de *J. F. Blondel* (p. 29). Son ordonnance est composée de quatre colonnes toscanes isolées, ornées de *congélations* divisées par une ceinture à hauteur de *l'imposte* qui reçoit la retombée du cul-de-four des trois niches de la grotte. L'Attique qui forme *amortissement* au-dessus de la grande niche du milieu portait un cartouche aux armes de la reine. Il est accompagné de deux figures couchées représentant un Fleuve et une Naïade. L'étude des détails de ce chef-d'œuvre d'architecture, la similitude des profils avec ceux du palais, reportent incontestablement le mérite de sa composition à Jacques de Brosse lui-même.

亨利四世的遗孀玛丽·梅第奇（Mary Medici）于 1611 年以 9 万英镑的价格买下了卢森堡旅馆。现在的宫殿 [在雅克·德·布罗斯（Jacques de Brosse）的命令下建造] 仍然有女王的名字。花园的庭院缺乏深度，沿着沃格拉德街延伸（参见第 168 页），主要小径是沿着南立面立起来的。昂费街一侧的景色被一个以石窟形式装饰的喷泉点缀得栩栩如生。我们按照詹姆斯·弗朗西斯·布隆德尔（J.F.Blondel）的图样（参见第 29 页）复制了它，它由四个独立的托斯卡纳柱组成，上面装饰着冻结物。放置在高处的带子将它们分开并形成石窟中三个壁龛的起拱点。在顶部，中间壁龛的上方形成了山形墙，上面有女王的纹章。它的旁边有两个斜倚的人物，分别是里弗（River）和一个奈德（Naiad）。对这一建筑杰作的研究后发现它的外形和宫殿之间具有相似性，这清楚地证明雅克·德·布罗斯是其作者。

Mary of Medici, the widow of Henry IV., bought, in 1611, for the sum of 90,000 livres, the Luxembourg hotel. The present palace (erected under *Jacques de Brosse*'s orders) still bears the Queen's name. The grounds for the gardens being devoid of depth and extending in length along Vaugirard Street (see p. 168), the principal alley was established along the Southern façade. The perspective on the side of Enfer Street was enlivened by a fountain decorated in form of *grotto.* We here reproduce it after *J. F. Blondel*'s drawing (see p. 29). Its ordonnance is composed of four isolated Tuscan columns ornamented with *congelations.* A belt, placed as high as the *impost,* separates them and receives the springing of the grotto's three niches. The Attic, which forms *pediment* above the middle niche, bears a modillion with the Queen's armorial bearings; it is accompanied by two reclining figures representing a River and a Naiad. The study of this masterpiece of architecture, the similitude between its profiles and those of the palace clearly prove Jacques de Brosse to be its author.

XIXᵉ SIÈCLE. — ÉCOLE FRANÇAISE. PAYSAGE DÉCORATIF,
PAR H. HARPIGNIES.

E. Reiber Photogr. Comte

317

L'illustre Blondel, dans son *Architecture françoise* (1752), reproche à son siècle l'*indifférence de la plupart des Français pour les ouvrages qui ne sont pas de leur temps*. — L'émotion profonde et générale causée de nos jours par la nouvelle des remaniements dont toute la partie orientale du jardin du Luxembourg va être l'objet, tous ces témoignages de regret à la disparition des belles choses, nous autorisent à constater les progrès du goût public en France depuis un siècle. En vain nous promet-on un monument restauré, rapproché de la vue du spectateur. Qui nous rendra cette allée ombreuse et solitaire, animée dans ses profondeurs par les gracieux mouvements des cygnes et devant laquelle les rêveurs aimaient à s'arrêter? Ceux de nos lecteurs qui, comme nous, se complaisent au culte du passé retrouveront sans doute avec plaisir dans notre Recueil ce poétique souvenir du vieux Paris. — Comp. et dessin de M. H. Harpignies.

杰出的布隆德尔（J. F. Blondel）在他的《法国建筑》（1752 年）中谴责，在他那个时代几乎所有的法国人对于不属于他们时代的作品漠不关心。卢森堡东部最近的变化所产生的普遍情绪，证明了法国在这个世纪的公众品位有了很大的提高。靠近观众视线放置修复过的纪念碑的承诺并未实现。那我们在哪里可以找到在诗人心中梦想的孤独小巷呢？那些对过去的奇迹怀有着挚爱的读者们将很高兴在我们的收藏中找到老巴黎的诗意纪念。由阿皮尼（Harpignies）先生创作和绘画。

The illustrious Blondel, in his *French Architecture* (1752), reproaches his century *the indifference of almost all Frenchmen for the works which are not of their epoch*. The general emotion, which the recent alterations in the Eastern part of the Luxembourg have created, is a proof that the public taste has greatly improved in France during this century. The promise of a restored monument, placed nearer the spectators sight, is vain. Where shall we find the solitary alley which brought dreams in the minds of poets? Those of our readers who bear a real love to past marvels will be pleased to find this poetical remembrance of the old Paris in our Collection. — Composition and drawing by Mr. H. Harpignies.

XVIIe SIÈCLE. — ÉCOLE FRANÇAISE (LOUIS XIII).

PARCS ET JARDINS.
JARDIN DU PALAIS DU LUXEMBOURG,
PAR JACQUES DE BROSSE.

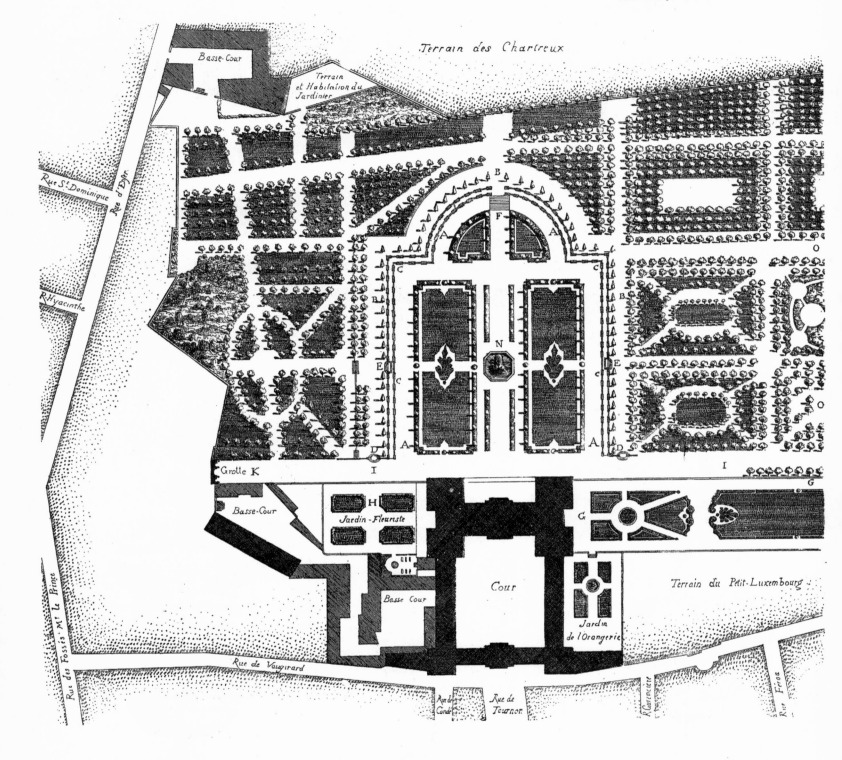

Avant l'entier achèvement de son palais du Luxembourg (1620), Marie de Médicis acquit des Chartreux dont les champs s'étendaient jusqu'au grand bassin actuel (N du plan général ci-dessus) environ 90 toises sur toute la longueur du terrain, ce qui permit d'établir la grande esplanade AA. — B est la terrasse actuelle, dont les talus de gazon remplacent une seconde terrasse ancienne C, moins élevée, et dont la balustrade était ornée de petits bassins et de jets d'eau à l'italienne. D, E, escaliers de marbre et de pierre. F, pente douce. G, jardin du petit Luxembourg, habité en 1750 par la princesse de Carignan. H, jardin fleuriste entouré des dépendances, etc. O, côté du jardin planté de bosquets, quinconces, tapis verts, etc. et s'étendant alors jusqu'à la rue d'Assas actuelle. L'allée I terminée par la grotte K (p. 166, 167) était, on le voit, la plus importante et la plus fréquentée du jardin, l'avenue de l'Observatoire n'ayant été plantée que plus tard. Sous le règne de Louis-Philippe, cette allée fut coupée en deux tronçons par le troisième pavillon ajouté au palais (face du jardin). Le tronçon oriental IK va être raccourci de moitié par le passage d'une voie nouvelle débouchant de la rue Corneille (Odéon) ; la Fontaine de Marie de Médicis, rapprochée du palais, sera, nous l'espérons, accompagnée de dispositions tendant à l'isoler du bruit et du mouvement qu'entraîne le voisinage des grandes voies publiques.

在卢森堡宫殿被完全摧毁之前（1620 年），美第奇家族的玛丽（Mary）从卡尔萨斯修士那里购买了约 90 突阿斯（计量单位）的土地。修士的土地，就像大盆地（上图中的 N）一样广阔。皇后的收购使得建造大型的滨海艺术中心 AA 成为可能。B 实际是梯田，上面的草坪一层一层。C 不算高，后者的栏杆饰有意大利风格的小盆和喷水口。D 和 E 是大理石和石头楼梯。F 容易倾斜。G 是小卢森堡的花园，是卡里尼昂公主（Carignan）1750 年的住宅。H 是一个花园，周围有附属建筑等。O 是树林、梅花和草地等。这个花园的一部分远及阿萨街。以石窟 K 为终点的小巷 I（参见第 166~167 页），这是在卢森堡人们最经常去的地方（天文台大道很晚才开辟）。在路易斯·菲利普（Louis Philipp）的统治下，建在宫殿内（花园一侧）的第三个亭子将花园一分为二。由高勒街开辟的新道路将大大缩短南部 IK 的距离。我们希望，美第奇家族的玛丽的喷泉在新的环境下，能够将所有公共道路所产生的噪音和吵闹隔开。

Before the palace of the Luxembourg was entirely terminated (1620), Mary of Medici bought from the Carthusian friars about 90 toises on the entire length of the ground. The fields belonging to the friars came as far as the great basin (N in the general plan above). The Queen's acquisition enabled the construction of the great esplanade AA. B is the actual terrace, the grass slopes of which replace another one, C, not so elevated; the balustrades of the latter were ornamented with small basins and jets d'eau in the Italian style. D, E, marble and stone stairs. F, easy declivity. G, garden of the Little Luxembourg, the residence, in 1750, of the princess of Carignan. H, a flower-garden, surrounded by commons, etc. O, bosquets, quincunx and grass-plots, etc. This part of the garden went as far as Assas Street. The alley I, terminated by the grotto K (pp. 166-167), was, as can be easily remarked, the most frequented part of the Luxembourg (the Observatory Avenue was planted much later). Under the reign of Louis Philipp, it was cut in two by the third pavillion which was added to the palace (side of the gardens). The Southern part IK will be greatly shortened by the opening of a new road coming from Corneille Street (Odeon). We hope, the fountain of Mary of Medici, in its new situation, will be isolated from the noise and animation which almost all public roads engender.

Deuxième Année.

Nº 43.

30 Juin 1862.

·L'ART·
·POUR·TOUS·
ENCYCLOPÉDIE
DE
L'ART INDUSTRIEL ET DÉCORATIF
Paraissant les 10, 20 et 30 de chaque mois.

ÉMILE REIBER
DIRECTEUR-FONDATEUR

Abonnement annuel : Pour toute la France 18 fr. Pour l'étranger, même prix, plus les droits de poste variables.

Pour toutes demandes d'abonnements, réclamations, etc., s'adresser aux Bureaux du Journal, 13, rue Bonaparte, à Paris.

XVIᵉ SIÈCLE. — ÉCOLE FRANÇAISE.

VASES,
PAR A. DU CERCEAU.

319

320

321

La faveur de la reine-mère valut à *Du Cerceau* (p. 146) d'importants travaux de construction, tels que les Bains du Louvre, (détruits par un incendie en 1661), la restauration du château de Montargis, les hôtels de Sully, de Bretonvilliers, l'hôtel Carnavalet, etc. En même temps, Catherine lui fournit les fonds nécessaires pour commencer son grand ouvrage des *plus excellents bastiments de France*, entreprise considérable pour l'époque, et dont il ne put faire paraître le premier volume (in-fol.) que bien plus tard. Cette période de dix années (1561-1571) constitue la période active de A. Du Cerceau comme architecte; absorbé par ses grands travaux, il ne put que préparer des matériaux pour ses publications futures. — Les trois planches ci-dessus, dont nos lecteurs apprécieront tout le mérite, sont tirées de son intéressante collection de *Vases*, qu'il ne publia que sur la fin de sa vie. Inspirées des formes antiques, ces élégantes compositions font ressortir toute l'originalité du maître. — (*Fac-simile.*)

迪塞尔索（A.Du Cerceau）受到皇后的青睐，令他完成很多重要的建筑，如卢浮宫浴场（1661年在一场大火中毁坏）、蒙塔顿城堡的重建、苏利酒店、布列顿维利耶、卡纳瓦莱等。与此同时，凯瑟琳（Catherine）为他提供了资金，以建设法国最优秀的建筑物，这是当时相当大的一个项目。第一卷在许多年后才出现。在这十年间（1561~1571年），迪塞尔索是一位活跃的建筑师；他的许多建筑只是为了给他未来出版准备材料。上面的三块板将受到读者的赞赏；这些是从他有趣的器皿收藏品中摘取的，在他生命快要结束时出版。这些受古董激发的优雅作品，彰显了这位大师的独创性。（摹本）

The protection of the queen-mother procured to *A. Du Cerceau* (p. 146) important constructions, such as the Baths of the Louvre (destroyed by a fire in 1661), the restauration of the castle of Montargis, the hotels of Sully, Bretonvilliers, Carnavalet, etc. At the same time, Catherine supplied him with the money necessary for his great work on *the most excellent buildings of France,* a considerable enterprise for that epoch. His first volume appeared many years later. During these ten years (1561-1571), A. Du Cerceau was an active architect; his numerous constructions left time only for the preparation of materials for his future publications. — The three plates here above will be appreciated by our readers; they are taken from his interesting collection of *Vases* which was published at the end of his life. All the originality of the master is put to light by these elegant compositions which are inspired by the antiques. — (*Fac-simile.*)

L'OEuvre de Juste Aurèle Meissonnier, peintre, sculpteur, architecte, dessinateur de la chambre et du cabinet du Roy (Louis XV), forme un fort vol. grand in-fol. — L'époque actuelle, qui a converti nos Architectes en spécialistes attachés exclusivement à la construction et à la comptabilité du bâtiment, peut constater, par la nomenclature de l'œuvre que nous détaillons ci-dessous, la variété de connaissances que comportait l'exercice de cet art, il y a cent ans à peine. — Cet œuvre embrasse pour ainsi dire tous les produits de l'art industriel et décoratif. Il comprend : pour l'Architecture, les plans, coupes et élévations d'hôtels exécutés par Meissonnier; pour la Décoration générale, des ensembles d'intérieurs, trumeaux de glaces, etc.; pour l'Ornement, des cadres, bordures, cartouches; pour la Peinture Décorative, des Plafonds, panneaux, etc.; pour le Meuble, des sièges, tables, canapés, trumeaux, miroirs, pendules et cadrans, etc.; pour l'Orfèvrerie d'église, des burettes, calices, croix, ciboires, chandeliers, etc.; pour la Grosserie, des surtouts de table, cuvettes, terrines, bougeoirs, chandeliers, girandoles, aslières, etc.; pour l'Orfèvrerie fine, des écritoires, tabatières, ciseaux, boîtes de montre, gardes d'épée, pommes de canne, etc. A ces Suites il faut ajouter ses autels, baldaquins, tombeaux, feux d'artifice, etc. — La planche ci-dessus présente une vue d'ensemble de la décoration intérieure de l'appartement de Mᵐᵉ la baronne de Bezenval. Gravure de Huquier. — (Fac-simile.)

贾斯特·欧勒·米修纳（Juste Aurelius Meissonnier）是画家、雕刻家和王室（路易十五）建筑师，关于他的作品有大量记载。当时的时代改变了我们的建筑师。它们现在几乎与建筑物的结构紧密相连。通过这个作品的命名，我们的读者将认识到仅仅在100年前，建筑实践所需要的造诣是多么的多样化。所有的工业和装饰艺术都包含在这项作品中。建筑方面，包括米修纳（Meissonnier）执行的酒店设计和高度；一般装饰方面，包括室内装饰、穿衣镜等；装饰画方面，包括天花板、面板等；装饰方面，包括框架、飞檐托饰；家具方面，包括座椅、桌子、沙发、窗间壁、镜子、钟表、表盘等；教堂作品方面，包括花瓶、圣餐杯、十字架、枝形吊灯、吊灯等；普通的金匠作品方面，包括餐桌、圆盆、平底锅、锥形架、枝形吊灯、圆形酒杯、盐盒等等；精密的金匠作品方面，包括墨盒、贴纸、剪、表壳、剑形护腕、手杖头等。对于这些系列作品，大多数都添加了他为祭坛、天盖、墓葬、烟花等而创作的画作。上图反映了贝辛瓦尔（Bezenval）男爵夫人公寓的整体面貌和室内装饰。由哈吉尔（Huquier）雕刻。（摹本）

The Work of Juste Aurelius Meissonnier, the painter, sculptor and architect of the King's chamber (Louis XV.), forms a large volume in-fol. The actual epoch has changed our Architects. They are now connected almost exclusively with the construction of the building. By the nomenclature of this work, our readers will perceive how varied were the attainments required for the practice of architecture only one hundred years ago. All the productions of industrial and decorative art are contained in this work. It comprises : for Architecture, the plans and elevations of hotels, executed by Meissonnier; for general Decoration, interiors, glass piers, etc.; for decorative Painting, ceilings, panels, etc.; for Ornamentation, frames, modillions; for Furniture, seats, sofas, tables, piers, mirrors, clocks, dial-plates, etc.; for church Gold-works, vases, communion-cups, crosses, ciboriums, chandeliers, etc.; for usual Goldsmith-works, table-surtouts, basins, pans, taper-stands, chandeliers, girandoles, salt-cellars, etc.; for fine Goldsmith-works, inkstands, snuff-boxes, scissors, watch-cases, sword-guards, heads of walking-sticks, etc. To these series must be added his drawings for altars, baldaquines, tombs, fire-works, etc. — The above plate represents the general aspect and interior decoration of the baroness of Bezenval's apartment. Engraving by Huquier. — Fac-simile.

XVIᵉ SIÈCLE. — TYPOGRAPHIE ROMAINE.　　　　　　ENTOURAGES. — NIELLES.

(Suite de la page 126.)

This kind of ornamentation distinguishes itself by a great simplicity and a firm execution. These ornaments were copied from Venetian typographical illustrations of the end of the xvᵗʰ century. The *niello* or black ground bearing the Nrs. 325-328 is composed by two of the original frames of equal dimensions on which the subjects are repeated. The frames Nrs. 323 and 329 are executed with a strong contour laid on an engraved azure ground. The taste, the great effect, the harmony of the aspect, and the details, which are very carefully attended to (see the masks on Nr. 323), will not escape any of our readers. — The master is to the day unknown. — (*Fac-simile.*)

La simplicité et la fermeté d'exécution forment les caractères saillants de ce genre d'ornementation inspiré des illustrations typographiques vénitiennes de la fin du xvᵉ siècle. L'entourage à *nielles* ou fonds noirs, portant les nᵒˢ 325-328 est composé des bois séparés de deux des bordures originales d'égale grandeur, où les motifs se répètent, et que nous avons réunies pour éviter un double emploi. Les entourages 323 et 329 sont exprimés par un contour vigoureux se détachant sur un fond de tailles simples. La pureté du goût, la puissance de l'effet, l'harmonie des masses avec les détails traités eux-mêmes d'une manière ferme et spirituelle (voir les mascarons du nᵒ 323) n'échapperont à aucun de nos lecteurs. Le maitre est jusqu'à ce jour resté inconnu. — (*Fac-simile.*)

323

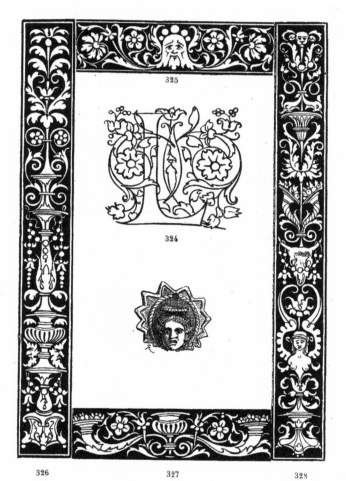

325

324

326　　　327　　　328

简洁和坚定的执行形成了这种装饰的显著特征，其灵感来自于 15 世纪后期的威尼斯排版插图。图 325~328，边框的底色是乌银或黑色，由两个等尺寸的边框组成，由于主题相同，我们将其放在一起以避免重复。图 323，329 是周围坚固的轮廓表示，其在简单的背景下突出。作品品位的纯洁性、

效果的力量、整体的和谐与局部的细节的处理方式（参见图 323 的面具），都逃不过我们的读者。作品的主人目前仍未知。

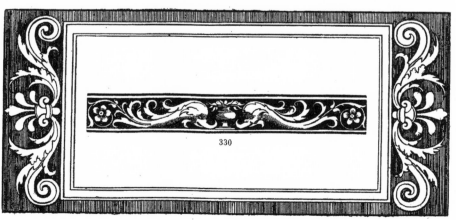

330

329

Deuxième Année. N° 44. 10 Juillet 1862.

·L'ART·POUR·TOUS·

ENCYCLOPÉDIE
DE L'ART INDUSTRIEL ET DÉCORATIF
Paraissant les 10, 20 et 30 de chaque mois.

ÉMILE REIBER
DIRECTEUR-FONDATEUR

Abonnement annuel :
Pour toute la France, 18 fr.
Pour l'Étranger,
même prix, plus les droits
de poste variables.

Pour toutes
demandes d'abon-
nements, réclama-
tions, etc.,s'adresser
aux Bureaux du Journal.
13, rue Bonaparte, à aris.

Bureaux Librairie A. Morel & Cie 18 R Vivienne

XVIIIᵉ SIÈCLE. — ÉCOLE FRANÇAISE (LOUIS XVI).

FIGURES DÉCORATIVES.

PANNEAU,

PAR HONORÉ FRAGONARD.

Si le peintre du *Verrou* ne s'était laissé entraîner par ce senti-
mentalisme passionné qui caractérise les premiers débuts de la
peinture de genre, il eût trouvé en lui l'étoffe d'un décorateur
charmant. Outre ses Cahiers d'eaux-fortes d'après les maîtres
italiens, on a de lui des esquisses de *plafonds* (groupes et rondes
d'enfants), grandes aqua-tintes tirées en bistre, où se révèle toute
sa facilité. Il a laissé également quatre pièces bachiques, sujets à
bas-reliefs entourés de verdure, et que nous rangeons parmi les
chefs-d'œuvre du genre. Imprégnées d'une grâce toute française,
ces libres interprétations de l'art antique semblent indiquer à
notre Art décoratif contemporain une voie qu'il cherche si pénible-
ment depuis le commencement du siècle. — Composition et gravure d'*Honoré Fragonard*. — (Fac-simile.)

风格画开始是以感情夸张为特征的，而这位天才画
家并没有完全脱离这个特征。我们从他那里得到了，除
了他复制的意大利大师蚀刻作品以外，还有天花板素描
（儿童群组）、深褐色的大型水墨画。在这些作品中，
艺术家的娴熟的技艺散发出耀眼的光芒。他还留下了四
件酒神的作品，以树叶为背景的浮雕作品，这些作品被
列为该风格的大师之作。这些对古代艺术的自由诠释似
乎表明了，自20世纪初以来，装饰艺术苦苦寻求的道路。
由奥诺雷·弗拉戈纳（Honoré Fragonard）创作和雕刻。
（摹本）

The beginnings of the *genre* painting are characterized by an
exaggerated sentimentality from which the talented painter of
the *Verrou* has not entirely escaped. We have from him, besides his *aqua fortis* engravings after the Italian masters, *ceiling*
sketches (groups of children), large aquatints drawn in bistre.
In these compositions, the extreme facility of the artist is put
to light. He has also left four bacchic pieces, basso-relievo
subjects surrounded by foliage, which are ranked among the
mas'er-pieces of that style. These free interpretations of the
antique art seem to point out the path, so painfully searched
after, since the beginning of this century, by the Decorative Art.
— Composition and engraving by *Honoré Fragonard*. — (Fac-
simile.)

LES DEVISES D'ARMES ET D'AMOURS

DE PAUL JOVE

(Suite des pages 56, 108.)

9. HENRY DE VALOIS
DAUPHIN

10. HENRY II
ROY DE FRANCE

11. FERDINAND-LE-CATHOLIQUE
ROY D'HESPAIGNE

12. DON DIEGO
DE MENDOZZA

9. Il prit cette devise étant encore dauphin, pour signifier que de même que la lune ne peut briller de tout son éclat que lorsqu'elle est arrivée en son plein, de même il ne pourrait montrer son entière valeur qu'après être parvenu à l'héritage du royaume.

10. A la mort du roi François Iᵉʳ, on changea la devise précédente en celle-ci qui montre la Lune arrivée à toute sa croissance et rivale du soleil, flatterie que le nouveau roi ne voulut accepter ; il continua de porter son ancienne devise.

11. L'archiduc Philippe lui disputant la couronne de Castille après la mort de la reine Isabelle (1504), le roi Ferdinand le Catholique crut devoir faire acte de vigueur en adoptant subitement pour devise l'Épée d'Alexandre tranchant le Nœud Gordien, démonstration menaçante mais inutile : le nœud gordien se dénoua de lui-même par la mort du compétiteur.

12. Au désespoir d'avoir échoué dans une entreprise amoureuse, Don Diego de Mendozza, fils du cardinal, prit pour devise une de ces roues qui servent à monter l'eau et dont la moitié des auges est toujours pleine et l'autre vide, avec la légende sentimentale et de subtile invention : Los llenos de dolor, y los vacios de esperanza (pleins de douleur, vides d'espérance).

9. 这个格言被皇室采用：月亮只有在满月时才能真正发光，所以只有在继承王位后，才能看到他的全部勇气。

10. 弗朗索瓦一世去世后，上一个格言就改变了，形成了满月与太阳相对立的格局。尽管赞誉多多，新国王还是拒绝了，并保留了他之前的设计。

11. 伊莎贝拉（Isabella）女王去世后，卡斯蒂利亚（Castile）王冠成了费迪南的天主教和菲利普（Philipp）大公（1504 年）之间争议的焦点。国王突然采用了手段，以亚历山大的剑斩断戈尔迪之结，以此来表达他的愤怒。这个威胁性的示威是不必要的。戈尔迪之结最后因竞争者的死亡而解开。

12. 主教的儿子唐·迭戈·德·门多扎（Don Diego de Mendozza）因在爱情上失败，心灰意冷，所以用一个轮子来当格言：一半的槽总是满的，另一半是空着的。带有伤感而微妙的传说：充满了痛苦，没有希望。

9. This motto was adopted by the dauphin : it signifies that as the moon can really shine only when it attains its full, so his entire valour would be visible only when in possession of the kingdom.

10. At the death of Francis the First, the preceding motto was changed for this one, in which a full-orbed moon rivals the sun. But flattering as it was, the new king rejected it, and kept his former devise.

11. After Queen Isabella's death, the crown of Castile became the subject of disputes between Ferdinand the Catholic and the Archduke Philip (1504). The king suddenly adopted for his device, to express his wrath, Alexander's sword cutting the Gordian Knot. This threatening demonstration was needless. The Gordian knot untied of itself by the death of the competitor.

12. Don Diego de Mendozza, the cardinal's son, disheartened by his ill success in love, took for motto a wheel to draw water : one half of the troughs is always full, and the other empty, with the sentimental and subtile legend : Los llenos de dolor y los vacios de esperanza (full of affliction, empty of hope).

XVIᵉ SIÈCLE. — FABRIQUES ITALIENNES.
FAIENCES DE PESARO.

PLAT.
(MUSÉE DE CLUNY.)

Quoique de provenance incertaine, cette pièce, dont la décoration présente la division *en croix* qui caractérise la plupart des productions de la fabrique de Pesaro, doit, par ce motif, être attribuée à cette officine. L'ornementation grossière, rappelant la tradition byzantine, ferait croire que ce *Plat* pourrait être une copie faite vers la fin du XVᵉ siècle d'après une pièce analogue de provenance mauresque. Les branchages sont réservés en blanc sur fond bleu intense formant relief; au centre, une figure d'enfant, bas-relief, grossièrement modelée et traitée en arabesque. — Au revers du plat, la lettre B. — Diam. 0,28. — Musée de Cluny. Nᵒ 2962 du Catal. — (*Inédit*.)

尽管这件作品起源不确定，但是它的装饰呈现出了几乎所有佩萨罗交叉结构的特征，这要归功于那个研究室。这个圆盘粗糙的装饰，带有拜占庭风格，意味着它可能是在 15 世纪末，从一个摩尔式原件中复制出来的。白色的树枝在深蓝色的背景中浮现出来。在中心，一个孩子的形象粗略地塑造成阿拉伯风格。在圆盘的后面，标记着字母 B。Diam. 0.28，克吕尼博物馆，目录第 2962 号。（未编辑）

Although this piece is of doubtful origin, its decoration presenting the *cross*-division which characterizes almost all the productions of the Pesaro fabric, it is for this reason attributed to that laboratory. The coarse ornamentation of this *dish*, in the Byzantine style, implies the idea it can be a copy executed at the end of the fifteenth century from a Mauresque original. The branches are white and appear through a ground of deep blue, which is in relief. In the centre, the figure of a child coarsely moulded in the arabesque style. On the back of the dish the letter B. Diam. 0,28. Cluny Museum, No. 2962 of the Catal. — (*Unedited.*)

338

337

339

340

341

342

We complete in the upper part of this page the illustrations for *the Compendium of Dion Cassius* (see p. 120), which are : fig. 337, a typographical frieze, and fig. 338-342, the Greek letters Mu, Omicron, Pi, Sigma, Tau. The lower part of our page reproduces (343-351) a specimen of small *white capital letters*, evidently from *Claude Garamont*. These letters ornament several of the Latin editions published by Robert Estienne. — (*Facsimile.*)

343

344

345

Nous complétons dans la partie supérieure de la présente page les Illustrations de l'*Abrégé de Dion Cassius* (voy. p. 120) et qui sont : fig. 337, une frise typographique, et fig. 338-342, les lettres grecques Mu, Omicron, Pi, Sigma, Tau. — Le bas de notre page (fig. 343-351) reproduit des spécimens de petites *Majuscules blanches* évidemment dues aussi à *Claude Garamont*, et qui ornent plusieurs des éditions latines sorties des presses de Robert Estienne. — (*Facsimile.*)

346

743

348

在本页的上半部分添加了狄奥·卡修斯（Dion Cassius）汇编的插图（参见第120页），插图如下：图337，是印刷的条状装饰框；图338~342，是希腊字母 Mu，Omicron，Pi，Sigma 和 Tau。本页的下半部分重现（图343~351）一些白色的大写字母样本，字号不大，显然是出自克劳德·加拉

349

350

351

蒙（Claude Garamont）之手。这些字母装饰了由罗伯特·埃蒂安（Robert Estienne）出版的几个拉丁文本。（摹本）

Deuxième Année.　　　　　N° 45.　　　　　20 Juillet 1862.

50 centimes le Numéro

Abonnement annuel : Pour toute la France, 18 fr. Pour l'Étranger, même prix, plus les droits de poste variables.

L'ART POUR TOUS

ENCYCLOPÉDIE
DE
L'ART INDUSTRIEL ET DÉCORATIF
Paraissant les 10, 20 et 50 de chaque mois

EMILE REIBER
DIRECTEUR-FONDATEUR

Pour toutes demandes d'abonnements, réclamations, etc., s'adresser aux Bureaux du Journal, 18, rue Vivienne, à Paris.

Bureaux Librairie A. Morel & Cie 18 Rue Vivienne

XVIᵉ SIÈCLE. — ÉCOLE ITALIENNE.

PANNEAU, — ARABESQUES,
PAR ÉNÉE VICO.

The above piece is remarkable for its originality and still more for its archaical and hieroglyphical character. We cannot place it among any of the Master's known series. The subject, which seems to be an Emblem of the Egyptian and Greek confabulations, is borrowed from the very arcanums of Science (see Horus Apollo's *Hieroglyphics*, the *Pimander* by Hermes Trismegistus, transl. by Marsilio Ficino, the *Hieroglyphs* from Pierius, etc.). It alludes to the representation of *human life* or the *immortality of the soul*. In the execution of this curious and rare piece we chiefly point out the able balancing of the solid and void parts and also the skilful ponderation of the groups and details.—(*Fac-simile.*)

La pièce ci-jointe, que nous ne saurions rattacher à aucune des Suites connues du Maître, se recommande par une remarquable originalité due à son caractère archaïque et hiéro-grammatique. Puisé aux arcanes de la Science hermétique (voir les *Hiérogly-phiques* de Horus Apollon, le *Piman-der* d'Hermès Tris-mégiste, traduit par Marsile Ficin, les *Hiéroglyphes* de Piérius, etc.), le sujet paraît résumer les Emblèmes tirés des confabulations égyptiennes et grec-ques, se rapportant à la représentation de la *Vie humaine* ou de l'*Immortalité de l'âme*. Nous fai-sons ressortir, dans l'exécution de cette pièce curieuse et ra-re, l'habile balan-cement des pleins et des vides, ainsi que la savante pon-dération des masses et des détails. — (*Fac-simile.*)

这里介绍一个非凡的独创作品。由于其古老和象形的特征，我们不能把它归于任何大师已知的系列之中。它是关于神秘科学之奥秘的绘画［可参见荷鲁斯·阿波罗（Horus Apollo）的象形文字、赫尔墨斯（Hermes Trismegistus）的《皮格曼》，由马西里奥·菲奇诺（Marsilio Ficino）翻译、皮埃里乌斯（Pierius）的象形文字等等］。这个

主题似乎是埃及和希腊神话的象征，与人类的生命或灵魂的不朽有关。在创作这个奇怪而罕见的作品时，我们主要指出了实体与镂空部分之间的有力平衡，以及对质量和细节的巧妙思考。（摹本）

352

XVIIe SIÈCLE. — ÉCOLE FRANÇAISE.

VIGNETTES, — CULS-DE-LAMPE,
PAR J. LEPAUTRE.

353

354

355

356

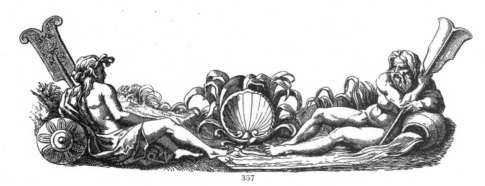

357

Towards 1671 the bookseller Simon Paulli, dwelling in Strasburg, published, under the title of *Imperatorum Romanorum Numismata*, the *Medals of the Emperors* by Charles Patin. This author, a physician as well as an antiquarian, was son of the celebrated Guy Patin and had been exiled by Colbert. After travelling through Germany and Italy, he finally established himself in Padua as professor of medecine. Besides the numerous medals reproduced in this book, which is an interesting pole in the history of artistical Schools, it is illustrated in a charming manner with *Heads of pages* in form of friezes by the skilful painter-engraver *Brebiette*. We intend reproducing them in our next numbers. — The *Brackets*, composed by *J. Lepautre* (p. 145), are engraved by the artists of the locality, and the execution of them is rather coarse. Our readers will judge the interpretations we have been obliged to give to these pieces. By following the numeral order, six central subjects will be found. They are accompanied by muses, chimeras, children, satyrs, rivers, and sphinx. — To be continued.

Sous le titre *Imperatorum Romanorum Numismata* parurent, en 1671, à Strasbourg, chez le libraire Simon Paulli, les *Médailles des Empereurs de Charles Patin*, médecin et antiquaire, fils de célèbre Gui Patin, et qui, exilé par Colbert, s'était fixé, après ses voyages en Allemagne et en Italie, à Padoue comme professeur de médecine. Outre les nombreuses médailles qu'il reproduit, ce livre, de provenance intéressante au point de vue de l'histoire des Écoles artistiques, est illustré de charmantes *Têtes de pages* en forme de frises, dues à la pointe habile du peintre-graveur *Brebiette*. Nous les donnerons ultérieurement.—Les *Culs-de-lampe* composés par *J. Lepautre* (p. 145), et gravés par des artistes de la localité, sont d'une facture médiocre. Nous soumettons à nos lecteurs les interprétations que nous avons dû en faire, en donnant ici un premier spécimen de ces petites pièces décoratives. En suivant l'ordre des numéros, on y trouvera une suite de six motifs centraux accompagnés de muses, de chimères, d'enfants, de satyres, de fleuves et de sphinx. — Sera continué.

1671 年，在斯特拉斯堡的书商西蒙·波利（Simon Paulli），发现了名为《罗马皇帝的纪念章》即《查理·帕丁（Charles Patin）皇帝的纪念章》。这位作家是一位医生，也是一位古董家，是著名的盖印·帕丁（Guy Patin）的儿子，被科尔伯特（Colbert）放逐，再游历德国和意大利后，他终于在帕多瓦成为了一名医学教授。除了通过这本书获得了众多纪念章外，这也是艺术学派历史上一个有趣的例子，娴熟的画家、雕刻师布莱贝缇（Brebiette）在页

头以迷人的方式将顶饰呈现。我们将在下一组中重现。由约翰·勒坡特（J·Lepautre，参见第 145 页）创作的《灯的切割》由当地的艺术家镌刻，制作的相当粗糙。我们将通过在这里给出的这些小装饰作品，向读者做出对它们的解释。按照数字顺序，将有六个中心主题。这些主题包络缪斯、怪兽、儿童、萨堤尔、河流和狮身人面像。未完待续。

358

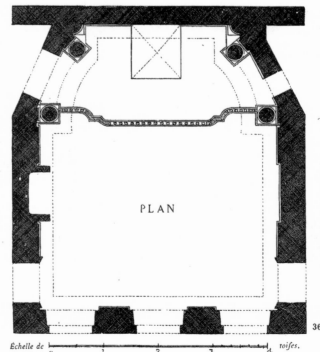

PLAN

360

These two plates complete the general aspect of the *State-room* given p. 26. Figure 360 presents the plan of the room and the distribution of the bed, the balustrade, and the columns which accompany it. Pl. 39 (p. 26) shows the effect produced by the chimney's place. It occupies the middle between the bed and the door, and is thus accompanied with two panels of equal dimensions. Fig. 359 gives the elevation on the side of the *display bed*. The four columns add to this disposition a grave character which is not without elegance. Of these four pillars, the two interior ones are on the back part of the plan. The form of the bed, the splendid stuffs which cover it, the balustrade (balusters in form of lyre), the looking glasses which occupy the sides and the back of the alcove, compose an harmonious whole. By exception, the cornice (see p. 77) follows the plan of the columns and is not established squarely over the balustrade. This adds greatly to the general effect. The doors on the sides, which communicate with the wardrobes, are ornamented with arcades analogous to those of the chimney, p. 26. The embrasures are sloped and the imposts inclined to produce a fine perspective. These inclinations are calculated on the point of view of the spectator. All these plates and that of p. 26 are drawn from the *Cours of Architecture* by Blondel. — *(Fac-simile.)*

这两个板块组成了大厅的整个格局，（参见第 26 页）。图 360 给出了平面图，并显示了房间的设计和床的整体布局、栏杆和与之相伴的立柱。第 39 板块（参见第 26 页）显示了壁炉放置在离门和柱子相同距离的成功效果，这种布局在两个相同尺寸的面板之间建立。图 359 从侧面显示了床的高度。这四根柱子，其中两个位于后面，使得整体显得庄严而优雅。床的形状、精美的遮盖物、四周的栏杆（七弦琴形式的栏杆）、占据壁龛两侧和后面的玻璃，构成一个和谐的整体。除了例外情况，檐口（参见第 77 页）按照柱子的方案，设计在柱子正上方，这大大增加了总体效果。与衣柜相连的两个侧门上装饰着与壁炉类似的拱廊（参见第 26 页）。这些凹室是倾斜的，以产生透视效果。倾斜度是根据观众的观看点来计算的。所有这些板块和第 26 页的创意都是来自由布隆德尔（Blondel）的《建筑学课程》。（摹本）

Ces deux planches complètent l'ensemble de la *Chambre de parade* donné page 26. La figure 360 donne le plan de la pièce et fait voir la distribution de l'ensemble, celle du lit, de la balustrade et des colonnes qui l'accompagnent. La planche 39 (page 26) montre l'heureux effet de la cheminée placée à égale distance de la porte et de la balustrade, disposition qui l'établit entre deux panneaux d'égale grandeur. La figure 359 donne l'élévation du côté du *Lit de parade*. Les quatre colonnes, dont les deux intérieures à l'arrière-plan, donnent à cette ordonnance un caractère grave qui n'ôte cependant rien à son élégance. D'ailleurs la forme de ce lit, la richesse des étoffes, la balustrade qui le renferme (balustres lyriformes), les glaces qui garnissent les pans coupés et le fond de l'alcôve, forment un ensemble des plus harmonieux. La corniche qui, par exception (voyez page 77), suit le plan des colonnes, sans régner carrément au-dessus de la balustrade, ajoute à l'effet général. Les portes des pans coupés qui desservent les garderobes sont encadrées par des arcades analogues à celles de la cheminée (page 26). Les embrasements sont biais et les impostes inclinées pour produire un effet de perspective; ces inclinaisons sont calculées sur la hauteur moyenne de l'œil du spectateur. Ces planches, comme celle de la page 26, sont tirées du *Cours d'Architecture* de Blondel. — *(Fac-simile.)*

XVIᵉ SIÈCLE. — ÉCOLE ITALIENNE.

Les deux divisions supérieures de la présente planche forment suite aux *Études de plafonds* de Serlio (p. 162), et donnent des spécimens de l'extension du principe des *Caissons*. Le nᵒ 361 fait voir la moitié, soit d'un plafond complet (pour toute une salle) de forme allongée, soit d'une travée seulement (les travées séparées par des sous-poutres ornées, en saillie, et supportées par des consoles, comme à la galerie de François Iᵉʳ à Fontainebleau). Au milieu d'un encadrement composé d'une suite de panneaux rectangulaires, un Caisson central de forme oblongue est terminé par des parties circulaires. — Le nᵒ 362 est le quart d'un plafond carré à compartiments curvilignes dans les angles ; le centre est occupé par un caisson octogonal. L'usage du *miroir* (voy. p. 109) fera trouver sur cette planche d'autres combinaisons curieuses.

Les deux divisions inférieures de notre planche donnent deux motifs de *Parquets* ou de *Jardins* en *labyrinthe* accompagnés de bordures *à la grecque*. Nous aurons ultérieurement l'occasion de parler des Labyrinthes, de leur origine et de leurs applications. — (*Fac-simile.*)

本版的上部是塞利奥（Serlio）关于天花板的研究（参见第 162 页）的续篇，并为使用花格镶板装饰提供了新的样本。图 361 展示了长尺寸大厅中，完整天花板的一半或单一板组成（这些板由底梁分隔开，底梁上有凸出的装饰物，这些装饰物由支撑架支撑着，就像弗朗索瓦一世画廊的喷泉一样）。由矩形板组成的框架中间是长方形的平顶镶板装饰，端部是圆形的。图 362 是方形天花板的四分之一，四角有弧形的隔间，中心是一个八角形的花格镶板装饰。板块下面的两个镶板，以花园形式为动机，形成希腊风格的迷宫镶边。我们随后将谈到迷宫，以及它们的起源和应用。（摹本）

The upper part of the present plate is a continuation to Serlio's *Studies on Ceilings* (p. 162), and gives new specimens for the use of *Coffers*. No. 361 shows one half of a complete ceiling for a hall of long dimensions, or a single bay (the bays are separated by underbeams with projecting ornaments supported by consols as in Francis the First's gallery at Fountainebleau). In the middle of a frame, composed of rectangular panels, is a central coffer of oblong form, terminated by circular parts. — No. 362 is one fourth of a square ceiling with curvilineal compartments in the angles : the centre is occupied by an octogonal coffer. Other curious arrangements will be found on this drawing by the use of the *mirror* (see p. 109).

The two lower divisions of our plate give motives for *inlaid floors* or *gardens* forming *labyrinths* ornamented with *Greek edging*. We will subsequently speak of labyrinths, their origin and their applications. — (*Fac-simile.*)

Deuxième Année.

N° 46.

30 Juillet 1862.

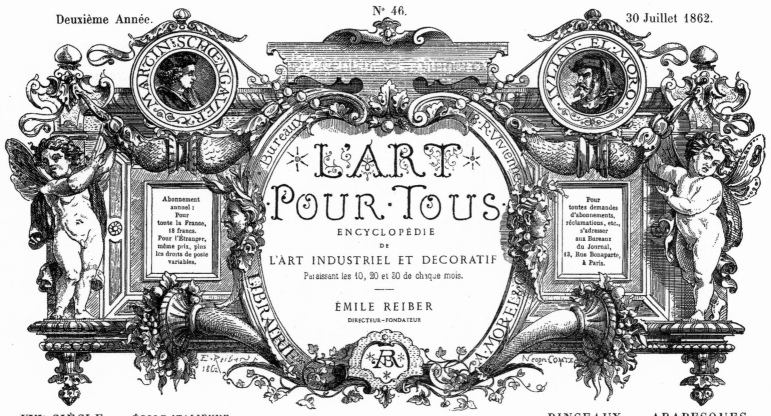

L'ART POUR·TOUS

ENCYCLOPÉDIE
DE
L'ART INDUSTRIEL ET DECORATIF
Paraissant les 10, 20 et 30 de chaque mois.

ÉMILE REIBER
DIRECTEUR-FONDATEUR

Abonnement
annuel :
Pour
toute la France,
18 francs.
Pour l'Étranger,
même prix, plus
les droits de poste
variables.

Pour
toutes demandes
d'abonnements,
réclamations, etc.,
s'adresser
aux Bureaux
du Journal,
13, Rue Bonaparte,
à Paris.

XVIᵉ SIÈCLE. — ÉCOLE ITALIENNE.

RINCEAUX, — ARABESQUES,
PAR AUGUSTIN VENITIEN.

Little is known of *Agostino Veneziano*'s life. Three of his stamps bear his family-name which was *di Musi*. We are in possession of one of his pieces representing an antique basso-relievo with figures and which we intend to publish very soon ; it seems to have been executed in Ravenna. *Vasari* speaks of this artist as residing in Florence, during 1516. The greater part of his life was passed in Rome. In this city, and under the celebrated *Marc-Antonio Raimondi*, he engraved a series of pieces after the antique, which were published by the engraver *Antonio Salamanca*. Whe here reproduce one of these pieces copied from one of the numerous fragments found in Rome, during the diggings of that period. A vigorous execution is to be remarked in this ornamental piece. — (*Fac-simile.*)

Les détails de la vie d'*Augustin Vénitien* sont peu connus. On sait, par la signature de trois de ses estampes que ce graveur illustre s'appelait *di Musi* de son nom de famille. Nous possédons de lui une pièce représentant un bas-relief antique à figures, et que nous ne tarderons pas à reproduire ; elle paraît avoir été exécutée à Ravenne. *Vasari* nous apprend qu'en 1516 cet artiste habitait Florence. Ce qui est constant, c'est qu'il passa la plus grande partie de son existence à Rome où il grava, sous la conduite du célèbre *Marc-Antoine Raimondi*, une série de pièces d'après l'antique, et qui furent éditées par le marchand d'estampes et graveur *Antoine Salamanque*. Nous reproduisons ici une de ces pièces, copiée d'après un des nombreux fragments découverts à Rome lors des fouilles entreprises à cette époque, et qui est rendue avec une remarquable vigueur d'exécution. — (*Fac-simile.*)

人们对阿戈斯蒂诺·维纳齐亚诺（Agostino Veneziano）的生活知之甚少。他的三张版面上印有他的家族名字，即迪穆西。我们拥有一张浅浮雕的绘画作品，并将其呈现出来。它似乎在拉文纳被制作出来了。瓦萨里（Vasari）说这个艺术家 1516 年居住在佛罗伦萨，他的大部分时间在罗马度过。可以肯定的是，在著名的马克·安东尼·雷蒙迪

（Marc-Antoine Raimondi）的指导下，他雕刻了一系列古董作品，并由商人和雕刻师安东尼·萨塔斯（Antoine Salamanca）出版。我们在这里复制了其中一件作品，这些作品是在当时罗马进行的挖掘过程中，发现的众多碎片之一复制而来的。这是一件出色的作品。（摹本）

XVIᵉ SIÈCLE. — ÉCOLE FRANÇAISE.

PAVILLON D'ÉTÉ,
PAR A. DU CERCEAU.

Élevé dans la religion protestante, que le spectacle des désordres et des intrigues de la cour ne lui faisait pratiquer qu'avec plus de ferveur, *A. Du Cerceau* (p. 169) dut à ses fréquentes relations avec les favoris de Charles IX d'être averti des dangers dont l'intolérance religieuse menaçait ses coreligionnaires. Ce pressentiment détermina notre artiste à se retirer à Turin auprès du duc de Savoie. Il ne revint à Paris qu'après l'accomplissement de ce grand forfait de la Saint-Barthélemy et la mort de Charles IX. — La planche ci-dessus, tirée de ses *Ordonnances*, etc., fait partie de la suite de ses *Pavillons d'esté*, constructions légères que les seigneurs du temps faisaient élever dans leurs parcs pour servir d'abri et de lieu de repos. L'amortissement original qui couronne ce petit édifice a pour motif un grand vase central reposant sur une tablette supportée par quatre consoles, qui viennent aboutir à une plate-forme carrée. Les quatre angles sont occupés par des Nymphes debout soutenant des amphores. Nos artistes contemporains sauront appliquer cette disposition à des arrangements nouveaux de fontaines, piédouches et supports, amortissements divers, surtouts de table, pièces d'orfèvrerie, etc. — (*Fac-simile.*)

迪塞尔索（A. Du Cerceau，参见第160页）是在新教中长大的。他频繁与查理九世往来，这使他感到了来自其他宗教的威胁。于是他去了都灵萨沃伊（Savoy）公爵府，待圣巴塞洛缪（Saint Bartholomew）和查尔斯九世死后回到巴黎。上面的图案是按照他的设计绘制的，是一系列避署凉亭的一部分。这些轻盈的建筑装饰了富人们的公园，并被用作避难所或休息场所。这座小建筑物的顶部是一个奇怪的山形墙，在它的中央放置着一个由桌子支撑着的大花瓶。四个支柱支撑这个桌子，放在一个方形平台上。四个角由举着土罐的仙女所占据。我们的艺术家无疑将这种部署应用于喷泉、台座和轴承座、山形墙、桌面饰件和家具配件等等。（摹本）

A. du Cerceau (p. 169) was brought up in the protestant religion. His frequent intercourse whith the favourites of Charles the Ninth caused him to guess the dangers which threatened his coreligionists. He accordingly went to Turin at the duke of Savoy's court. Du Cerceau returned to Paris only after the Saint Bartholomew and the death of Charles the Ninth. — The above plate, drawn of his *Ordonnances*, etc., is part of a series of *Summer-houses*. These light constructions adorned the parks of riche people and were used as places of shelter or rest. The queer pediment which terminates this small edifice is a large central vase born by a table. Four consols support this table, and lean on a square platform. The four angles are occupied by nymphs supporting amphoras. Our artists will doubtless apply this disposition to new arrangements for fountains, piedouches and bearing-blocks, pediments, surtouts, piece sof golware, etc. — (*Fac-simile.*)

XVI-XVIIᵉ SIÈCLES. — FABRIQUES FRANÇAISES.

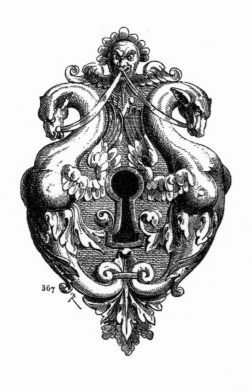

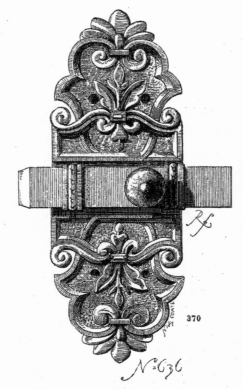

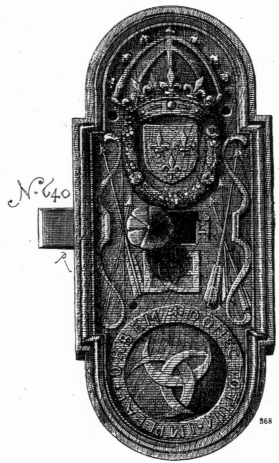

368. *Verrou.* — Sur la plaque, les armes de France surmontées de la couronne royale. Au bas, le monogramme de Diane et de Henri II. Au-dessous, les trois croissants entrelacés avec la devise : *Donec totum,* etc. (V. p. 174.)

369. *Entrée de serrure.* — Deux balustres soutiennent un entablement à tympan circulaire orné d'un buste de philosophe. Au-dessous de l'entrée un croissant (Diane de Poitiers?).

370. *Targette* à plaque terminée par deux fleurons en entrelacs. — XVIIᵉ siècle (Louis XIII), ainsi que l'*Entrée*, nᵒ 367.

371. *Clef.* — Tige en trèfle. Deux chimères accolées soutiennent dans la partie supérieure la tige centrale terminée par d'élégantes moulures.

372. *Clef à peigne.* — Tige en forme de gaîne carrée à jour ; rosace évidée en forme de poulie. Base carrée à évidement.

Les numéros indiqués sont ceux du catalogue. — Grandeur d'exécution.

368. 门栓——板面上面是法国纹章，其上有一个王冠。下面是戴安娜（Diana）和亨利二世的字母组合。再下面是三个交织在一起新月和格言：直到永远（参见第174页）。

369. 锁——两个栏杆上有一个圆形鼓室的穹顶，装饰着哲学家半身像［戴安娜·普瓦捷（Diana of Poitiers）?］，锁口下面挂着一个新月。

370. 平门栓——板面两端是两朵缠绕的花朵（17世纪）。

371. 钥匙——三片叶子形成钥匙柄。两个怪物承载中央柄的部分，顶端造型优雅。

372. 钥匙——钥匙柄由镂空的方形鞘状式和镂空玫瑰花呈轮形组合而成。底部是方形铲样。

所示的数字是目录中的数字。原作大小。

368. *Bolt.* — On the plate are the armorial bearings of France whith the crown above. At the lower part, the monogram of Diana and Henry II. Under this are the three crescents interwoven with the motto : *Donec totum,* etc. (See p. 174.)

369. *Lock.* — Two balusters bear an entablature whith circular tympan, ornamented with the bust of a philosopher Under the lock a crescent (Diana of Poitiers?).

370. *Flat Bolt* with a plate terminated by two twined flowers (XVIIᵗʰ century).

371. *Key.* — Shank forming trefoil. Two chimeras bear the superior part of the central shank terminated by elegant mouldings.

372. *Key.* — Open work shank in form of square sheath; hollowed rose in form of pulley. Square basis with scooping.

The numbers indicated are those of the catalogue. — Execution-size.

XVIᵉ SIÈCLE. — ÉCOLE FRANÇAISE.

THÉORIE DES VASES,
PAR LAZARE DE BAIF.

373

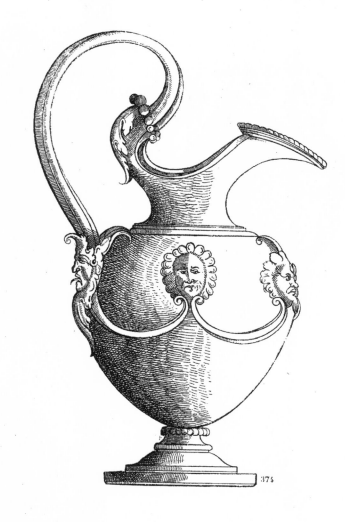

374

Lazare de Baïf, ambassador of king Francis I. at Venice, published several tracts on the costume and navy of the Ancients. We borrow from his treatise *De Vasculis* (*Of Vases*, Paris, Robert Estienne, 1536, in-4º) the curious present plates, which give forms of antique vases, and also the *drawing of two cercles* of which we have already spoken of, p. 160. This drawing consists is describing a small cercle on the diameter of the vase, the *calibre* of which is to be drawn. A large cercle passes by the basis of the vase's *paunch*. If every quarter of the great cercle is divided in four equal parts, the intersections of the *rays* with the small cercle, vertically projected on the correspondent *chords*, will determine the points of the desired entasis. The points thus projected are symmetrically repeated in the upper part of the figure. The arrangement of the foot, neck and handles is left to the artist's taste. — (*Fac-simile.*)

375

Lazare de Baïf, ambassadeur du roi François Iᵉʳ à Venise, antiquaire distingué, publia plusieurs opuscules sur le costume, la marine, etc., des anciens. Nous empruntons à son traité *De Vasculis* (*Des Vases*, Paris, Rob. Estienne, 1536, in-4º) les curieuses planches ci-jointes donnant des formes de vases antiques, ainsi que le *tracé des deux cercles* dont nous avons parlé p. 160. Ce trace consiste à décrire un petit cercle sur le diamètre du vase dont on veut tracer le *calibre*, et un grand cercle passant par le fond de la *panse* du vase. Si on divise en quatre parties égales chaque quart du grand cercle, les intersections des *rayons* avec le petit cercle, projetées verticalement sur des *cordes* correspondantes, détermineront les points du galbe cherché. Les points ainsi projetés se voient répétés symétriquement dans le haut de la figure. L'ajustement du pied, du col et des anses est abandonné au goût de l'artiste. — (*Fac-simile.*)

扎尔·德·保尔（Lazare de Baïl）弗朗索瓦一世国王的大使，威尼斯人，古董商，出版了几本关于古代服饰、海军等的小册子。我们从他的论文《De Vasculis》［器皿，巴黎，罗波·艾蒂安（Rob Estienne），1536年］中借用了收藏家的版面，给出了古董器皿的形状，以及我们第 160 页讲述得关于两个圆形应用。这幅画由器皿直径上的一个小圆圈组成，其口径

将被画出，这个痕迹描绘了一个小口径的器皿，从口径中画出一个小圆圈，还有一个大的圆圈穿过了器皿的底部。如果我们将大圆四分之一分成四等份，那么垂直投射在相应线上的光线与小圆的交点将被确定。这样投射的点在这个图案的上半部分对称重叠。瓶脚、瓶颈和手柄可见艺术家的品位。（摹本）

Deuxième Année.　　　　　　　　　Nº 47.　　　　　　　　　10 Août 1862.

L'ART·POUR·TOUS·

50 centimes le Numéro

ENCYCLOPÉDIE

DE L'ART INDUSTRIEL ET DÉCORATIF

Paraissant les 10, 20 et 30 de chaque mois.

ÉMILE REIBER

DIRECTEUR-FONDATEUR

Abonnement annuel :
Pour la France, 18 fr.
Pour l'Étranger, même
prix, plus les droits
de poste variables

Pour toutes demandes
d'abonnᵗ, réclamations,
s'adresser aux Bureaux
du Journal, 13, rue
Bonaparte, à Paris.

Bureaux — LIBRAIRIE A. MOREL 18 R. Vivienne

XVIᵉ SIÈCLE. — FABRIQUES ALLEMANDES.　　　　　　POTERIE DE CUIVRE ET D'ÉTAIN.

(MUSÉE DE CLUNY.)

376

576

Nº 1363. — Grande aiguière en cuivre repoussé, décorée des armes impériales, de figures et d'arabesques. Pour l'*usage* de ce Vase que semble indiquer la légende du pied de l'aiguière, consulter les *Mémoires relatifs à la fête des fous* par *Du Tilliot,* Lausanne, 1741. — Hʳ 0ᵐ, 53.

Nº 2348. — Vase d'honneur de la corporation des charrons dont l'écusson, aux *armes parlantes,* est porté par le lion du couvercle. Hʳ 0ᵐ,43. — Étain. La date (1720) est postérieure.

Nº 3688. — Aiguière en étain ; ornements au burin ; forme orientale. Hʳ 0ᵐ,25.

第 1363 号——大型压花铜壶，用皇室武器、人物和蔓藤花纹等装饰。壶脚上的铭文似乎表明了壶的意义。更多细节可见洛桑大学的杜·提利利特（Du Tilliot）于 1741 年出版的《小丑盛宴的回忆录》。高 53 厘米。

第 2348 号——属于卡特莱特家族的荣誉壶。壶身上的狮子上刻着身体的暗示纹章。高 43 厘米，锡，日期（1720 年）在后面标记。

第 3688 号——雕刻装饰的锡壶；东方式样，高 25 厘米。

Nr. 1363. — Large embossed copper ewer, decorated with the imperial arms and also with figures, arabesques, etc. The legend on the ewer's foot seems to indicate the *destination* of the vase. Further particulars will doubtless be found in the *Memoirs on the feast of the buffoons* by *Du Tilliot,* Lausanne, 1741. — Hight : 53 centimeters.

Nr. 2348. — Vase of honour belonging to the cartwright corporation. The lion on the cover bears on a scutcheon the *allusive heraldry* of the body. Hight : 43 centimeters. Tin. The date (1720) is posterior.

Nr. 3688. — Tin ewer ornamented by the graver ; Oriental form. Hight : 25 centimeters.

Ie ne veux faillir de monftrer quelque bel ornement
pour decorer & enrichir les cheminees depuis leur
manteau iusques au plus haut pres du plancher, pour
les chambres des Roys, Princes & grands Seigneurs,
qui meritent chofes de plaifir & de grande magnificence, foit en tableaux, peinture, baffe-taille* de
marbre, ou autre, avec quelque ornement tout à l'en-
tour, riche & beau pour accompagner l'excellence du
tableau, ou hyftoire. — Outre la bordure que vous
y voyez au deffeing cy-propofé, ie figure un ornement
de termes (au lieu de colomnes) mafculins & féminins,
& au cofté de la cheminee, fous mefmes proportions
defdiftz termes, ie figure des pilliers & chapiteaux de
l'ordre Doricque, ainfi que vous le pouuez voir par le
pourfil de l'ornement. Si voulez mettre des termes
auffi bien par les coftez comme par le devant, voftre
œuvre s'en monftrera beaucoup plus riche ; & quand
vous n'y vouldrez faire figures de termes ou fatyres,
vous y pourrez mettre des colomnes de tel ordre que
defirerez, qui porteront des mutules ou rouleaux,
ainfi qu'en la figure cy-propofee : laquelle vous préfente auffi au-deffus des corniches quelques petitz
enfants & animaux, eftant le tout faiâ à plaifir et pour
monftrer feulement l'inuention des ourages qu'on y
peut faire, felon les deuifes & volonté du Seigneur,
& auffi de l'Architeâe. Le deffoubs du quarré (au
lieu ou fe void la masque **) peut feruir de frize, corniche & manteau de cheminee, ou bien appliquer le
tout par-deffus la corniche et manteau de cheminee.
Le refte vous fera monftré par la prochaine figure
& ornement du devant d'une cheminee.

---

* Bas-reliefs. — ** Mascaron.

377

XIXᵉ SIÈCLE. — ÉCOLE FRANCAISE.

PANNEAU DÉCORATIF
IDYLLE,
PAR V. RANVIER.

378

On ne saurait méconnaître les louables efforts tentés par notre école décorative contemporaine pour imprimer à ses œuvres ce cachet original qui constitue le *style* d'une époque. Les écoles de la décadence ont fait leur temps, et plus que personne nous souhaitons que l'Art se retrempe à sa vraie source, qui est l'*Antiquité*. Ses données précieuses, combinées avec l'étude du génie de la *Renaissance*, qui contient tout l'esprit moderne, feront éviter à nos artistes et l'archaisme et les formes prétentieuses et maniérées qui souvent le déguisent. C'est de cette double tendance que nous paraît inspirée la présente composition qui se distingue par une qualité rare de nos jours : la naïveté. — Composition et dessin de M. V. Ranvier. — La peinture originale fait partie de la collection de M. J. Decamps. — (*Inédit.*)

毫无疑问，装饰学派在其作品上刻下了构成一个时代风格的独特印记，这是值得赞扬的。艺术已经偏离了正确的道路。重获活力的唯一来源是古董作品。在古董中发现的珍贵观念，加上对包含所有现代品位的艺术复兴的研究，将有助于我们的艺术家避免因拟古主义和自命不凡的形式所造成的伪装。现在的创作似乎受到了这种双重倾向的启发。它具有的品质现在少有发现：巧妙。维·朗飞（V. Ranvier）先生的作品。原画是德康（J. Decamps）先生收藏品的一部分。（未编辑）

There can be no doubt as to the praiseworthy efforts of our decorative school to imprint on its works the peculiar stamp which constitutes an epoch's *style*. The fine arts have long enough strayed from the right path. The only source at which renewed vigour can be acquired is *antiquity*. The precious notions found in the antique, combined with the study of the *Revival of Arts* which contains all the modern taste, will help our artists to avoid the archaism and the pretentious forms with which it is so very often disguised. The present composition seems to have been inspired by this double tendency. It has a quality seldom found now : ingenuousness. Composition by Mr. V. Ranvier. The original painting is part of Mr. J. Decamps's collection. — (*Unedited.*)

XVIᵉ SIÈCLE. — ÉCOLE ITALIENNE.

379

Les proportions de l'ordre ionique étant, suivant les principaux auteurs, inspirées des formes de la Matrone antique (*dalla forma matronale*), Serlio (v. p. 118) propose la disposition ci-dessus applicable à une Cheminée qui ornerait une Salle dont la décoration aurait cet ordre pour base.

L'architrave, frise et corniche réunies forment le quart de la hauteur de la corniche au-dessus du sol. Un tableau, destiné à porter des inscriptions, ne laisse voir que les profils de la frise et de l'architrave, à la manière des tombeaux et autels des Anciens. L'attique, accompagné des deux dauphins en amortissement, forme tambour pour recevoir la fumée, tout en servant de base à la pyramide qui la guide vers les conduits verticaux. — (*Fac-simile.*)

根据几位作者的说法，爱奥尼亚柱式的比例是受古代妇女的启发。塞利奥（Serlio）基于这一点（参见第118页），提出了上述适用于壁炉的布置方式，用于装饰为爱奥尼亚风格的大厅。

楣梁、壁檐和檐口共同构成檐口高度的四分之一。一个注定要被铭文覆盖的木板，只呈现了楣梁和壁檐的轮廓（这是仿古墓和祭坛的）。顶部有两只海豚，它们像山形墙一样支撑着一个可以吸收烟雾的箱子；它作为角锥状物的底座，将其引向垂直管道

According to several authors, the proportions of the Ionic order are inspired from the antique Matron (*dalla forma matronale*). Serlio (see p. 118), basing himself on this, proposes the above disposition applicable to a Chimney, for a Hall decorated in the Ionic style.

The architrave, frieze and cornice, together, form one quarter of the cornice's elevation above the ground. A board, destined to be covered with inscriptions, presents only the profiles of the architrave and frieze (this is imitated from the tombs and altars of the Ancients). The Attic, accompanied by two delphins acting as pediment, forms a chest which receives the smoke; it also stands as basis for the pyramid which guides it towards the vertical pipes. — (*Fac-simile.*)

Deuxième Année.　　　　　　　　　N° 48.　　　　　　　　　20 Août 1862.

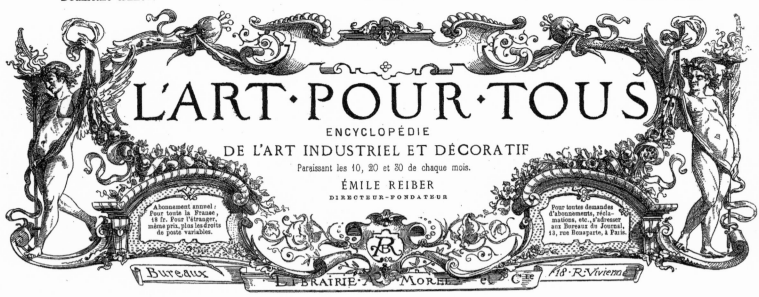

L'ART·POUR·TOUS

ENCYCLOPÉDIE
DE L'ART INDUSTRIEL ET DÉCORATIF

Paraissant les 10, 20 et 30 de chaque mois.

ÉMILE REIBER

DIRECTEUR-FONDATEUR

Abonnement annuel :
Pour toute la France,
48 fr. Pour l'étranger,
même prix, plus les droits
de poste variables.

Pour toutes demandes
d'abonnements, récla-
mations, etc., s'adresser
aux Bureaux du Journal,
13, rue Bonaparte, à Paris.

Bureaux　LIBRAIRIE MOREL et Cie　18·R·Vivienne

ANTIQUES. — CÉRAMIQUE DE LA GRANDE GRÈCE.
(COLONIES GRECQUES DE L'ITALIE MÉRIDIONALE.)

FIGURES DÉCORATIVES.
JOUEUSE DE FLUTE.
(COLLECTION CAMPANA.)

Fragment de la Frise antique en terre cuite, connue sous le nom de la *Bacchanale*, dont nous donnerons plus loin l'ensemble. — (G. d'exéc.)

古代烧焦黏土的碎片，与酒神有关，其完整图纸将在稍后给出。

Fragment of the antique burnt clay frieze known by the name of the *Bacchanal*, the complete drawing of which we shall give later.

XVIIIᵉ SIÈCLE. — ÉCOLE FRANÇAISE (LOUIS XVI).　　　　　　　　PANNEAUX DE PORTE,
PAR SALEMBIER.

381

Dans la décoration de ces trois panneaux de portes d'appartement nos lecteurs trouveront un spécimen du talent gracieux et facile du maître (v. p. 151). Traitées en arabesques, ces compositions ont pour éléments des culots, vases, médaillons, groupes de figures, etc., d'où s'échappent des rinceaux d'ornements reliés entre eux par de gracieuses guirlandes. Les vides sont remplis par des rubans légers et par de fines brindilles courant dans les intervalles. Le panneau de gauche représente l'*Apothéose de l'Amour;* les sujets des deux autres sont moins bien écrits. — (Fac-simile.)

在这三个公寓的门廊装饰中，我们的读者将看到大师所作的一个优雅的样本（参见第 151 页）。这些作品是以蔓藤花纹装饰的，其杯子、花瓶、纪念章和人物形象等元素都以优美的花环相互连接而成。空隙中填满了轻质的丝带和细小的树枝。左边的面板描绘了维纳斯的神话；另外两个的主题并不能充分表述出。（摹本）

Our readers will find in the decoration of these three apartment door pannels a specimen of the graceful and easy talent of the master (see p. 151). The elements of these compositions, which are executed in arabesks, are cups, vases, medaillons, groups of figures, etc., out of which branches of ornaments emerge, which are connected by graceful garlands. The spaces are filled with light ribands and thin twigs running in the intervals. The left pannel represents the *Apotheosis of Venus;* the subjects of the two others are not so well expressed. — (Fac-simile.)

XVIIIᵉ SIÈCLE. — ÉCOLE FRANÇAISE (LOUIS XV).   PANNEAU DÉCORATIF.
FÊTE BACHIQUE,
PAR DE LA JOUE.

382

D'un rocher qui s'arrondit en arcade et au sommet duquel une bacchante et un enfant, mollement couchés, savourent des grappes de raisin, s'échappe une source qui retombe en cascade dans une vasque de rocailles aux lignes bizarrement contournées en coques de navire et en coquillages. A l'ombre de la vasque dorment les compagnons de Bacchus étendus sur les outres et des ceps de vigne. Les tigres ont quitté le char du dieu et se livrent au repos en goûtant le divin nectar. La scène est illuminée par le soleil couchant qui, dans le fond, brille de tout son éclat. — Reproduite d'après un croquis original appartenant à **M. L. B*****, cette composition se retrouve, si nous avons bonne mémoire, exécutée sur un format plus grand dans l'Œuvre gravé de *Cochin Fil:us.* — *(Fac-simile.)*

在一块弧形的岩石上面，酒神的祭祀和一个孩子轻轻地躺着，品尝着葡萄，泉水像瀑布一样泻入鹅卵石盆地，水流旋转成船形和贝壳状。在盆地的树荫下，酒神的同伴们睡在皮袋和葡萄藤上。老虎离开神的战车，沉醉地品尝着神圣的甘露。夕阳照耀着整个景色，在背景中闪耀着灿烂的光辉。这个作品复制于Mr.L. B***的原始素描，如果我们没记错的话，可以在科钦·菲利乌斯（Cochin Filius）找到更大规模的这类雕塑作品。（摹本）

From a rock which forms au arch and at the top of which a bacchant and child, softly lying, taste grapes, flows a spring which falls in cascades into a basin of pebbles, the lines of which are fantastically twirled in the shape of boats and shells. In the shade of the basin, the companions of Bacchus sleep reposing on leathern bags and vines. The tigers have left the car of the God and fall asleep tasting the sweet nectar. The scene is illuminated by the setting sun, which shines in the background in all its splendour. Copied from an original sketch belonging to Mr. L. B***, this composition may be found, if our memory does not fail us, executed on a larger scale in the engraved work of *Cochin Filius.* — *(Fac-simile.)*

XVIᵉ SIÈCLE. — ÉCOLE ALLEMANDE.

PORTRAITS, — COSTUMES,
PAR TOBIAS STIMMER.

383

Nicolas Reusner, a German poet and historian of the xvɪᵗʰ century, councellor at the court of Saxony, has left several illustrated works the most remarkable of which are his *Emblems* (illustrated by Tob. Stimmer, and of which we shall speak again) and his *Eulogiums* of the princes of the house of Saxony, which were published at Jena, in 1597, with the title : *Icones, sive imagines impp., regum, principum, electorum et ducum Saxoniæ,* in-fol. Notwithstanding their rough execution (which we were obliged to modify), the portraits of the electors, drawn partly by T. Stimmer (see p. 155), offer us precious information about the German costumes of the xvɪᵗʰ century.

Fig. 383 is the portrait of the German *Balafré,* vanquished at Mühlberg, *John Frederic* the Magnanimous. This champion of the Reformation was deprived of his dukedom and electoral dignity, in 1547, by Charles V., who transferred it to the younger or Albertine line. Maurice of Saxony was the first titular of the same.

Fig. 384 is the portrait of Christian I., who ascended the throne in 1586.

Nicolas Reusner, poëte et historien allemand du xvɪᵉ siècle, conseiller à la cour de Saxe, a laissé plusieurs ouvrages illustrés dont les plus remarquables sont ses *Emblèmes* (illustrés par *Tob. Stimmer,* et sur lesquels nous reviendrons) et ses *Éloges* des princes de la maison de Saxe, qui parurent à Iéna, en 1597, sous le titre : *Icones, sive imagines impp., regum, principum, electorum et ducum Saxoniæ,* in-fol. Malgré leur exécution grossière (et que nous avons dû modifier), les *Portraits* des Électeurs, dessinés en partie par T. Stimmer (v. p. 155), nous offrent des renseignements précieux sur le costume allemand au xvɪᵉ siècle.

La fig. 383 est le portrait du vaincu de Muhlberg, du *Balafré* allemand, *Jean Frédéric* le Magnanime. Ce champion de la Réforme fut dépossédé en 1547 de son duché et de la dignité électorale par Charles-Quint, qui les transféra à la ligne cadette ou *Albertine.* Maurice de Saxe en fut le premier titulaire.

La fig. 384 est le portrait de Christian Iᵉʳ, qui monta au trône en 1586.

384

德国诗人兼 16 世纪历史学家尼古拉斯·伊莱斯纳（Nicholas Ileusner）曾在萨克森宫廷担任顾问，他留下了一些插图作品，其中最引人瞩目的是他的徽章［由汤伯·斯蒂默（Tob Stimmer）作了说明，稍后我们将再做说明］，以及他在 1597 年在耶拿出版的对萨克森家族首领的赞美，标题为《皇帝的图标或图像，国王、王子，以及萨克尼斯（Saxonice）公爵》。尽管作品粗糙（我们不得不进行修改，部分由汤伯·斯蒂默（T. Stimmer，参见第 155 页）绘制的选民肖像为我们提供了关于 16 世纪德国服装的宝贵信息。

图 383 是德国人巴拉弗雷的肖像，在穆尔赫格战胜了伟大的约翰·弗雷德里克（John Frederic）。这位宗教改革的拥护者，在 1547 年被查理五世剥夺了他的公爵领地和选举尊严，并将他们转移到年轻的阿尔伯丁（Albertine）那里。萨克森家族的莫里斯（Maurice）是第一个拥有人。

图 384 是克里斯蒂安一世（Christian I）的肖像，他于 1586 年登上了王位。

Deuxième Année.　　　　　　　　　　　Nº 49.　　　　　　　　　　30 Août 1862.

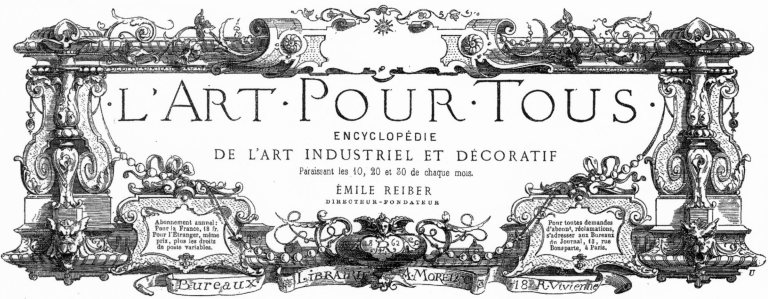

L'ART·POUR·TOUS·

ENCYCLOPÉDIE
DE L'ART INDUSTRIEL ET DÉCORATIF

Paraissant les 10, 20 et 30 de chaque mois.

ÉMILE REIBER
DIRECTEUR-FONDATEUR

Abonnement annuel:
Pour la France, 18 fr.
Pour l'Étranger, même
prix, plus les droits
de poste variables.

Pour toutes demandes
d'abonnt, réclamations,
s'adresser aux Bureaux
du Journal, 13, rue
Bonaparte, à Paris.

Bureaux. — LIBRAIRIE A. MOREL & Cie, 13, R. Vivienne.

ANTIQUES. — ÉCOLES DE LA GRANDE GRÈCE.　　　　　　BIJOUX, — COLLIERS, — FIBULES.
(ÉTRUSQUES.)　　　　　　　　　　　　　　　　　　　　　(COLLECTION CAMPANA.)

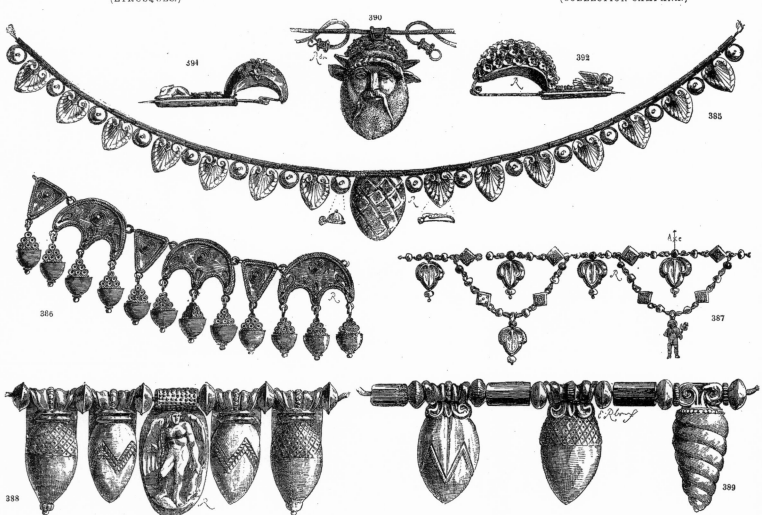

389. *Collier étrusco-romain en or.* — Composé d'une suite de 14 antéfixes ou palmettes estampées alternant avec 16 mamelons ou demi-boules également estampées, toutes ces pièces soudées à des *bélières* cylindriques ciselées contenant le cordon et formant la chaîne principale. Le pendant milieu, plus grand, en forme de pomme de pin. A chaque côté de cette pièce centrale nous avons joint la coupe des palmettes et des mamelons. — Écrin XIII, nº 187.

387. *Collier romain en or et en perles fines.* — Sur la chaîne principale, les pendants en forme de feuilles de lierre estampées, au nombre de 16, se terminent chacun par une petite perle. Les lozanges estampés portent des anneaux de fil d'or soudés et sont séparés par des grains d'or et des perles; 9 chaînettes, de travail analogue, disposées en forme de festons et reliées à la chaîne principale, complètent ce collier. Le pendant milieu (axe) est une figurine d'enfant en or. — Écrin XVII, nº 207.

388. *Collier étrusque en or.* — Formé de huit gros glands de chêne estampés (la coquille du dessous plate) alternant avec d'autres pendants analogues en forme d'amphores chevronnées, reliés sur un même cordon par des bélières ioniques séparées par des lentilles d'or estampées en deux coquilles. Le pendant milieu, de forme ovoïde irrégulière (estampé), représente une divinité ailée aux formes masculines et tenant un poisson dans la main (Vénus Clias?). — Écrin XVI, nº 201.

Tous ces objets sont dessinés en grandeur d'exécution. Voir p. 214 la suite des notices.

385. 伊特鲁里亚罗马金项链。由一串 14 个十字线或小型印压的棕榈叶，与 16 个印压而成小半球交替组成，所有这些件都焊接在圆柱形边框上，与绳子一起形成主链。中间的吊坠更大，形状像一个松果。在中心部分的两边，我们画出了棕榈叶和小球的剖面。十三号棺椁，187 号。

387. 金粒和细珠组成的罗马项链。在主链上，有 16 个带印花的常春藤叶子形状的吊坠，每个尾部都有一颗小珍珠。带印花的菱形带有金丝环，被金粒和珠子隔开，这个项链是由 9 条类似的小链子组成，以花彩装饰，并与主链相连。中间的吊坠（轴）是一个孩童身形。十七号棺椁，207 号。

388. 伊特鲁里亚罗马金项链。8 个大橡树形状的橡木版画（平底贝壳）与其他类似的人字形锯齿状的垂饰交替，由圆柱形吊环连接起来，被金珠子分隔开，印在两个壳上。中间的不规则卵形吊坠（刻印）是一个手握一条鱼的形似男人的女神，可能是维纳斯·克莱尔斯（Venus Clias）。十六号棺椁，201 号。

以上所有都按全尺寸绘制。注意事项参见第 242 页。

385. *Etrusco-Roman golden Collar.* — Made of a series of 14 antefixes or small stamped palm leaves alternating with 16 little half balls also stamped, all those pieces sodered to cylindrical chiseled rings through wich the string runs, and forming the principal chain. The middle bob, which is larger, is shaped like a pine-tree apple. On each side of this central piece we have drawn the section of the palm leaves and little balls. — Casket XIII, nº 187.

387. *Roman Collar of gold and fine beads.* — On the principal chain, the bobs, shaped like stamped ivy leaves, 16 in number, end each of them, with a small bead. The stamped lozenges bear sodered gold wire rings and are separated by golden grains and beads; this collar is completed by 9 small chains of similar work, disposed like festoons and connected with the principal chain. The middle bob (axis) is a small figure of a child. — Casket XVII, nº 207.

388. *Golden Etruscan Collar.* — Mase of eight large stamped half-acorns alternating with other similar bobs in the shape of chevronned amphoras, united on the string by ionic cylindrical rings separated by golden lentils, stamped in two shells. The middle bob, of an ovoid irregular form (stamped), represents a winged masculine-like goddess holding a fish in her hand (Venus Clias?). — Casket XVI, nº 201.

All these things are drawn full-sized. See page 214 the continuation of accounts.

XVIᵉ SIÈCLE. — ÉCOLE FRANÇAISE.

Le duc de Savoie (Emmanuel-Philibert) l'ayant présenté à Henri III, lorsque ce prince, revenant de la Pologne dont il avait occupé le trône, passa à Turin pour aller succéder à son frère Charles IX, *A. Du Cerceau* (p. 182), ramené á sa suite à la cour de France, put revoir sa patrie et le joli hôtel qu'il s'était construit près de la tour de Nesle, sur le terrain du petit Pré-aux-Clercs, et dont il avait laissé la garde à son fils Jean-Baptiste (voy. p. 9). — Nous continuons l'analyse de son volume des *Ordonnances*, etc., en donnant, comme nouveau spécimen, une planche de son livre de *Portes*. Celle-ci renferme quatre compositions, différentes dont deux à amortissements curvilignes. — (*Fac-simile.*)

萨伏伊（Emmanuel Philibert）公爵把迪塞尔索（A. Du Cerceau）介绍给亨利三世，当时这位王子刚从他占领的波兰返回，经过都灵以便接替他的兄弟查理九世（参见第182页）。我们的艺术家被带回法国宫廷，他又能看见自己的祖国和那座漂亮的旅馆了。旅馆建在奈斯勒大道附近，小教堂的地面上，由他儿子让·巴普提斯（Jean Baptiste）管理（参见第9页）。我们继续分析他的作品集，将他关于门的书作为一个新的样本，包含四个组成部分，其中有两个是曲线绘制的。（复制品）

The duke of Savoy (Emmanuel Philibert) presented *A. Du Cerceau* (p. 182) to Henry III, when that prince, coming back from Poland, where he had reigned, passed trough Turin in order to go and succeed his brother Charles IX. Our artist, brought back in is suite to te court of France, was enabled to see again his country and the pretty hotel which he had constructed near the *Tour de Nesle* on the ground of the *Petit Pré-aux-clercs*, and which he had left in the charge of his son Jean Baptiste (see p. 9). We continue the analysis of his volume *Des Ordonnances*, etc. by giving, as a new specimen, a plate of his book of *Doors*. The latter includes four compositions, two of which are of curvilineal finishing. — (*Fac-simile.*)

397

Quoique élève d'Alessandro Allori, dit le *Bronzino*, *Lodovico Cardi*, dit le *Civoli* ou le *Cigoli* (du nom d'un ancien château de Toscane où il vit le jour en 1559), se forma par l'étude des œuvres de Michel-Ange, du Corrége, d'André del Sarte, du Pontormo et du Baroche. Il se voua surtout à la Décoration (palais Pitti, Saint-Pierre de Rome, arcs de triomphe et décorations des fêtes du mariage de Marie de Médicis avec Henri IV; tapisseries du Bargello à Florence, etc.). Les travaux de ce peintre inaugurent la décadence de l'école florentine. Nous reproduisons ici un de ses dessins originaux qui est une composition d'orfévrerie (fond de bassin) ou un médaillon de plafond dont le sujet est le *Sommeil*. Au centre, le dieu étendu sur un lit de repos est représenté avec ses attributs qui sont la baguette magique, les ailes, les pavots et la corne d'abondance. Au premier plan, un génie forge et pétrit des images qui vont en se transformant vers le haut de la composition. Collection de M. E. R. — (*Inédit.*)

虽然罗多维科·卡迪（Lodovico Cardi），称西沃利（Civoli）或西高利（Cigoli，于1559年，出生在一个古老名为托斯卡纳的城堡），是亚历山德罗·阿洛里（Alessandro Allori）的学生，他通过学习米歇尔·安杰洛（Michel Angelo）、科雷杰（Corregio）、安德烈·德尔·萨托（Andrea del Sarte）、蓬托尔莫（Pontormo）和巴罗乔（Baroccio）的作品取得了成就。他更专注于装饰艺术［皮蒂宫、罗马的圣彼得、凯旋门和美第奇玛丽与亨利四世结婚日的装饰品、弗洛伊德的巴杰罗地毯作品等等］。在这位画家后，佛罗伦萨学派开始衰落。我们在这里再现了他的一个原始图纸，这是一个金匠的作品（盆底）或天花板上绘制，其主题是：“睡眠”。在中间，在沙发上休息的是神，用魔杖、翅膀、罂粟和丰饶角的寓意来表现。在第一个板上，一个精灵锻造和石化图像，将其自身转化，作为构图的顶部。E. R. 先生的收藏品。（未发行）

Trough *Lodovico Cardi*, called the *Civoli* or the *Cigoli* (from the name of an ancient Tuscan castle where he was born in 1559), was a pupil of Alessandro Allori, called the *Bronzino*, he became accomplished by the study of Michel Angelo, Corregio, Andrea del Sarte, Pontormo, and Baroccio's works. He devoted himself more particularly to Decoration (Palazzo Pitti, Saint Peter at Rome, triumphal arches and decorations of the festivals of the marriage of Mary of Medicis with Henry IV.; rug-work of the Bargello at Florence, etc.). The works of that painter inaugurate the fall of the Florentine school. We give here one of his original drawings, which is a goldsmith composition (bottom of a basin) or a ceiling medallion the subject of which is *Sleep*. In the centre, the god resting on a couch is represented with his attributes which are the magic wand, the wings, the poppies, and the cornucopia. On the first plan, a genius forges and kneads images which run up, transforming themselves, to the top of the composition. Mr. E. R.'s collection. — (*Unpublished.*)

398

B

399

D

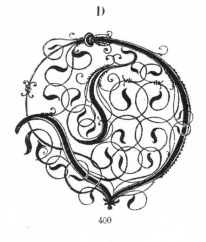

400

I

401

N

402

P

403

V

404

W

405

Titre et Majuscules de têtes de chapitre tirés de la *Description de la ville de Jérusalem et des saints lieux* (Francf., Siegm. Feierabendt), livre illustré de gravures sur bois assez médiocres dues à *Virgile Solis* (p. 101). Les officines typographiques allemandes des XVIᵉ et XVIIᵉ siècles gardèrent la spécialité de ces ornements et entrelacs robustes et à grand caractère puisés aux majuscules calligraphiques des manuscrits des XIVᵉ et XVᵉ siècles. (*Fac-simile.*)

Title and capital letters of beginnings of chapters drawn from the *Description of the town of Jerusalem and the holy places* (Francf., Siegm. Feierabendt), a book illustrated with rather indifferent wood-cuts due to *Virgilius solis* (p. 101). The German printing-offices of the XVIᵗʰ and XVIIᵗʰ centuries preserved the monopoly of these robust and bold ornaments and flourishes, drawn from the calligraphic capital letters of the manuscripts of the XIVᵗʰ and XVᵗʰ centuries. — (*Fac-simile.*)

《描述"耶路撒冷之城"和"圣地"》一书中选取的标题和章节大写字母中，这本书由于维吉尔·索利斯（Virgilius solis）的木刻插画（参见第 101 页）而被描述为相当无关紧要。16 世

纪和 17 世纪的德国印刷厂保留了这些坚固大胆的装饰品和繁盛的垄断地位，它们取材于 14 和 15 世纪手稿的书法大写字母。（摹本）

Deuxième Année.

Nº 50.

10 Septembre 1862.

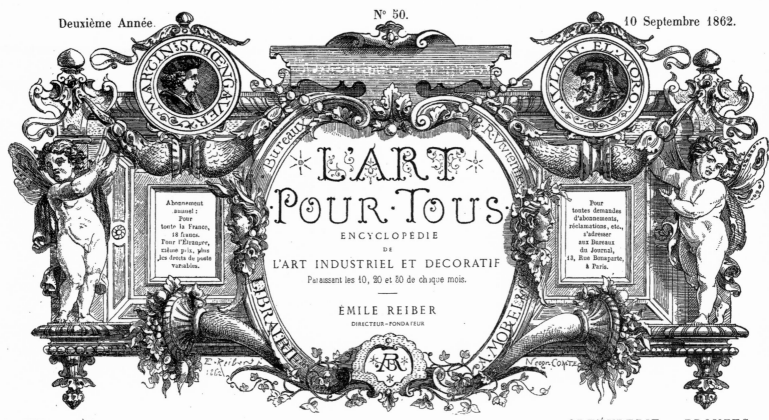

·L'ART· POUR·TOUS·

ENCYCLOPÉDIE
DE
L'ART INDUSTRIEL ET DECORATIF
Paraissant les 10, 20 et 30 de chaque mois.

ÉMILE REIBER
DIRECTEUR-FONDATEUR

Abonnement annuel :
Pour toute la France, 18 francs.
Pour l'Étranger, même prix, plus les droits de poste variables.

Pour toutes demandes d'abonnements, réclamations, etc., s'adresser aux Bureaux du Journal, 13, Rue Bonaparte, à Paris.

XVIIe SIÈCLE. — ECOLE FRANÇAISE

ORFÉVRERIE, — BRONZES.
GRANDS CANDÉLABRES,
PAR J. BÉRAIN.

406

L'époque fastueuse de Louis XIV a donné un grand développement à l'emploi des *Torchères,* ou *grands Candélabres.* Accessoires obligés de la décoration des cheminées, panneaux de glaces, etc., ces grands Bronzes, placés symétriquement de chaque côté de ces points centraux des Appartements d'apparat (voyez page 102), et reposant directement sur le sol à la manière des Lampadaires antiques, mêlaient l'éclat de leurs dorures à la richesse des ajustements des courtisans. Les trois spécimens ci-dessus, tirés de l'Œuvre de *J. Bérain,* empruntent leur ornementation aux glorieux faits d'arme de l'époque (trophées d'armes, prisonniers enchaînés, palmes de la victoire, etc.). Le sujet du milieu, au chiffre et aux armes du « grand roi, » par l'emploi des sirènes, coquilles et dauphins, paraît célébrer quelque victoire navale. — *(Fac-simile).*

路易十四辉煌的时代，对火炬或大烛台的使用给予了很大发展。这些大型青铜器是壁炉、面板和镜面装饰不可或缺的配件，对称地放置在公寓的中心点的两侧（参见第 102 页），并像古董灯那样可以直接放在地上，将镀金的亮度融入到大臣们豪华的礼服。上面三个来自 J·贝朗（J.Berain）作品的样本，从当时的辉煌伟绩中汲取的装饰品（武器的战利品、被锁住的囚犯、荣耀的花环等）。中间那个带有"伟大国王的首字母缩写"和"徽章"的主题，似乎正在庆祝海军的胜利，从美人鱼、贝壳和海豚中可看出这一点。（摹本）

The ostentatious epoch of Louis the XIV, has given a great development to the use of the *Torchères* or *large Chandeliers.* These large Bronzes, indispensable accessories for chimney, pannel and looking-glass adorning, symmetrically placed on each side of those central points of the state-apartments (see p. 102) and immediately standing on the soil like the antique lamps, blended the brightness of their gilding with the rich dresses of the courtiers. The three specimens here above, taken from *J. Bérain*'s work, have drawn their embellishments (trophies of arms, chained prisoners, wreaths of glory, etc.) from the glorious feats of prowess of the time. The subject in the middle with the « great king's » initials and coat of arms, seems to be celebrating a naval victory, as prove the mermaids, shells and dolphins. — *(Fac-simile).*

L'ESCARPOLETE

Au jeu d'Escarpolete Acis voit sa Bergère   Pour dresser une Aguès à l'Essor qu'elle a pris,
Prendre d'un air dispos ses innocens Ebats ;   Tel un Galant adroit met tous l'arts en usage :
Il l'excite, il l'anime ; il l'aide de ses Bras,   Mais bientôt il lui trouve à son gré trop volage ;
Trop conteur de la voir encore plus légère.   Du fruit de ses leçons il n'est point d'autre prix.

2ᵉ Année.　　　　　　　　　L'ART POUR TOUS.　　　　　　　　　N° 50.

XVIᵉ SIÈCLE. — ÉCOLE ITALIENNE.　　　　　　　FRISES, — RINCEAUX,
PAR AUGUSTIN VÉNITIEN.

408

Ant. sal. exc.
ROME IN ECE. S SILVEST

409

We add to the specimen given p. 181 other rare pieces due to *Augustin Venitian's* graver, and which are likewise productions of antique fragments.—Plate 403, in the shape of a *frieze* or *continuous foliage*, is, with respect to *copper-cutting*, a master-piece. Nothing can be compared to the frankness, boldness, to the fullness and simplicity with which all the parts of this simple ornament are executed. We call the attention of our competent readers on that piece.

Plate 404 is the reproduction of an other fragment. We do not find in that subject the elegance of execution of the preceding plate. This fragment, as the inscription indicates it, represents one of the antique pieces incrusted on the walls of the Saint Sylvester Church at Rome. —*(Fac-simile.)*

Nous joignons au spécimen donné page 181 d'autres pièces rares, dues également au burin *d'Augustin Vénitien*, et qui sont également des reproductions de fragments antiques.—La planche 403, en forme de *frise* ou de *rinceau continu*, est, comme exécution de gravure, un chef-d'œuvre de la science des *tailles*. Rien n'est comparable à la franchise et à la fermeté, à l'ampleur et à la simplicité avec lesquelles tous les modelés de ce simple ornement sont rendus. Nous appelons sur cette pièce l'attention des lecteurs compétents.

La planche 404 est la reproduction d'un autre fragment. Nous ne retrouvons pas, dans ce morceau, la souplesse d'exécution de la planche précédente. Ce fragment, ainsi que l'indique l'inscription, représente un des débris antiques incrustés dans les murs de l'église de Saint-Sylvestre à Rome. —*(Fac-simile.)*

我们在第 181 页上添加了其他关于奥古斯汀·维尼汀（Augustin Vinitien）珍稀作品的标本，还包含了古董碎片的临摹版品。版面 403，呈带状或连续树枝状装饰，就雕刻工艺而言，是一件非常杰出的作品。把坦率和大胆体现到极致，作品装饰都很简单，所有部分表现充分且简洁。我们呼吁读者关注这件作品。

版面 404 再现了另一个碎片。我们并没有在这个主题上发现前一个面板的灵活性。这个碎片，正如刻印所表明的那样，是罗马圣西尔维斯特教堂墙壁上的一件古老碎片。（摹本）

Deuxième Année.

N° 51.

20 Septembre 1862.

50 centimes Le Numéro

L'ART POUR TOUS

ENCYCLOPÉDIE
DE
L'ART INDUSTRIEL ET DÉCORATIF
Paraissant les 10, 20 et 30 de chaque mois

EMILE REIBER
DIRECTEUR-FONDATEUR

Abonnement annuel : Pour toute la France, 18 fr. Pour l'Étranger, même prix, plus les droits de poste variables.

Pour toutes demandes d'abonnements, réclamations, etc., s'adresser aux Bureaux du Journal, 18, rue Vivienne, à Paris.

Bureaux Librairie A. Morel & Cie 18 R. Vivienne

ANTIQUES. — ÉCOLES GRECQUES.

FIGURES DÉCORATIVES, — BRONZES.
MIROIR DE MAIN.
(COLLECTIONS CAMPANA.)

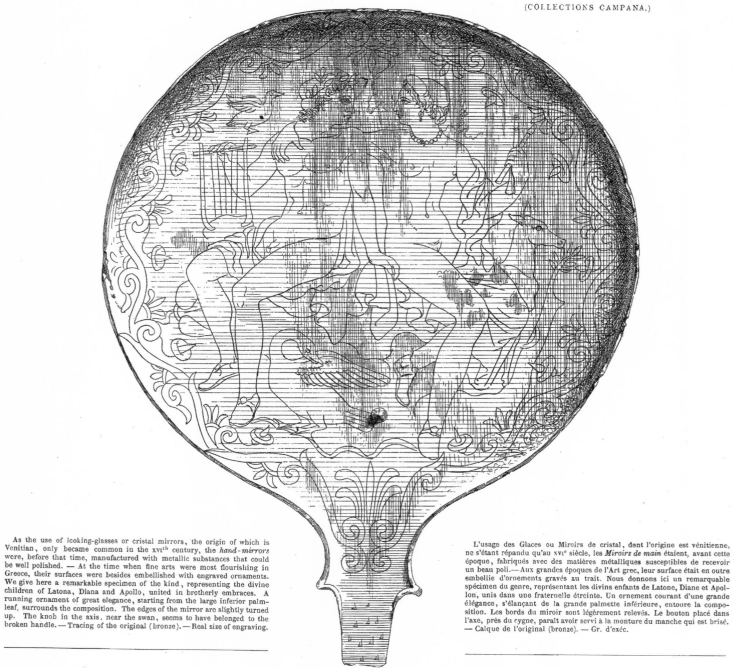

As the use of looking-glasses or cristal mirrors, the origin of which is Venitian, only became common in the XVIth century, the *hand-mirrors* were, before that time, manufactured with metallic substances that could be well polished. — At the time when fine arts were most flourishing in Greece, their surfaces were besides embellished with engraved ornaments. We give here a remarkable specimen of the kind, representing the divine children of Latona, Diana and Apollo, united in brotherly embraces. A running ornament of great elegance, starting from the large inferior palm-leaf, surrounds the composition. The edges of the mirror are slightly turned up. The knob in the axis, near the swan, seems to have belonged to the broken handle. — Tracing of the original (bronze). — Real size of engraving.

L'usage des Glaces ou Miroirs de cristal, dont l'origine est vénitienne, ne s'étant répandu qu'au XVIe siècle, les *Miroirs de main* étaient, avant cette époque, fabriqués avec des matières métalliques susceptibles de recevoir un beau poli. — Aux grandes époques de l'Art grec, leur surface était en outre embellie d'ornements gravés au trait. Nous donnons ici un remarquable spécimen du genre, représentant les divins enfants de Latone, Diane et Apollon, unis dans une fraternelle étreinte. Un ornement courant d'une grande élégance, s'élançant de la grande palmette inférieure, entoure la composition. Les bords du miroir sont légèrement relevés. Le bouton placé dans l'axe, près du cygne, paraît avoir servi à la monture du manche qui est brisé. — Calque de l'original (bronze). — Gr. d'exéc.

440

使用镜子或玻璃镜子的起源于威尼斯人，在 16 世纪才被广泛使用，在那之前，镜子是用金属材料制造的，可能会得到很漂亮的抛光。在希腊艺术的伟大时代，镜子的表面还饰有雕刻的饰物。我们在这里给出了一个出色的标本，代表了拉托那（Latona）、戴安娜（Diana）和阿波罗（Apollo）的神圣的孩子，兄弟般的拥

抱在一起。棕榈叶装饰从下面延伸出来，环绕着整幅作品，散发出优雅的味道。镜子的边缘略微翘起。放置在靠近天鹅附近的旋钮可能是用于安装手柄的，手柄已被损毁。原始图片（青铜）。实际大小。

XVIe SIÈCLE. — ÉCOLE ALLEMANDE.

BRODERIES, — GUIPURES.
POINT COUPÉ,
PAR HANS SIEBMACHER.

Hans Siebmacher, a Nurnbergian engraver and editor of engravings, has left, besides large heraldic publications, series of compositions of embroidery, lace, vellum lace, and other fancywork.

The curious plate which we offer to-day to our readers, and in which the ingenious patience of the German masters of the xvith century may be seen at once, is a union of three pieces taken from his collection called : *New Models*, etc., Nurnberg, 1604. The greatest variety of compositions may be found there, their base being the most picturesque geometrical combinations which may be applied to works of *cut stitches*.

We shall give ere long a specimen of models of *cross stitches* from the same master, namely in fashion towards the end of the xvith century and at the beginning of the xviith. — *(Fac-simile.)*

Outre ses grandes publications héraldiques, *Hans Siebmacher*, graveur et éditeur d'estampes nurembergeois, a laissé des séries de compositions de Broderies, Dentelles, Guipures et autres ouvrages de femmes.

La planche curieuse que nous offrons aujourd'hui à nos lecteurs, et dans laquelle on reconnaît du premier abord toute l'ingénieuse patience des maîtres allemands du xvie siècle, est une réunion de trois pièces tirées de son petit recueil intitulé : *Nouveaux Modèles*, etc., Nuremberg, 1604. On y trouvera une grande variété de compositions ayant pour base les combinaisons géométriques les plus pittoresques et applicables aux ouvrages de *point coupé*.

Nous ne tarderons pas à donner un spécimen de modèles de *point compté* du même maître, c'est-à-dire en usage vers la fin du xvie siècle et au commencement du xviie (règne de Henri IV). — *(Fac-simile.)*

纽伦堡版画的雕刻师和出版人汉斯·西布马赫(Hans Saebmacher)，除了他的伟大纹章出版物，还留下了一系列蕾丝刺绣、花边和其他女性作品。我们现在向读者展示的这个稀奇的面板，一下就能看出这是 16 世纪德国大师独创的巧妙作品，这是他收藏的 3 个作品，摘自《新模型》等（纽伦堡，1601 年）。它由多种组合物基

于优美的几何组合，适用于各种切割作品。

我们不会只提供一个大师的作品，即从 16 世纪末到 17 世纪初（亨利四世统治期间）。（摹本）

XVIᵉ SIÈCLE. — ÉCOLE FLORENTINE.

FIGURES DÉCORATIVES.
VÉNUS,
PAR LUCA PENNI.

Mortiferis spinis toto sum corpore læsa
Purpurea estg. meo sanguine facta rosa

Dulcis amor causa est: sed nil mea vulnera curo.
Eripiam crudis dum puerum manibus

N° 512.

Frère du fameux *Giovan-Francesco Penni*, surnommé *il Fattore*, l'élève et le bras droit de Raphaël (peintures des loges du Vatican, etc.), *Luca Penni* suivit de plus près les traditions de l'école florentine dont il est un des représentants les plus purs. Il travailla en Italie, en Angleterre et en France à Fontainebleau où l'avait appelé le roi François Iᵉʳ. Outre ses travaux de grande Décoration, il s'est aussi adonné à la gravure. Nous reproduisons ici une de ses compositions les plus estimées, gravée par le célèbre *Georges Mantouan* (v. p. 111) et dont le sujet est *Vénus blessée, ou la Naissance de la Rose.* — (*Fac-simile.*)

卢卡·班尼（Luca Penni）是著名的乔万·弗朗切斯科·潘尼（Giovan Francesco Penni）的兄弟，他的姓氏是伊凡·法塔勒。拉斐尔（Raphael）的《瞳孔和右臂》（梵蒂冈等地的绘画），更忠实地道循佛罗伦萨学派的传统，他是这一学派最真实的代表之一。他曾在意大利、英国，以及在法国的枫丹白露宫，受到弗朗索瓦一世的邀请。除了伟大的装饰作品外，他还进行雕刻。我们在这里还再现了乔治·曼图安（George Mantuan，参见第111页）所雕刻的关于他最受尊敬的作品之一，其主题是"受伤的维纳斯"或"玫瑰的诞生"。（摹本）

Luca Penni, a brother to the famous *Giovan Francesco Penni*, surnamed *il Fattore*, Raphael's pupil and right arm (paintings of the loges of the Vatican, etc.), followed more faithfully the traditions of the Florentine school of which he is one of the most genuine representatives. He worked in Italy, in England, and in France at Fontainebleau whither François I. had called him. Besides his works of great Decoration, he has also given himself up to engraving. We reproduce here one of the most esteemed of his compositions engraved by the celebrated *George Mantuan* (s. p. 111), the subject of which is *Venus wounded*, or *the Birth of the Rose.* — (*Fac-simile.*)

Suite des *Cartouches* extraits de la « Coupe des Pierres » du P. Derand, donnés p. 38. L'ornementation des bordures présente souvent l'anomalie déjà signalée à propos de la Cheminée de P. Collot, donnée p. 72, et qui est de la même époque. Nous y remarquons le même mélange des images chrétiennes et païennes ; ici des masques de satyres et de chérubins bouffis sont agréablement confondus. Quant aux enroulements des *Cuirs*, ils ressortent de la dégénérescence de la volute ionique. — *(Fac-simile.)*

我们从皮埃尔·迪兰德（P. Derand）的《凿石艺术》一书摘选了边缘装饰的延续（参见第38页）。谈到皮埃尔·迪兰德的壁炉作品（参见第72页）时，就提到了与同时代边缘装饰物的不同。我们可以认为它融合了基督教和异教形象；山神和身躯较胖的基路伯（Cherubim）面具很好地融到了一起。皮革的卷起是由爱奥尼亚式涡形装饰的退化产生的。（摹本）

Continuation of edge ornaments drawn from P. Derand's "Art of hewing stones," given p. 38. The ornaments of the edges present often the anomaly which has already been mentioned when we spoke of P. Collot's chimney-piece (given p. 72), and which is of the same epoch. We may remark the same mixture of christian and pagan images ; satyrs and fat cherubim's masks are nicely blended. With respect to the rolling up of the *Leathers*, it is produced by the degeneracy of the ionic volute. — *(Fac-simile.)*

Deuxième Année.

N° 52.

30 Septembre 1862.

L'ART·POUR·TOUS·

ENCYCLOPÉDIE
DE L'ART INDUSTRIEL ET DÉCORATIF
Paraissant les 10, 20 et 30 de chaque mois.

EMILE REIBER
DIRECTEUR-FONDATEUR

Abonnement annuel :
Pour toute la France, 18 fr.
Pour l'Étranger,
même prix, plus les droits
de poste variables.

Pour
toutes demandes
d'abonnements, réclamations, etc.,
s'adr. aux Bureaux du Journal,
13, Rue Bonaparte, à Paris.

XVIIIᵉ SIECLE. — ECOLE FRANÇAISE (LOUIS XVI).

CARTOUCHE DE FLEURS,
PAR RANSON.

This piece is a Frontispice to the series of *Trophies of Flowers* of which we have already given a plate p. 133. The title which ve reproduce complete shows that at that time, the same as at others, artists did not think it necessary to observe strictly the laws orthography. — The subject of the surounding ornament is a plain ribbon on which bunches of variegated flowers are fastened by knots from distance to distance. A « rosette » ends both top and bottom this light adorning, which is traced on an elliptic contour. By the ingenious repartition of the masses, the artist has avoided the heaviness which characterizes most of the modern compositions of that description (rug-work and hangins, fancy-work, etc.). — (*Facsimile.*)

这件作品是出自 "鲜花的奖杯" 系列，我们已经在第 133 页上给出这一系列。我们完整复制的标题，表明了当时和其他人一样，艺术家认为无须严格遵守绘画法则。周围的装饰图案是一条简单的丝带，间隔相等系着各种花朵的枝条。

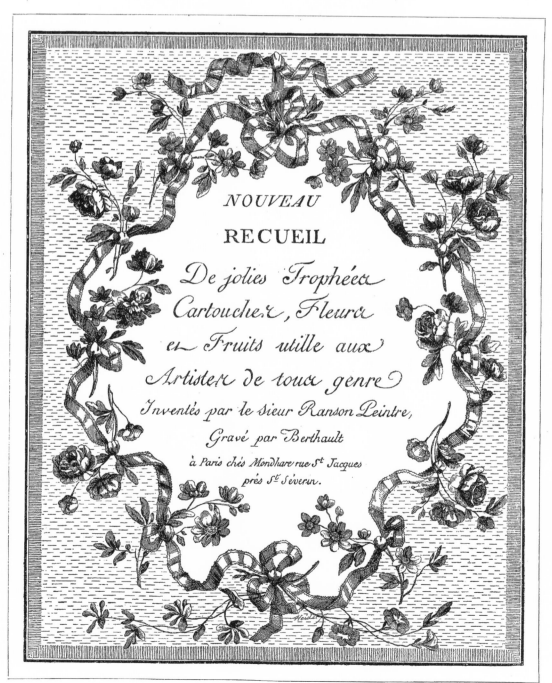

NOUVEAU
RECUEIL
De jolies Trophées
Cartouches, Fleurs
et Fruits utille aux
Artistes de tous genre
Inventés par le sieur Ranson Peintre,
Gravé par Berthault
à Paris chés Mondhare rue Sᵗ Jacques
près Sᵗ Séverin.

Cette pièce sert de Frontispice à la série de *Trophées de Fleurs* dont nous avons déjà donné une planche p. 133. Le titre, que nous reproduisons au complet, montre qu'à cette époque, comme à d'autres, les artistes ne croyaient pas devoir s'astreindre bien rigoureusement aux règles de l'orthographe. — Le motif de l'entourage est un simple ruban sur lequel sont attachés par des nœuds, de distance en distance, des rameaux de fleurs variées. Une rosette termine haut et bas cet entourage léger, tracé sur un contour elliptique. Par l'habile balancement des masses, l'artiste a su éviter la lourdeur qui caractérise la plupart des compositions modernes de cette nature (tapisseries et tentures, ouvrages de femmes, etc.) — (*Fac-simile.*)

顶部和底部是一个花环，围成了一个椭圆形的轮廓。通过对大众的巧妙权衡，艺术家已经设法避免了这种性质的大多数的现代作品冗余这一特征（地毯和挂件、花哨的作品等）。（摹本）

His passionate love for every thing belonging to Antiquity, his innumerable and conscientious researches, his talent as a designer and engraver, his numerous and useful publications, every thing in *Æneas Vicus* recommands him to the esteem of posterity. We have given, p. 7 and p. 61, his reproductions of *antique Vases*, and pp. 11, 76, 140, etc., we continue his collection of the *Medals* of the *Empresses.* Besides those large *Bronzes* (p. 19), and his series of the *XII Cæsars*, he left compositions of *Grotesques* imitated from the Antique, and on the canvass of which our *A. du Cerceau* has embroidered his beautiful *Arabesks*, which we intend to give later.

A distinguished antiquary, he applied his artistic talents to the reproduction of the *engraved Stones* of the Greeks and Romans, of which he had formed a rich collection. These admirable antique compositions, which the old master's graver transmitted to us, have been too little known by artists up to this day. We intend to reproduce that interesting series.

The subjects of the three pieces we publish are : fig. 422, a group of Cupids playing with dolphins ; — fig. 423, Bacchus drawn on a car by a pair of warlike centaurs ; —fig. 424, Venus Aphrodite carried by sea-horses, — (*Fac-simile.*) — Will be continued.

Son amour passionné des choses de l'Antiquité, ses innombrables et consciencieuses recherches, son talent de dessinateur et de graveur, ses nombreuses et utiles publications, tout dans *Énée Vico* le recommande à l'estime de la postérité. Nous l'avons vu, pp. 7, 61, reproduisant les *Vases* antiques et pp. 11, 76, 140, etc., recueillant la suite des *Médailles* des Impératrices. Outre ses grands *Bronzes* (page 19), et sa suite des *XII Césars,* il a laissé des compositions *grotesques* imitées de l'Antique, et sur le canevas desquelles notre *A. Du Cerceau* a brodé ses délicieuses *Arabesques*. Nous les donnerons ultérieurement.

Antiquaire distingué, il appliqua ses talents d'artiste à la reproduction des *Pierres gravées* des Grecs et des Romains, dont il avait formé une riche collection. Ces admirables compositions antiques, interprétées par l'habile burin du vieux maître, ont été jusqu'ici trop peu connues des artistes. Nous en reproduirons l'intéressante suite.

Les sujets des trois pièces que nous donnons sont : fig. 422, un groupe d'Amours jouant avec des dauphins ; — fig. 423, Bacchus trainé sur un char par une couple de centaures à l'allure guerrière ; — fig. 424, Vénus Aphrodite portée par des chevaux marins. — (*Fac-simile.*) — Sera continué.

AMORE MARITIMO

BACCO CO CENTAVRI

VENERE AFRODITE

他对古代事物的热爱，他无数和辛勤的研究，他绘图和雕刻的天赋，他的众多的出版物，埃内亚·维科（Æneas）的一切都值得后人的尊重。我们已经在第 7 页和第 61 页给出了他的仿古花瓶的复制品，以及在第 11，76，140 页等，搜集了皇后的奖章。除了他的《大器皿》（参见第 19 页）和"十二凯撒"系列之外，他还留下了仿效古董的怪诞作品，以及迪塞尔索（A du Cerceau）在画布上为其刺绣的漂亮的蔓藤花纹，我们将在后面给出。

他与古董收藏家的区别在于，他把自己的艺术天赋应用于希腊人和罗马人的雕刻作品，以此完成了丰富的

藏品。这位古老的雕刻家将这些少为现代艺术家所知、但令人钦佩的古董作品传达给我们。我们有意重现了这个有趣的系列。我们发行的三件作品的主题是：图 422，一群与海豚玩耍的丘比特；图 423，巴克斯（Bacchus）乘坐在被一对半人马拖动的战车上；图 424，骑着海马的维纳斯·阿芙罗狄蒂（ Venus Aphrodite ）。未完待续。（摹本）

ANTIQUES. — CÉRAMIQUE GRECQUE.

495

La riche collection des *Terres cuites antiques* (vases, lampes, frises et bas-reliefs, figures et figurines, urnes et sarcophages, etc.), qui fait partie de la *Série céramique* des collections Campana, forme une suite unique en son genre. Grâce aux facilités qui nous ont été offertes par l'Administration, l'*Art pour tous* pourra désormais aborder avec des garanties sérieuses d'exactitude et d'authenticité l'étude des chefs-d'œuvre de l'Antiquité.

La série rare des *Vases votifs* nous fournit ici un premier et remarquable spécimen de ces accessoires de la décoration des lieux consacrés des Anciens. Ce vase paraît dédié aux divinités maritimes. Les *Orantes* ou prieuses qui le couronnent semblent implorer la protection des dieux. Hauteur du col 0,52 ; hauteur totale 0,75. — (*Inédit*). — Sera continué.

丰富的红陶器皿收藏品，灯饰和浮雕、人物、石瓮和石棺等，形成了坎帕纳收藏的陶器系列的一部分，这是独一无二的。政府授予设施，使艺术流派从此可以严肃地对古董作品进行研究，并保证准确性和真实性。

"许愿瓶"系列为我们提供了古代圣地饰品装饰的第一个样本，该样本美妙绝伦。这个许愿瓶似乎是献给海神的。顶部的女致辞人或祈祷的妇女似乎在恳求神的保护。瓶颈高 0.52 米，总高度为 0.75 米。未完待续。（已编辑）

The rich collection of *antique Terra cotta* vases, lamps friezes and bas-reliefs, figures, urns and sarcophagi, etc., which forms a part of the *Ceramic series* of the Campana collections, constitutes an assemblage not to be found any where. Thanks to the facilities granted to us by the Administration, the *Art pour tous* will henceforward be able to undertake with serious guaranties both of correctness and authenticity the study of the master-pieces of Antiquity.

The seris of *votive Vases* offers us a first and remarkable specimen of those accessory ornaments of the decorations of consecrated places of the Ancients. This vase seems to be dedicated to the maritime deities. The *Oratrices* or praying women at the top seem to be imploring the protection of the gods. Height of neck, 0,52 ; total height, 0,75.—(*Inedited.*)— Will be continued.

427

Ces deux pièces sont tirées du remarquable volume intitulé les *Armoiries du Saint-Empire* et parut à Francfort-sur-le-Mein, en 1545, chez Cyriac Jacob (in-folio).

Ce livre offre une suite de 144 planches gravées sur bois, représentant des lansquenets du temps de Charles-Quint dans les attitudes et avec les costumes les plus pittoresques et les plus variés. Tous tiennent en main les étendards aux armes des villes impériales et se détachent sur des fonds de paysage.—Inutile d'appeler l'attention de nos lecteurs sur le grand caractère de ces figures.

Nous suivrons l'opinion de M. Bryan, qui, dans son « Biografical and critical Dictionary, » attribue le monogramme que porte chaque planche au graveur allemand *Jean-Jacques Kobel*, qui florissait vers 1520. — *(Fac-simile.)* — Sera continue.

这两件作品来自 1545 年在法兰克福出版的著名的《圣帝国之手》［作者西里亚克·雅各布 (Cyriac Jacob)］。这本书呈现了 144 幅的木刻，多姿多彩，服装多样，带着象征这土人情的木刻。他们代表查理五世时代风采别致，在风景这些人物的盾形徽记，在 1520 年大受欢迎的德国雕刻些人物的伟大人格。读者无须注意这画中引到人注目。我们将遵循布莱恩 (Bryan) 先生的观点，在《传记与批评词典》中，他的每个板上都镌刻了字母组合，由 1520 年大受欢迎的德国雕刻家琼·詹姆斯·科贝尔 (Jones James Kobel) 完成。未完待续。

These two pieces are drawn from the remarkable volume called the *Arms of the Holy-Empire*, which was published at Frankfort, on the Mein, in 1545, at Cyriac Jacob's (in-folio).

That book presents a series of 144 wood-cuts representing *lansdshnechte* of the time of Charles V., in the most picturesque and varied attitudes and costumes. They all hold the standards with the coasts of arms of the imperial towns, and are thrown out by landscape back-grounds. — It is useless to call the attention of our readers on the grand character of these figures.

We shall follow Mr. Bryan's opinion, who, in his " Biographical and critical Dictionary, " attributes the monogram of every plate to the German engraver *Jones James Kobel*, who flourished towards 1520.—*(Fac-simile.)* — Will be continued.

426

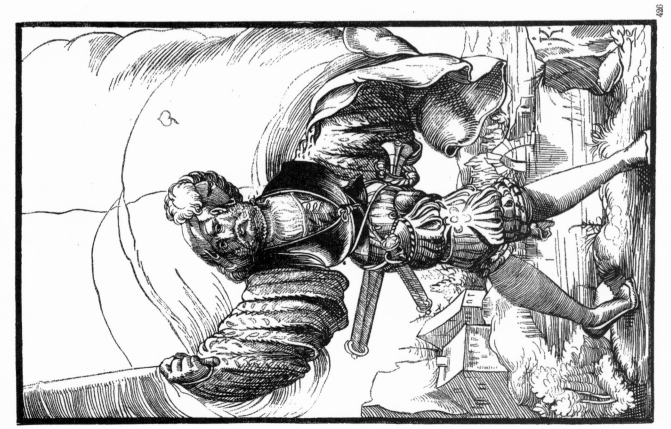

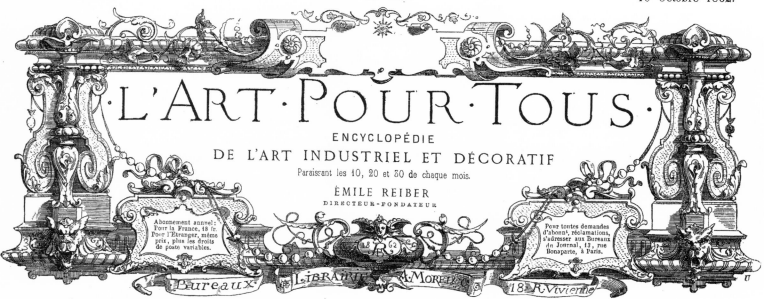

L'ART·POUR·TOUS·

ENCYCLOPÉDIE
DE L'ART INDUSTRIEL ET DÉCORATIF
Paraissant les 10, 20 et 30 de chaque mois.

ÉMILE REIBER
DIRECTEUR-FONDATEUR

Abonnement annuel:
Pour la France, 18 fr.
Pour l'Étranger, même
prix, plus les droits
de poste variables.

Pour toutes demandes
d'abonn¹, réclamations,
s'adresser aux Bureaux
du Journal, 13, rue
Bonaparte, à Paris.

Bureaux — LIBRAIRIE A. MOREL — 18 R. Vivienne

XVIᵉ SIÈCLE. — ÉCOLE DE FONTAINEBLEAU (FRANÇOIS Iᵉʳ).　　　　　FIGURES DÉCORATIVES.

LES DIEUX, PAR MAITRE ROUX.
(Suite de la page 81.)

IVPITER·AETHEREA·SVMMA·DOMINATOR·IN·ARCE　　428

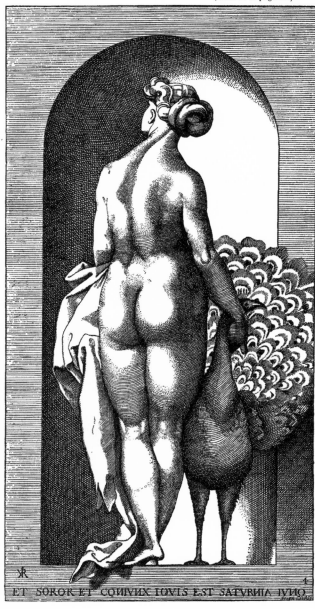

ET·SOROR·ET·CONIVNX·IOVIS·EST·SATVRNIA·IVNO　　420

Les cartons des *Dieux*, commandés par François Iᵉʳ au *Rosso* pour la décoration extérieure du château de Madrid au bois de Boulogne, ne furent exécutés qu'en 1559 sous Henri II. Le musée de Cluny possède, sous les nᵒˢ 1000 à 1008, les originaux des grandes plaques en émail exécutées à cette époque par *Pierre Courtoys* de Limoges. Ces intéressantes pièces, de forme ovale, ne mesurent pas moins de 1ᵐ,65 de hauteur sur 1ᵐ,00 de largeur, et le *Jupiter* que nous donnons ici (fig. 428) en fait partie. Le Rosso, dit-on, pour complaire à Henri II encore dauphin, l'aurait représenté sous les traits du vainqueur des Titans, par allusion à la puissance espagnole que le jeune prince se préparait à combattre. — (*Fac-simile.*)

众神的版画，是弗朗索瓦一世命令罗索（Rosso）在布洛涅的布瓦尼为马德里城堡做外部装饰，于亨利二世统治期间 1559 年完成。克吕尼博物馆在 1000~1008 年的时候就拥有了来自利摩日的皮埃尔·考伊特伊（Pierre Courtoys）的大型珐琅彩的原稿。这些椭圆形的有趣作品的高度不低于 1.65 米，宽度为 1 米，我们在此给出的朱庇特（Jupiter，图 428）就属于原稿。据说罗索为了讨好当时还是皇子的亨利二世，将他称赞为战胜泰坦巨神（Titans）的胜利者，暗指年轻的王子正准备向西班牙人开战。（摹本）

The cartoons of the *Gods*, which Francis I. ordered the Rosso to execute for the external decoration of the *Château de Madrid* at the Bois de Boulogne, were only executed in 1559 under Henry II. The *Musée de Cluny* possesses under the nᵒˢ from 1000 to 1008 the originals of the large enamelled sheets executed at the time by *Pierre Courtoys* from Limoges. These interesting pieces, of an oval form, do not measure less than 1ᵐ,65 height, by 1ᵐ,00 breadth, and the *Jupiter* which we give here (fig. 428) belongs to it. It is said that the Rosso, in order to please Henry II., still Dauphin, represented him as a victor of the Titans, alluding to the Spaniards the young prince was preparing to make war to. — (*Fac-simile.*)

XVIIᵉ SIÈCLE. — ÉCOLE FRANÇAISE (LOUIS XIII).   ORFÈVRERIE,
PAR CARDILLAC.

Anses de Vases, Cartouches, Pieds de Consoles, de Calices, de Candélabres et de Lutrins, Fragments de Bijoux, etc., tirés du *Livre de croquis* du célèbre *Cardillac*, cet orfévre fantaisiste qui détroussait ses clients pour rentrer en possession des œuvres d'art qu'il avait créées. — Collection Jean Feuchère. — *Calques* des originaux. (*Inédit*.) — Sera continué.

器皿手柄、漩涡花饰、桌脚、杯子、枝形吊灯和桌子上的珠宝碎片等，都是从著名的卡迪拉（Cardillae）的速写本中摘选出来的，这位想象力丰富的金匠曾抢夺过他的顾客，以取回自己创作的艺术品。约翰·费示尔（Jean Feuchère）的收藏。未完待续。追寻原件。（已编辑）

Vase-handles, cartouches, feet of consol-tables, cups, chandeliers and desks, fragments of jewels, etc., drawn from the *Sketchbook* of the celebrated Cardillac, this fantastical goldsmith who used to rob his customers to get back the objects of art which he had created. — Jean Feuchère's collection. — Tracings of the originals. (*Inedited*.) — Will be continued.

XVIIᵉ SIECLE. — ÉCOLE FRANÇAISE (LOUIS XIV). FLEURS,
PAR BAPTISTE MONNOYER.

ANTIQUES. — VERRERIES GRECQUES.

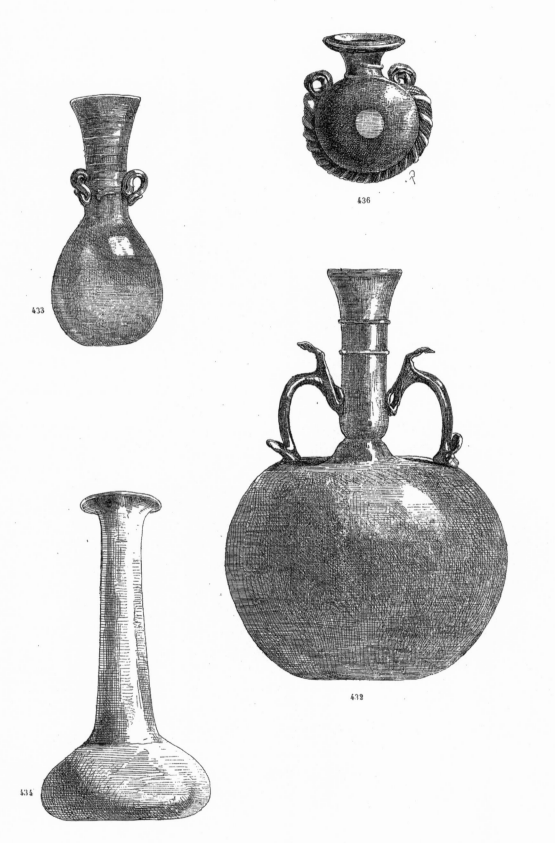

432-435. Vases de verre blanc, flacons, vases *lacryma-toires*, auxquels le temps a donné ces beaux reflets nacrés que l'on a désigné sous le nom d'*irisations*.

436. Flacon lenticulaire couvert d'un émail bleu d'outre-mer. Sur l'arête du contour s'enroule un cordon de verre bleu à filet blanc, se recourbant en anses à ses deux extrémi-tés. Au centre, un champ circulaire d'émail blanc.

437. Flacon en forme d'amphore en verre blanc laiteux à anses rapportées et couvert de stries peintes en brun violâtre (émail au manganèse ?) — L'artiste a cherché à produire les effets des veines naturelles du gypse ou albâtre.

Tous ces objets sont dessinés en grandeur d'exécution.

432~435. 白色的玻璃花瓶、大肚酒瓶、泪壶，时间赋予了它们珍珠母般的美丽外表，而反射的影子则被称为虹彩。

436. 青蓝色珐琅包裹着透镜状的酒壶。在轮廓的边缘，一根蓝白相间的玻璃线围绕在四周，在顶处弯曲，形成把手。酒壶中心是一个圆形的白色搪瓷。

437. 乳白色的玻璃酒壶，形状像一个双耳瓶，手柄固定在上面，瓶身上是红褐色的条纹（锰搪瓷？）。这位艺术家试图制造天然石膏或雪花石膏的纹理。

所有这些作品都是以实际大小绘制的。

432-435. White glass vases, flagons, *lachrymary* vases, to which time has given the beautiful appearance of mother of pearl and wich reflections are called *irisations*.

436. Lenticular flagon covered with ultramarine blue ena-mel. On the outline edge, a blue and white glass string runs round and bends down at the extremities so as to form han-dles. In the centre a circular field of white enamel.

437. Milky white glass flagon shaped like an amphora with handles fixed on and covered with reddish-brown pain-ted streaks (manganese enamel ?). The artist has tried to produce the effects of natural gypsum or alabaster veins.

All these things are drawn in real size.

Deuxième année.

Nº 54.

20 octobre 1868.

※L'ART※
POUR·TOUS
ENCYCLOPÉDIE
DE
L'ART INDUSTRIEL ET DÉCORATIF
Paraissant les 10, 20 et 30 de chaque mois.

ÉMILE REIBER
DIRECTEUR-FONDATEUR

Abonnement
annuel :
Pour
toute la France,
18 francs.
Pour l'Étranger,
même prix, plus
les droits de poste
variables.

Pour
toutes demandes
d'abonnements,
réclamations, etc.,
s'adresser
aux Bureaux
du Journal,
13, Rue Bonaparte,
à Paris.

XVIᵉ SIÈCLE. — ÉCOLE FRANÇAISE (HENRI III).

MEUBLES.
CABINET,
PAR A. DU CERCEAU.

The numerous specimens which we shall have to give later of the mediæval Furniture and of that of the *Renaissance* establish sufficiently the distinctive characters of the *Credence*, the *Bahut*, and the *Dressoir*, three kinds of cupboards which are frequently confounded.

After the great political disturbances of the middle ages, the return to the study of antiquity created a taste for collections. Medals, jewels and other precious things of small dimensions were gathered in cupboards standing on four legs, with double folding-doors, and filled with little drawers; they were called *Cabinets*. Those *Cabinets* were fashionable, especially in the xviith century; the ladies used them for their jewels and family relics. *A. du Cerceau* (see p. 194) has left us an interesting series of these little pieces of furniture; we reproduce here the simplest and most characteristic specimen. The disposition of the inferior shelf and upper compartment of this *Cabinet* causes it to resemble a sort of dresser and allows the precious vases and other objects of art to be exhibited. — (*Fac-simile.*) — To be continued.

438

Les nombreux spécimens que nous aurons à donner ultérieurement du *Mobilier* du moyen âge et de la Renaissance établiront suffisamment ¡les caractères distinctifs de la *Crédence*, du *Bahut* et du *Dressoir*, que l'on est souvent porté à confondre.

Après les grandes tourmentes politiques du moyen âge, le retour des esprits vers l'étude des choses de l'antiquité créa le goût des collections. Les médailles, les bijoux et autres objets précieux de petite dimension furent réunis dans des armoires élevées sur quatre pieds, fermées de deux vantaux et remplies de petits tiroirs; on leur donna le nom de *Cabinets*. L'usage de ces Cabinets se répandit surtout au xviiᵉ siècle; les dames y serraient leurs bijoux et leurs reliques de famille. *A. du Cerceau* (*V.* p. 194) nous a laissé une série intéressante de ces petits meubles; nous en reproduisons ici le spécimen le plus simple et le plus caractéristique. Par la disposition de la tablette inférieure et du rayon supérieur, ce *Cabinet* tient du *Dressoir* et permet d'étaler aux yeux les vases de prix et autres objets d'art. — (*Fac-simile.*) — Sera continué.

我们稍后将会给出的大量中世纪家具和文艺复兴时期家具的样本，足以说明经常令人混淆的三种柜子——克里登（Credence）、巴鲁特（Bahut）和黛多提尔（Dressotir）的鲜明特征。

经过中世纪的巨大政治动乱之后，人们对古代事物研究的回归，创造了对收藏的品位。奖牌、珠宝和其他小巧的珍贵物品被装在一个四英尺高的柜子里，柜子是双折门，带有小抽屉；被称为内阁。

这些柜子被广泛使用，尤其在

17世纪的时候；女士们用它们盛放珠宝和家庭珍贵物品。迪塞尔索（A. Du Cerceau）留下了一系列有趣的小家具（参见第194页），我们在这里重现的是最简单、最具特色的样本。这个柜子的内部和上部空间的装配使它看起来像一个梳妆台，这样就可将珍贵的器皿和其他艺术品摆放在上面。未完待续。（摹本）

ANTIQUES. — ORFÉVRERIE ÉTRUSQUE.

BIJOUX, — COLLIERS.
PENDANTS D'OREILLES (COLLECTIONS CAMPANA).

389. *Collier étrusque en or et émeraudes.* — Forme de quatre glands estampés (la pièce du dessous plate, comme au nᵒ 388), de trois coquillages en volutes et de quatre amphores chevronnées; toutes ces pièces avec bélières jouant sur des boules soit unies, soit façonnées, et séparées par des émeraudes brutes de forme prismatique. Ecrin XVI, nᵒ 204.

390. *Collier étrusque en or.* — Tête barbue et cornue (Bacchus-Hébo?) à face estampée et ciselée; la barbe est couverte de granules d'or excessivement fins et réguliers. Les cheveux sont représentés par des spirales de fil d'or portant à leur centre un grain d'or soudé. En guise de diadème, le front est couronné d'un bourrelet, couvert, comme la barbe, de granulé fin. Cette tête est suspendue par une *bélière* à un cordon de fils d'or tressés (chaîne dite *à colonne*) terminé par des agrafes. Ce bijou, d'un travail exquis et parfaitement conservé, sauf quelques légères dépressions de la face, peut être considéré comme un des plus beaux de la collection. Ecrin XV, nᵒ 198.

386. *Collier oriental en argent doré* composé de triangles et de pièces semi-circulaires dont le bord inférieur, échancré en forme de deux pleins cintres, rappelle la tradition byzantine. Toutes ces pièces sont décorées à leur centre d'ornements analogues au travail de la coiffure du numéro précédent. Placé ici à titre de simple renseignement, le dessin de ce collier fait voir que la tradition *grecque* des cordelés en spirale couronnés par un grain d'or s'est longtemps conservée en Orient, où, du reste, elle paraît avoir vu le jour, l'Art étrusque devant son origine aux colonies grecques de l'Asie Mineure (voy. p. 226). — Ecrin XXVII, nᵒ 249.

391. *Fibule en or, en forme d'arc à renflement.* — L'arc est garni de fleurs estampées et soudées sur l'arc, qui, lui-même, est composé de deux coquilles cintres estampées. La gaine rectangulaire de l'épingle est ornée sur l'arête d'un cordelé de fil d'or, et sur le dessus de deux fleurs, ainsi que d'un petit lapin en estampé. — Ecrin XXX, nᵒ 268.

392. *Fibule en or*, id. — L'arc et le dessus de la gaîne de l'épingle sont couverts de petites fleurs en relief estampées; celles de l'arc posées irrégulièrement. A l'extrémité de la gaîne un lion ou sphynx ailé au repos, estampé en deux coquilles. — Ecrin XXX, nᵒ 271.

389. 伊特鲁里亚人的黄金和祖母绿项链上有有四枚印刻的橡子（底座是平面的，如 388 号）、三个螺旋贝壳和四枚人字形图记的双耳罐。所有这些带圆柱形环的部件都在平面或雕刻的球体上移动，并由棱柱形状的粗糙祖母绿分开。十六号棺椁，204 号。

390. 伊特鲁里亚金项链——项链上有一个蓄着胡须和顶着牛角的头，可能是酒神赫波（Hebo），人面经过刻印和雕刻；胡子上覆盖着非常细腻的金色颗粒。头发是由金丝螺旋表示的，中间是金粒。额头上戴了一个像包裹着细颗粒的胡子一样的垫子（不是王冠）。这个头像被悬挂在一串编辫金线的圆柱形环（称为一串项链）上，端部是扣钩。这件珠宝工艺精湛，保存完好，除了脸上有几个凹痕外，可以说是收藏中最好的之一。十五号棺椁，198 号。

386. 东方的银镀金项链由三角形和半圆形碎片组成，下边缘被剪成两个拱形，这让我们想起了拜占庭传统。所有这些作品都在中心装饰着与前一号的头发编梳的式样。在这里给出的项链的绘图只是为了提供信息，表示希腊样式的金丝螺旋纹早已在东方长期保存，似乎是第一个已知的保存地点，如伊特鲁里亚艺术就源于希腊的小亚细亚殖民地（参见第 226 页）。二十七号棺椁，249 号。

391. 黄金搭扣，呈浮夸的拱形。两个刻印贝壳组成的拱形上覆满了铭刻的花朵。别针的长方形护套的边缘饰有细金丝，上面有两朵花和一个刻画的兔子。三十号棺椁，268 号。

392. 黄金搭扣——拱形搭扣和别针鞘顶部饰有有印刻小花；拱形上的小花排列是不规则的。在鞘的末端有一个贝壳上。三十号棺椁，271 号。

389. *Etruscan Collar in gold and emeralds* consisting of four stamped acorns (the under-piece flat, like nᵒ 388), of three voluted shells, and four chevronned amphoræ; all these pieces with cylindrical rings moving either on plain or carved balls, and separated by rough emeralds of a prismatic form. — Jewel-box XVI, nᵒ 204.

390. *Etruscan golden Collar.* — A head with beard and horns (Bacchus Hebo?), with a stamped and carved face, is covered with very fine and regular golden granules. The hair is represented by spirals of golden wire bearing a golden grain sodered in the centre. Instead of a diadem, the forehead is crowned with a pad, which is covered like the beard with fine granules. This head is suspended by means of a cylindrical ring on a string of plaited golden wire (called « chaîne à colonne ») and ending by clasps. This jewel, of exquisite worck and perfectly preserved, except a few dents in the face, may be considered as one of the finest in the collection. — Jewel-box XV, nᵒ 198.

386. *Oriental silver gilt Collar* formed of triangles and semi-circular pieces, the inferior edge of which, being cut out in the shape of two arches, reminds us of the byzantine tradition. All these pieces are decorated in their centres with ornaments similar to those of the head-dress of the preceding number. The drawing of that collar, which is merely given here for information, shows that the *Greek* tradition of the spiral wires surmounted by golden grains has been long preserved in the East where it appears to have been first known, as the Etruscan Art owes its origin to the Greek colonies of Asia Minor (see p. 226). — Jewel-box XXVII, nᵒ 249.

391. *Golden Fibula,* in the shape of a swollen arch. The arch is covered with stamped flowers sodered on the arch, which is formed itself by two stamped shells. The rectangular sheath of thepin is ornamented on its edge with a fine twisted golden wire, and on the top with two flowers and a little stamped rabbit. — Jewel-box XXX, nᵒ 268.

392. *Golden Fibula,* id. — The arch and the top of the sheath of the pin are covered with small stamped flowers; those of the arch are set irregularly. At the extremity of the sheath a winged lion or sphinx resting, stamped in two shells. — Jewel-box XXX, nᵒ 271.

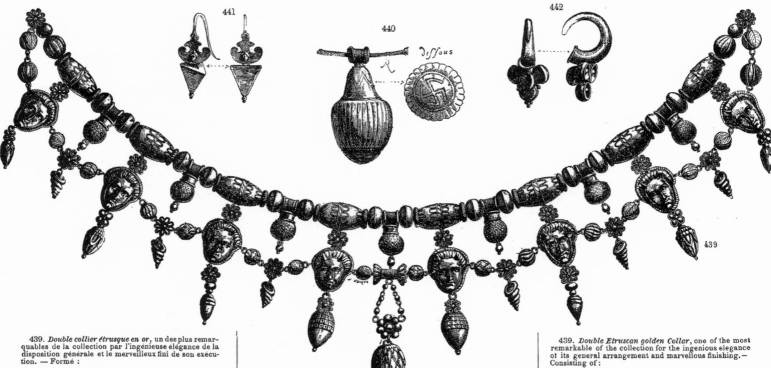

439. *Double collier étrusque en or,* un des plus remarquables de la collection par l'ingénieuse élégance de la disposition générale et le merveilleux fini de son exécution. — Formé

I. D'une chaine principale composée :

(*a*) d'olives estampées en deux coquilles (celle du dessous plate) ornées d'un cordonnet à leur renflement, et de torsades à leurs extrémités; ces trois zones principales accompagnées d'un ornement *en berceaux* de fils cordelés (courbés en demi-ellipses juxta-posées) et soudés;

(*b*) de pendants libres en forme de boules sphéroïdes, en estampé à pointillés, à col cylindrique uni, soudé à une forte bélière qui reçoit le cordon d'attache intérieur;

(*c*) de bulles lenticulaires séparant les demi-olives (*a*) des bélières (*b*), et empêchant le cordon d'attache de paraître dans les intervalles;

II. D'une série de chaînettes réunies à la chaîne principale par des rosettes à neuf lobes ornées de cordelés et de grains d'or. A ces rosettes s'attachent des masques de femme estampés et ciselés portant à leur front de petites cornes saillantes (figurations probables de la déesse Io; voy. p. 226).

Ces têtes forment motif principal et servent d'attache :

(*d*) à des pendants libres en forme de glands estampés et d'amphores portant, en guise de fleuron, des rosettes plus simples que les premières;

(*e*) aux chaînettes qui relient les mascarons et qui se composent : 1ᵒ d'une rosette à cordelés très-fins portant un pendant libre en forme de coquille marine; 2ᵒ d'une petite boule estampée, granulée ou ciselée avec une grande variété, de chaque côte de cette rosette.

Le pendant milieu, en forme de pomme de pin, est obtenu par la superposition alternante de zones de paillon d'or découpées en dents de scie à cordelés. Il est terminé par les fils d'attache ingénieusement réunis en torsades, et suspendu par une double chaînette à une bélière composée d'un fil d'or enroulé en spirale, bordé de chaque côté par un entrelacs à jour de cordelés en *berceaux*. — Les pièces extrêmes manquent.

Ecrin XV, nᵒ 196. — Grandeur d'exécution.

Voir p. 242 la suite des notices.

439. 双伊特鲁里亚金项链，其总体布局和绝妙加工表现出的巧妙优雅，使它成为最卓越的收藏之一，包括：

I. 主链：
（a）在两个贝壳（下面的平面）上刻印橄榄，凸出部分用细绳装饰，末端用扭绞装饰；这三个主要的地方都有一个由绞合和焊接在一起的金属丝制成的装饰物，弯曲成并列的半椭圆形。

（b）形状类似球体的自由吊坠，刻印和点状印压，简单的圆柱形颈部部分被焊接到紧固绳上圆柱形的环圈；

（c）将半椭圆形（a）与圆柱形圆环（b）分隔开的透镜状珠子，避免在缝隙中看到线。

II. 一串小链条由九个花瓣的玫瑰花连接到主链上，玫瑰花瓣上装饰着金丝绞线和晶粒。妇女带着雕刻的面具，额头上的凸角被固定在玫瑰花上（很可能是女神的形象，参见第 226 页）。这些头像是项链的主要组成，是项链的紧固件。

（d）用于刻印橡子和两耳细颈酒罐的松散吊坠，以花朵的方式组合，比第一朵玫瑰花更简单。

（e）用于连接怪诞头像的小链条，包括：①中间是精致绞线的玫瑰，系着外壳形状的松散的挂件。②小的刻印球，被雕刻成多样的颗粒状，放在玫瑰花的两边。

中间的吊坠，形状是松子形状，通过金属链条的交替叠加而得到。它的一端是紧固线巧妙地聚集，形成一个流苏，并用双链条悬挂在一根用丝网制成的圆柱形管上，在两侧用连在一起的半椭圆的结镶边。末端丢失。

十五号棺椁，196 号。按真实的大小绘制。

注意事项参见第 242 页。

439. *Double Etruscan golden Collar,* one of the most remarkable of the collection for the ingenious elegance of its general arrangement and marvellous finishing. — Consisting of :

I. A principal chain formed by :

(*a*) stamped olives in two shells (the under one flat) adorned by an edged string on their swollen part and twistings on their extremities; these three principal zones are accompanied by an ornament (made of twisted and sodered wire bent into the shape of juxtaposited half-ellipses;

(*b*) free pendants shaped like spheroid balls, stamped and dotted, with a plain cylindrical neck sodered to a strong cylindrical ring which receives the interior fastening string;

(*c*) lenticular beads separating the half-olives (*a*) from the cylindrical rings (*b*), and preventing the string from being seen in the intervals;

II. A series of small chains joined to the principal chain by rosettes made of nine lobes adorned with golden twisted wire and grains. Women's stamped and carved masks with little projecting horns on their foreheads are fastened to those rosettes (very likely the image of the goddess Io, see p. 226). These heads form the predominant motive and serve as fastenings :

(*d*) for loose pendants in the shape of stamped acorns and amphoræ, provided, in the way of flower-work, with rosettes plainer than the first;

(*e*) for small chains which connect the grotesque heads and consist of : 1ᵒ a central nicely twisted wire rosette holding a loose pendant in the shape of a shell; 2ᵒ a small stamped ball, granulated or carved with great variety, placed on each side of the rosette.

The middle pendant, in the shape of a pine-nut, has been obtained by the alternate superposition of zones of golden links cut out like the teeth of a saw, with a wire. It is ended by fastening wires ingeniously gathered, forming a tassel, and suspended by a double small chain to a cylindrical tube made with twisted wire, and bordered on each side with twisted knots of connected half-ellipses. — The end-pieces are missing.

Jewel-box XV, nᵒ 196. — Real size.

See p. 242 the continuation of notices.

XVIIIᵉ SIÈCLE. — ÉCOLE FRANÇAISE (LOUIS XVI).　　　　　　FRISES,
PAR DE LA FOSSE.

Suite de quatre *Frises* ou *Rinceaux de feuillages* tirés de l'Œuvre important de *J.-C. de la Fosse*, architécte et graveur distingué du règne de Louis XVI. Sa manière plantureuse et un peu lourde est facile à reconnaitre. Les pièces ci-dessus présentent des dispositions assez originales où la *guirlande* caractéristique (*V*. p. 34) joue son rôle; on y trouve aussi des exemples du *Cartouche* arrivé à sa décadence. — (*Fac-simile*.)

这是从路易十六时期杰出的建筑师和雕刻家 J. C. 的重要作品中摘选的一套雕带或叶饰作品。很容易看出他丰富而又庄重的设计。上述样本展示了颇具原创性的独特花环（参见第 34 页）的一部分；也同样有关于涡卷饰衰落的例子。（复制品）

A suit of four *Friezes* or *Foliages* taken from the important work of *J. C. de la Fosse*, a distinguished architect and engraver of the reign of Louis XVI. His rich and often heavy designs are easily known. The above specimens display rather singular dispositions where the characteristic *garland* (see p. 34) performs a part; there are also examples of *cartouches* in their decline. — (*Fac-simile*.)

ANTIQUES. — ÉCOLES GRECQUES.

FIGURES DÉCORATIVES, — BRONZES.

MIROIR DE MAIN

(COLLECTIONS CAMPANA.)

(Suite de la page 201.)

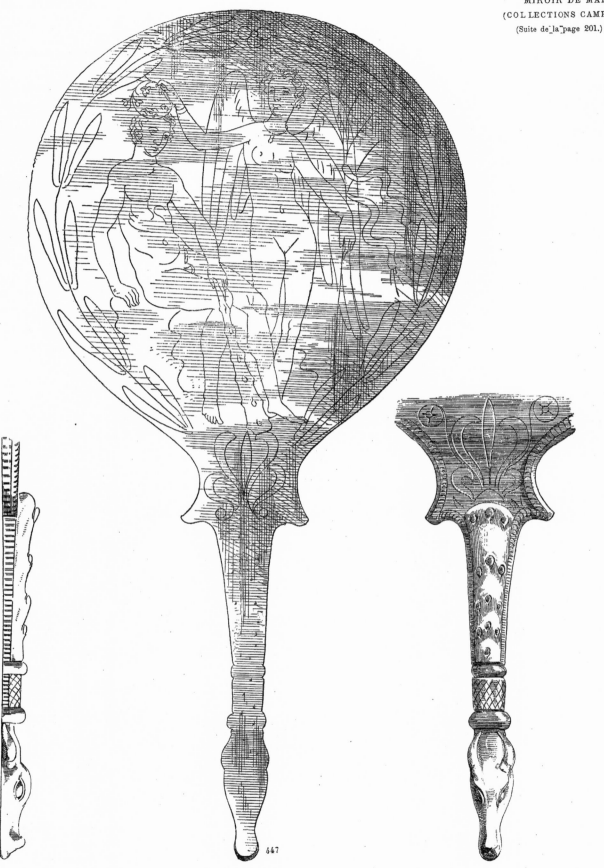

447

Autre *Miroir*, pourvu de son manche, dont nous avons joint le profil et la face postérieure. Le sujet figuré sur le disque, qui est absolument plat, est *Hercule au repos*, couronné par une Victoire ailée aux formes élégantes. Un simple rinceau à feuilles accouplées entoure la composition qui est rendue avec la plus grande sobriété par un trait évidemment gravé à *l'eau-forte* La face du manche est plate, et doit avoir reçu une garniture en ivoire sculpté. Le dessous du manche porte une figuration de la massue du héros, et se termine élégamment par une tête d'antilope. Le revers du disque est encadré d'un rebord godronné. — (*Calque* de l'original, fonte de bronze.) — Sera continué.

另一面镜子，我们已经给出了它的手柄的轮廓和背面。主题画在圆盘上，圆盘非常平坦，赫拉克勒斯（Hercules）在休息，优雅的胜利女神在给他加冠。几片相连的叶子围绕在图案边上，在创作这幅作品时严肃谨慎（显然是在水里）。手柄的前面是平的，饰有雕刻的象牙。手柄后面有一个英雄形象，底端是一个羚羊头的形状。圆盘的背面被一个褶边包围着。未完待续。（描摹原著，青铜铸造）

Another *Mirror*, with its handle, of which we have given both the profile and back. The subject drawn on the disk, which is perfectly flat, is *Hercules resting*, crowned by a graceful winged goddess of victory. A plain joined foliage surrounds the drawing which is executed with the greatest sobriety (evidently an *aqua-fortis*). The front of the handle is flat, and must have been ornamented with carved ivory. The back of the handle bears an image of the hero's club, and ends in the shape of an antelope's head. The back of the disk is surrounded by a plaited edge. — (*Tracing* of the original, cast bronze.) — To be continued.

Deuxième Année.

N° 55.

30 Octobre 1862.

·L'ART·POUR·TOUS·

ENCYCLOPÉDIE

DE L'ART INDUSTRIEL ET DÉCORATIF

Paraissant les 10, 20 et 30 de chaque mois.

EMILE REIBER

DIRECTEUR-FONDATEUR

Abonnement annuel :
Pour toute la France, 18 fr.
Pour l'Étranger,
même prix, plus les droits
de poste variables.

Pour
toutes demandes
d'abonnement-, ré-
clamations, etc.,
s'adr. aux Bureaux du Journal,
13, Rue Bonaparte, à Paris.

XVIᵉ SIÈCLE. — ÉCOLE ALLEMANDE.

ORFÉVRERIE, — RELIURES.
PANNEAU-ARABESQUE,
PAR DANIEL HOPFFER.

This piece, one of the most re-markable of the *brothers Hop-ffer's* works (see p. 143), was executed by *Daniel* (see the mo-nogram), the most diligent of those goldsmiths and engravers. — In an upright pannel, the field of which is covered with arabesks on niello-backgrounds, springs forth, framed in a circular me-dallion of the richest ornamen-tation, the bust of the young king Charles of Spain who was soon afterwards called the Emperor Charles the Fifth. We are of opinion that this piece, conside-red with respect to the history of aqua-fortis engraving, deser-ves, on account of its ancientness, more attention than amateurs seem to have paid to it up to this day. As Charles the Fifth's roya-lity only lasted three years (1516-1519), it appears natural that this engraving should have been executed at that time; it seems to be the reproduction of one of those rich carved silver book-binding of which the goldsmiths of Nuremberg had the monopoly. — Engraving on *iron* plates. — (*Fac-simile.*)

Cette pièce, une des plus cu-rieuses de l'œuvre des frères *Hopffer* (voy. p. 143), est de la main de *Daniel* (voir le mono-gramme), le plus laborieux de ces trois orfévres - graveurs. — Dans un panneau en hauteur dont le champ est couvert d'ara-besques à fonds niellés, se déta-che, encadré dans un médaillon circulaire de la plus riche orne-mentation, le buste vu de profil du jeune roi Charles d'Espagne, qui devait bientôt s'appeler l'em-pereur Charles-Quint. Considérée au point de vue de l'histoire de la gravure à l'eau-forte, cette pièce, par son ancienneté, nous paraît mériter plus d'attention que les amateurs ne lui en ont accordé jusqu'à ce jour. La royauté de Charles-Quint n'ayant, en effet, duré que trois ans (1516-1519), il paraît naturel de repor-ter à cette date l'exécution de cette gravure, reproduction pro-bable d'une de ces riches reliures en argent ciselé dont les orfévres nurembergeois avaient alors le monopole. — Gravure sur *tôle de fer*. — (*Fac-simile.*)

这幅作品是霍普夫（Hopffer）兄弟的作品中（参见第143页）中最令人印象深刻的作品之一，是由丹尼尔（Daniel，见字母组合图）创作，他是3位中最为勤奋的金匠和雕刻家。在一个高大的壁板内，蔓藤花纹印刻在板内黑色背景上，向外凸出，西班牙年轻的查理国王的（不久后成为查理五世）半身像镶嵌在装饰丰富的圆形奖章上。从蚀刻历史的角度来看，这件古老的作品在我们看来，值得人们更多的关注。

由于查理五世的统治只持续了3年（1516~1519年），这个雕刻本来应该是在当时被完成的。它似乎是纽伦堡金匠垄断的那些带有大量银雕书籍的复制品之一。雕刻在铁板上。（摹本）

XVIᵉ SIÈCLE. — ÉCOLE FRANÇAISE (HENRI III).

449

450

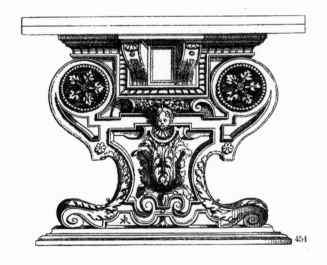

451

452

Quoique le *Livre de Meubles d'A. du Cerceau* (p. 213) date de son second exil à Turin et peut-être de l'année même de sa mort (1592), nous y retrouvons toujours l'imagination vive et le genie élégant dont le Maître a fait preuve dans toutes ses œuvres. Soit que cette suite ait été tirée à petit nombre, soit que l'Art industriel du temps en ait détruit par l'usage beaucoup d'exemplaires, elle est devenue excessivement rare, et, par cela même, fort recherchée des amateurs ; les pièces détachées qui se produisent de loin en loin dans les ventes publiques atteignent des prix fabuleux *. — Les quatre pièces ci-dessus sont tirées de la série des *Tables*. Nous avons pensé donner à nos lecteurs une idée suffisante de la *variété* de ces compositions en rapprochant ici des pièces de *motif* analogue. Ainsi les pl. 449 et 450 ont pour motif des montants doubles séparés par une arcature flanquée de consoles ; les pl. 451 et 452, des consoles accouplées. — Coll. de M. Eug. Piot. — (*Fac-simile.*) — Sera continué.

虽然迪塞尔索（A.Cerceau）的《家具之书》（参见第 213 页）是在都灵第二次流亡的时候出版的，他也许是在同年（1592 年）去世的，我们仍然发现了这位大师的许多作品都证明了，他是富有想象力而又灵动的天才人物。不知是这个系列只有少量作品，还是当时的工业艺术摧毁了大部分，这一系列非常珍稀，因此倍受艺术爱好者的追捧。偶尔会在拍卖会遇到独立作品，叫价高的惊人。上面的四个作品取自桌子系列。我们希望读者能够通过比较几个相似风格的作品，形成对这些作品的多样性的正确理解。因此，图 499 和图 450 作品的主体是拱形支撑混凝土的双立柱；图 451 和图 452 是连接在一起的。来自尤格（Eug Piot）先生的收藏。未完待续。（摹本）

Though *A. du Cerceau's Book of Furniture* (p. 213) was published at the time of his second exile at Turin and perhaps the very same year he died (1592), we still find in it the lively fancy and elegant genius of which the master gave so many proofs in all his works. Wheter only a small number of proofs of that series were drawn, or the industrial art of the time have destroyed a great number by using them, it became very scarce, and is, for that reason, very much sought after by amateurs ; the separate pieces which are occasionally met with in auction-rooms fetch fabulous prices *. — The four pieces above are taken from the series of the *Tables*. We hope our readers will form a correct idea of the variety of these compositions by the comparison of several pieces of a similar style. Thus the subjects of plates 449 and 450 are double uprights with arches supporting consols ; the plates 451 and 452 joined consols. — Mr. Eug. Piot's collection. — (*Facsimile.*) — Will be continued.

* Vente Vivenel, salle Drouot, 17 juillet 1862. — Nᵒ 136 du catalogue : *Banc et siége épiscopal*, 2 pièces adjugées à 44 fr. — Nᵒ 137 : *Tables*, 12 p., 370 fr. — Nᵒ 138 : *Armoires et Dressoirs*, 11 p., 410 fr. — Nᵒ 139 : *Buffets, Dressoirs*, 9 p., 200 fr. — Nᵒ 140 : *Lits*, 6 p., 85 fr. — Nᵒ 141 : *Marqueterie*, 13 p., 310 fr.

* Vivenel Sale, *Salle Drouot*, 17th July 1862. — Nᵒ 136 of the Catal. : *Episcopal form and seat*, two pieces, sold 44 frcs. — Nᵒ 137 : *Tables*, 12 p., 370 frcs. — Nᵒ 138 : *Cupboards and Dressers*, 11 p., 410 frcs. — Nᵒ 139 : *Side-boards, dressers*, 9 p., 200 frcs. — Nᵒ 140 : *Beds*, 6 p., 85 frcs. — Nᵒ 141 : *Inlaid work*, 13 p., 310 frcs.

XVIᵉ SIECLE. — ECOLE FRANÇAISE (HENRI II).

FIGURES DÉCORATIVES.
NYMPHE DE LA SEINE,
PAR J. GOUJON.

This bass-relief was placed between the left hand pilasters of the eastern side of the ancient *Fontaine des Innocents* and formed a match to the Nymph given p. 119.

There is great richness both of attire and drapery in this figure, which the master has imbibed with French elegance. We call the attention of our readers on the vigorous accentuation of the head-dress and its reeds, the elegant folds of the garment, the graceful movement of the arms, and the ingenious manner in which the belt is attached on the shoulders. The slanting plans of the back are represented with boldness and originality. By a contrivance peculiar to *J. Goujon*, and which is to be remarked in many of his works, he managed to throw out the head which is seen from the side, by means of a light drapery.

Ce bas-relief occupait l'entre-pilastre gauche de la face orientale de l'ancienne Fontaine des Innocents, et formait *pendant* à la Nymphe donnée page 119.

Une grande richesse d'ajustements et de draperies règne dans cette figure, que le Maître a imprégnée d'une élégance toute française. Nous ferons ressortir la vigoureuse accentuation de la coiffure en roseaux, la délicatesse des plis de la tunique, la grâce du mouvement des bras, et l'heureux ajustement de la ceinture, ingénieusement rattachée sur les épaules. Les plans fuyants du dos sont présentés d'une façon aussi originale que hardie. Par un artifice tout particulier à *J. Goujon* et que l'on retrouve dans plusieurs de ses œuvres, la tête, vue de profil, se détache du fond par une draperie légère.

这个浅浮雕占据了古老的无辜者之泉东面的左侧壁柱，并与第 119 页的仙女相匹配。

这个人物的衣着和布料都很有格调，主人散发着法国的优雅气息。我们呼吁读者关注头饰和簧片的活泼交融，服装的精致褶皱，手臂的优雅动作以及束带附着在肩膀上的巧妙方式。背部的透

视线以大胆独特的方式呈现出来。让·古戎（J. Goujon）所特有的创作手法，在他的许多作品中都能发现，他用轻薄的帷幔遮住人物头部的一侧。

453

454

455

Among the numerous series (see p. 206) which form the rich *Greek Ceramic* collection in the *Musée Campana*, that of the *Antefixes* (see p. 48) is far from being the least interesting. The various specimens we intend to reproduce in our work will cause our readers to judge of their importance.

We give here, nᵒˢ 454 and 455, two ends of decorated tiles in the shape of Antefixes with small *palm-leaves*, the most used style of decoration for that description of ornament. The beginnings of the small palm-leaves are hidden by heads of a winged genius and of a Jupiter (worn off) forming a crucible. Nᵒ 456, of Etruscan style, represents a woman's head with the Mitra from under which a bunch of beads escapes on each side. Her neck is surrounded by a collar with an amulet. The head is surrounded by radiating egg-shaped drawings of a peculiar character. (Worn off.)

These three pieces are half the real size.

Parmi les Suites nombreuses (voy. p. 206) qui composent la riche *Céramique grecque* des collections Campana, celle des *Antéfixes* (voy. p. 48) n'est pas des moins intéressantes. Les spécimens variés que nous nous proposons de publier dans nos pages en feront apprécier l'importance à nos lecteurs.

Nous donnons ici, fig. 454 et 455, deux bouts de Tuile décorés en Antéfixes *à palmettes*, mode de décoration le plus usité dans ce genre d'ornement. Les naissances des palmettes sont cachées par les têtes d'un génie ailé et d'un Jupiter (fruste) formant culot. Le nᵒ 456, de style étrusque, représente une tête de femme coiffée de la Mitre d'où s'échappe de chaque côté une grappe de perles ; elle porte au cou un collier garni d'une amulette. La tête est accompagnée d'une disposition rayonnée à *oves* d'un caractère particulier.(Fruste.)

Ces trois pièces sont dessinées à moitié d'exécution.

456

在坎帕纳募集的众多系列（参见第 206 页）当中，包含丰富的希腊陶瓷制品，安泰菲克斯（Antefixes）的作品（参见第 48 页）远远没有引起足够的重视。我们将在今后的工作中重现各种样本，来使读者判断这些作品的重要性。

我们在这里给出了图 454 和图 455，两块饰有棕叶的装饰瓦片，这是装饰中最常用的装饰风格。棕叶饰的源点被一个有翼天使和朱庇特（已磨损）的头部所掩盖，形成了底座。伊特鲁里亚风格的图 456，是一个女人的头部，头戴法冠，两边各有一串珠子，脖子上戴着护身符。法冠配有一个向外延伸的奇特卵形装饰。（已受磨损）

这三件作品是按照实际大小的一半绘制。

Deuxième Année.

Nº 56.

10 Novembre 1862.

L'ART POUR TOUS

ENCYCLOPÉDIE
DE
L'ART INDUSTRIEL ET DÉCORATIF
Paraissant les 10, 20 et 30 de chaque mois

EMILE REIBER
DIRECTEUR-FONDATEUR

Abonnement
annuel :
Pour toute
la France,
18 fr.
Pour l'Etran-
ger, même
prix, plus
les droits de
poste
variables.

Pour toutes
demandes
d'abonne-
ments, réclama-
mations, etc.,
s'adresser
aux Bureaux
du Journal,
13, rue
Bonaparte,
à Paris.

Bureaux · Librairie · A · Morel & Cie · 18 · R · Vivienne

XVIIIᵉ SIÈCLE. — ÉCOLE FRANÇAISE (LOUIS XV).

ORFÉVRERIE.
ACCESSOIRES DE TOILETTE,
PAR P. GERMAIN.

457

L'histoire des écoles de la Renaissance et de leur décadence nous montre que, par un rare privilége, il a été donné à quelques familles de perpétuer dans leur sein les traditions artistiques et de les transmettre à leurs descendants. La famille des *Germain*, entre autres, soutint avec honneur pendant près de deux siècles la supériorité de l'orfévrerie française. *Pierre* (1647-1684), premier du nom, fils d'un orfèvre habile, fut chargé par Colbert de ciseler les planches d'or qui devaient servir de Couverture (voy. p. 217) aux Livres contenant les *Conquestes du Roy* (Louis XIV). *Thomas*, son fils (1673-1748), alla se perfectionner en Italie. On conserve à Florence plusieurs de ses chefs-d'œuvre. Les cours de l'Europe se disputèrent à l'envi ses ouvrages qui représentent ce que le génie et le goût, soutenus et éclairés par un travail continuel, peuvent enfanter de plus parfait. Les études de ses magnifiques *Surtouts de Table* le conduisirent à se perfectionner dans l'Architecture; il devint en peu de temps un des plus habiles dans cet art. Une église à Livourne et celle de Saint-Louis-du-Louvre furent construites sur ses plans. Son fils *Pierre*, deuxième du nom, soutint avec distinction, vers la fin du règne de Louis XV, l'éclat de la maison que ses ancêtres lui avaient légué. Il publia, l'année même de la mort de son père, en cent planches, ses *Éléments d'orfévrerie* dont nous donnons un premier spéci-men. — *(Fac-simile.)* — Voir p. 236 les notices.

文艺复兴学派的历史和衰落表明，一些家庭享有延续艺术传统并将其传递给后代的罕见特权。在近两个世纪的时间里，热尔曼家族产生的法国金匠优于其他国家。皮埃尔（Pierre，1647~1684年），这个名字的第一个人，他是一名技术熟练的金匠的儿子，由科尔伯特（Colbert）委托，雕刻了《罗伊的征服》（路易十四）一书封面的金色板块（参见第217页）。他的儿子托马斯（Thomas，1673~1748年）在意大利进行自我完善。他的几件作品被保存在佛罗伦萨。欧洲宫廷为拥有他的作品倍感满足，通过不断地努力，可以领悟出这些作品表现出的天赋和品位。他对桌子的研究使他在建筑学上达到完美；他在很短的时间成为了此类艺术中最聪明的人物之一。里窝那和圣路易卢浮宫的教堂都是在他的规划下建成的。他的儿子皮埃尔（Pierre），这个名字的第二个，在路易十五统治结束的时候，他的祖先已经把盛名传承给他。在父亲去世的那年，他出版了《金匠元素》包含了100个图版，我们从中抽取了第一个样本。注意事项参见第236页。（摹本）

The history of the schools of the Renaissance and their fall shows that some families have enjoyed the rare privilege of perpetuating artistic traditions and transmitting them to their descendants. The family of the *Germains*, among others, have kept up with honour, for a period of nearly two centuries, the superiority of the productions of the French goldsmiths. *Pierre* (1647-1684), the first of that name, the son of a clever goldsmith, was intrusted by Colbert with the carving of the golden plates for the Covers (see p. 217) of the books containing *les Conquestes du Roy* (Louis XIV). His son *Thomas* (1673-1748), perfected himself in Italy. Several of his master-pieces are preserved at Florence. The courts of Europe contented for his works whiuh represent wath both genius and taste can produce, when they are strengthened and enlightened by continual diligence. His studies for his splendid *Table-surtouts* induced him to perfect himself in Architecture; he became in a very short time one of the most clever in that art. A church at Livorno and that of Saint-Louis-du-Louvre where built after his plans. His son *Pierre*, the second of that name, kept up with distinction, towards the end of the reign of Louis XV, the reputation which his ancestors had bequeated to him. He published the very year of his father's death, in 100 plates, his *Éléments d'orfévrerie* of which we give a first specimen. — *(Fac-simile.)* — See notices p. 236.

XVIᵉ SIÈCLE. — TYPOGRAPHIE ROMAINE.   ENTOURAGES, — NIELLES.

(Suite des pages 129, 172.)

The frame nᵒ 458 is similar to that given p. 129. These borders, as we remarked p. 172, are made of moveable pieces of wood able to surround the composition of the texts, and allowing, a certain variety in the arrangement. The pieces which form the present frame represent children playing and a chase disposed like friezes. The uprights consist on one side of a foliage of a bold design, and on the other of a beautiful Chandelier-Shaft of the most elegant disposition. Among the subjects which fill the angles we remark *Curtius sacrificing himself for his country.* Fig. 459 is a *passepartout* similar to those given p. 172, nᵣˢ 323 and 329; fig. 460, a Roman altar with an inscription: fig. 461 and 462 are elements of small borders, similar to those given p. 128, nᵣˢ 239 and 241, and p. 172, nᵣˢ 327, 329 and 330. — (*Fac-simile.*) — To be continued.

L'encadrement nᵒ 458 est analogue à celui donné p. 129. Ainsi que nous l'avons fait remarquer p. 172, ces bordures se composent de bandes de bois mobiles, servant à accompagner la composition des textes, en permettant une certaine variété dans leur arrangement. Les pièces horizontales du présent cadre représentent des jeux d'enfants et une chasse disposés en frises. Les montants se composent d'un côté d'un rinceau d'un dessin très-ferme, et de l'autre d'un superbe Fût de Candélabre de la plus élégante disposition. Entre autres sujets qui remplissent les angles, nous remarquons le *Dévouement de Curtius.* — Fig. 459 est un *passe-partout* analogue à ceux donnés p. 172 aux nᵒˢ 323 et 329; — fig. 460, un autel romain avec inscription; fig. 461 et 462 sont des éléments de petites bordures, analogues à ceux donnés p. 129 aux nᵒˢ 239 et 241, et p. 172 aux nᵒˢ 327, 329 et 330. — (*Fac-simile.*) — Sera continué.

图 458 与第 129 页的相似。正如我们在 172 页所说的那样，这些边界由可移动的木块制成，用于配合文本的撰写，并且允许有不同的布置方式。框架的水平部分描绘了孩子们在玩耍和狩猎的场景。垂直框架一侧是设计大胆的卷草纹条饰，另一侧则是美丽的枝形吊灯，非常典雅。在填补角度的其他主题中，我们注意到了是科提阿斯（Curtius）为国家牺牲了自己。图 459 是一个类似于在第 172 页中图 323 和图 329 给出的那

些画框；图 460 是一个带有铭文的罗马祭坛；图 461 和图 462 小边框，类似于第 128 页给出的图 239 和图 241，和第 172 页给出的图 327，329，330。未完待续。（摹本）

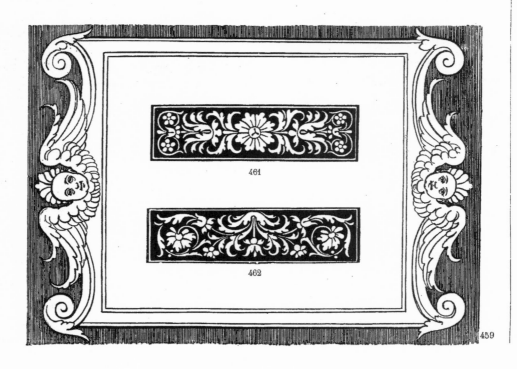

ANTIQUES. — CÉRAMIQUE GRECQUE.

FRISES, — MASCARONS,
(COLLECTIONS CAMPANA.)

These first speci-mens of the impor-tant series of the *antique Friezes* (Campana collec-tion) are the dra-wings of two bass-reliefs with grotes-que heads inter-mixed with orna-ments.

Nᵒ 463 repre-sents the head of an Amphitrite or Naiad accompa-nied by two winged children sitting on dolphins. Half small palmleaves serve to unite both ends, so as to form a running orna-ment by the terra-cotta proofs drawn from one same mould and of which the Campana col-lection possesses several proofs. Tra-ces of painting are visible on several of those pieces. — Heigt of original 0,32; breath 0,44.

Fig. 464, of less pure style and exe-cution, consists of a chandelier which separates two love-knots ornamented by two masks with rather strange headdresses. A double row of chi-mera and foliage, separated by a half-round moulding, crowns the princi-pal field. Conspi-cuous boltholes served to set the terra cotta into the wall. — Half the real size.

463

我们在这里向读者提供的是古老檐壁重要系列的第一个样本，两个关于怪面饰的浅浮雕装饰作品。

图 463 描绘了安菲特里忒（Amphitrite）水神的头部，浮动的头发和被捕获的幼小海豚。鳍形的凸缘描绘了面部的下部轮廓。在每一边，有翅膀的孩子以优雅的姿势骑在海豚身上，并用鞭子刺激它们，使它们在海浪表面上跳跃。两端的半个棕榈叶饰结合起来，可形成一个完整的装饰品，从同一个模具中抽取的赤土陶器印花，这个模具收藏品还有几个副本，其中一些部件的涂料痕迹非常明显。我们在图中注意到黄色调。海豚以翠绿色突出，背景呈红棕色。在中楣的下方，有条细微的线脚支撑；在其上方的冠部，由装饰着棕榈叶的馒形饰组成。原作高 0.32 米，宽 0.44 米。

图 464 是一种风格不太纯粹的作品，中间是一个枝形吊灯，它将两个交织在一起的绥带饰分隔开来，两部分的底部分别连接着棕榈枝，其顶部分别有相当古老的男人和女人的头饰。在主要画面的上方，由简单的线脚分隔成双层的，怪兽和树叶的装饰。这些装饰的精致，用眼睛远距离观看是无法察觉到的，足以说明这个檐壁必须被底座支撑起来，才能与观众的眼睛在同一水平线上。按实际大小的一半绘制。

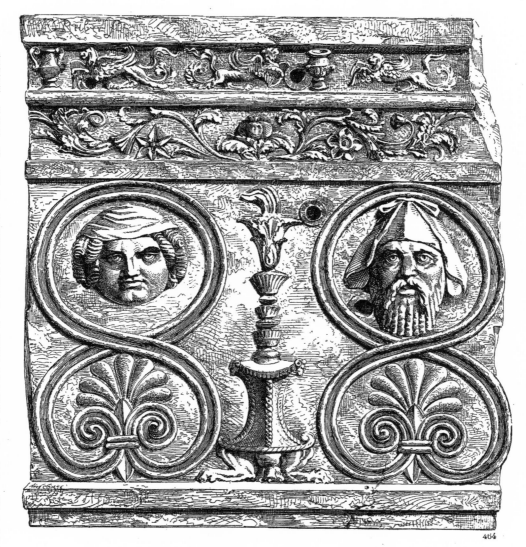

464

Nous offrons ici à nos lecteurs, comme premiers spécimens de l'im-portante série des *Frises antiques* (collections Cam-pana), les dessins de deux Bas-reliefs à Mascarons mêlés d'ornements.

Le numéro 463 a pour motif une tête d'Amphitrite ou de Naïade aux che-veux flottants d'où s'échappent de jeu-nes dauphins. Une collerette en forme de nageoires déli-mite les contours inférieurs de la face. De chaque cô-té, des enfants ai-lés, montés sur des dauphins aux for-mes élégantes, les font bondir sur la surface des ondes en les excitant de leurs fouets. Des demi-palmettes servent à raccorder bout à bout, pour en former un *orne-ment courant*, les épreuves en terre-cuite tirées d'un même moule et dont la Collection possède plusieurs exemplaires. Des traces de peinture sont très-apparen-tes sur quelques-unes de ces pièces. On remarque sur les figures un ton jaunâtre. Les dau-phins se détachent en vert émeraude sur un fond brun-rouge carminé. Le bas de la frise est soutenu par une légère moulure; le haut est couronné par un boudin en-rubanné surmonté d'une crête à pal-mettes. — Hauteur de l'original 0,32; largeur 0,44.

La fig. 464, d'exécution et de style moins purs, est composée d'un candélabre qui sé-pare deux entrelacs à deux parties, se rejoignant dans le bas en palmette, et recevant dans le champ du haut des masques d'homme et de femme assez originalement coif-fés. Un double cours de chimères et de feuillages, sé-parés par un boudin simple, surmonte le champ principal. La finesse de ces ornements cou-rants, qu'un éloi-gnement médiocre rend impercepti-bles à l'œil, indique assez que cette Frise a dû servir à couronner quelque soubassement inté-rieur placé à la hauteur de l'œil du spectateur. — Les trous de boulons, bien apparents, ont servi à encastrer la terre cuite dans le mur. — Moitié d'exécution.

XVIIIᵉ SIÈCLE.
ÉCOLE FRANÇAISE
(LOUIS XV).

Union of two plates drawn from the Chapter on *Lock-smit-ornaments* (*Ornament of buildings*, by *J. F. Blondel*, see p. 29), and representing several drawings of railings, used in France towards 1730. Gardens, terraces, chapel-enclosures, balconies, and in general all the places which were to be shut up without offending the view used to be provided with that style of ornament made of wrougt iron, the smaller ornaments being sheet-iron. The taste of the schools of the time of the Fall for pretentious lines becomes conspicuous in the present compositions, though we owe them to one of the most distinguished artists of the time. Blondel's contemporaries could only find a monotonous dryness in the correctness of the lines and symmetry of the ordering which constitute the remarkable character of ornaments of the same description produced by preceding epochs. Nevertheless, the master recommends not to give way too much, for those sort of things, to free and running designs. He says : " It is very important that the contours which constitute the ornament be well connected by means of bolts, and that the ornamenting *pilasters* (fig. 465 and 467) be placed at reasonable distances to separate the large pannels, and to give, by means of their uprights, sufficient solidity to the frame. "

The figures of nᵣ 465 are two varied specimens of half railings breast-high, double folding and placed between the uprights of an arcade. The wrought iron pilaster near the wall projects as much as the thickness of its iron and receives the folding leaves of the door on the exterior vertical uprigt, which is fastened into the ground. Fig. 467 shows two door-pannel head-pieces, of different design, fixen between two low walls, separating the different parts of a garden. Fig. 466 and 468 are the drawings of large locksmiths' or large building-balcony pannels; the ornaments of the first are made ot turned up sheet-iron, those ot the second of gilt bronze. — (*Fac-simile.*) — To be continued.

FERRONNERIE.
GRILLES DE BALCONS,
PAR J.-F. BLONDEL.

Réunion de deux planches tirées du chapitre des *Ornements de Serrurerie* (*Décoration des édifices*, par *J.-F. Blondel*, voy. p. 29) et représentant differents dessins de *Grilles d'appui*, mis en usage en France vers 1730. Les jardins, terrasses, clôtures de chapelles, balcons, et en général tous les lieux dont on voulait défendre l'entrée sans en ôter le coup-d'œil, recurent ce genre d'orne-ments forgés en fer et relevés de tôle. Le goût des Ecoles de decadence pour les lignes manierées se fait jour dans les compositions ci-jointes qui pourtant sont dues à l'un des artistes *sérieux* de l'époque. Dans la rectitude des lignes, la symétrie des ordonnances, qui forment le caractère saillant des ornements de même nature produits par les époques antérieures, les contemporains de Blondel ne durent voir qu'une ennuyeuse sécheresse. Cependant le maitre recommande de ne pas trop se plaire en pareille matière dans un dessin libre et courant. « Il faut, dit-il, prendre garde que les contours qui composent les ornements soient bien liés ensemble par des boulons, et avoir soin de placer les *pilastres* d'ornements (voy. fig. 465 et 467) à des distances raisonnables pour séparer les grands panneaux, et donner, par le moyen de leurs montants, de la solidité aux châssis. »

Les fig. du nº 465 sont deux spécimens variés de demi-grilles à hauteur d'appui, ouvrant à deux vantaux et placés entre les piédroits d'une arcade. Le pilastre en fer forgé, avoisinant la maconnerie, fait avant-corps de l'épaisseur de son fer, et recoit la ferrure des vantaux de porte sur le montant vertical extérieur, qui est scellé dans le sol. La fig. 467 donne deux panneaux de porte chantournés, de dessin différent, établis entre deux murs d'appui séparant les parties d'un jardin. Les fig. 466 et 468 sont les dessins de grands panneaux de serrurerie ou de balcons de grands édifices ; les ornements du premier sont de tole relevée, ceux du second de bronze doré. — (*Fac-simile.*) — Sera continué.

从《锁匠装饰》的章节［装饰设计，詹姆斯·弗朗西斯·布隆德尔（J.F.Blondel, 参见第 29 页）］中抽取的两块面板，代表不同的格栅绘图，于 1730 年在法国投入使用。一般来说，在花园、露台、教堂围栏、阳台，以及我们想要保护入口的地方，不会因阻碍而遮挡住视线，所以经常出现这种装饰风格的线条充满了颓废派的味道，是由当时的一位伟大的艺术家所引起的。

布隆德尔的现代艺术从线条的正确性和顺序的对称性中只有无变化的平淡，这构成了前述时代所产生的相同绘画的杰出装饰品的显著特征。然而，艺术家建议不要包含太多的东西，要自由且流畅的设

计。他说：" 构成装饰的轮廓通过螺栓牢固地连接起来是非常重要的，并且把这些装饰性的装饰板（图 465 和图 467）以合理的距离放置，以便分隔更大的面板，通过立柱，使框架具有足够的坚固性"。

图 465 是两个不同高度的半格栅样本，在双扇门扉开口处之间，装饰着弓形结构的门侧柱。靠墙的铁艺壁柱凸出了与铁一样的厚度，并接收外部垂直的门的折叠叶片。图 467 表示了两个设计不同的门板顶横梁，固定在两个低墙之间，将花园的不同部分分开。

Deuxième Année.　　　　　　　N° 57.　　　　　　　20 Novembre 1862.

·L'ART·POUR·TOUS·

5ͦ Centimes le Numéro

ENCYCLOPÉDIE
DE L'ART INDUSTRIEL ET DÉCORATIF

Paraissant les 10, 20 et 30 de chaque mois.

EMILE REIBER
DIRECTEUR-FONDATEUR

Abonnement annuel :
Pour toute la France, 18 fr.
Pour l'Étranger,
même prix, plus les droits
de poste variables.

Pour
toutes demandes, ré-
clamations, etc.,
s'adr. aux Bureaux du Journal,
18, rue Vivienne, à Paris.

Bureau Librairie A. Morel & Cie

XVII° SIÈCLE. — ÉCOLE FRANÇAISE (LOUIS XIV).

PLAFOND DE PEINTURE,
PAR D. MAROT.

Disposition d'une grande magnificence unie à une grande simplicité de motif. — Qu'on suppose un grand salon rectangulaire
orné dans ses angles de pilastres qui supportent un entablement
régnant autour de la pièce. La saillie extrême de la corniche sera
figurée par le cadre de notre dessin. Un second ordre d'architecture (en *attique*), enrichi de baies demi-circulaires sur le grand
côté du rectangle et d'ouvertures carrées à plates-bandes sur le
petit côté, forme la base de la composition du Plafond. Des cariatides en gaînes, placées aux angles, prolongent les pilastres du
bas et soutiennent un second entablement couronné d'une balustrade pleine, laissant une claire-voie rectangulaire, où, sur un
fond lumineux et lointain de ciel et de nuages, se détache l'*As-
semblée des Dieux*. Les figures allégoriques de la *Prudence* et de
la *Justice*, de la *Renommée* et de l'*Abondance*, reconnaissables à
leurs attributs, garnissent les tympans des arcades. Les baies
latérales sont étoffées de groupes d'enfants. Aux angles, de forts
culs-de-lampe supportant des vases forment amortissement. De
vigoureuses guirlandes tenues par les cariatides, relient les parties de la composition en rompant la sécheresse des lignes d'architecture. — (*Fac-simile.*)

奢华的装饰和简洁的主题相结合。假设这是一个巨
大的长方形大厅，大厅每个角上都放置着壁柱，它们支
撑着穹顶。檐口端部的凸出物由我们图中的框架表示。
由长方形长边上的半圆形开口和小边上的方形开口构成
的第二层建筑（阁楼）形成了天花板组成的基础。鞘形
女像柱位于角落里，超过下面的壁柱，支撑着一个在全
栏杆顶上的第二个檐部，留出了一个长方形的空间，供
天神在明亮和遥远多云的天空上集会。其属性得知的
审慎与正义、名望与财富的寓言形象，填补了这个拱廊
的空白。侧口的是一群大人和小孩子。角落由支撑器皿
底部的附加物组成。女像柱所举着的花环把作品的各个
部分连在一起，使建筑的线条更加灵活。（摹本）

Great sumptuousness of arrangement and simplicity of subject
united. — Suppose a large rectangular hall decorated in its
angles with pilastres supporting an entablature round the ceiling. The extreme projecture of the cornice is represented by
the frame of our drawing. A second order of architecture (Attic)
enriched by semi-circular openings on the longer sides of the
rectangle and by square openings on the smaller sides, forms
the basis of the composition of the ceiling. Cariatides in
sheaths, situated in the angles surmount the under pilasters and
support a second entablature crowned by a full balustrade,
leaving a rectangular space, where the *Assembly of the Gods* detaches itself on a luminous and distant cloudy sky. The allegorical figures of *Prudence* and *Justice, Fame* and *Abundance,*
to be known by their attributes, fill the arcades. The side-open-
ings are peopled with children. The angles are made round by
big tail-pieces supporting vases. Heavy guarlands held by the
cariatides unite the parts of the composition, and cause the dry
lines of architecture to disappear. — (*Fac-simile.*)

ANTIQUES. — CÉRAMIQUE ÉTRUSQUE.

ANTÉFIXES.

COLLECTIONS CAMPANA.

470

471

Parmi les *monuments primitifs* conservés dans les collections Campana, nous ne saurions en choisir de plus intéressants que ces deux *Antéfixes* ou Tuiles faîtières, décoration habituelle du sommet des frontons aux édifices sacrés des anciens. Par leur style, leurs attributs, ces ornements remarquables semblent jeter un jour nouveau, non-seulement sur les origines de l'Art, mais encore sur l'histoire des temps primitifs de l'Italie.

Io, fille d'Inachus, métamorphosée en vache par Jupiter pour tromper la jalousie de Junon, fut l'objet, dès l'établissement des premières colonies grecques en Asie Mineure (vers 1140 av. J.-C.), d'un culte qui se rapprochait de celui de l'Isis des Égyptiens. Du reste, dès le IXe siècle avant J.-C., la confédération des douze villes ioniennes établies en Lydie se rendit célèbre par son commerce, sa navigation, ses colonies, son luxe et le développement qu'elle sut donner aux beaux-arts. Ces faits, rapprochés de certains détails tout *asiatiques* des figures ci-contre (disposition oblique des grands yeux, cheveux tressés à l'égyptienne), nous font croire à l'établissement d'une colonie ionienne en Étrurie dès le VIIIe siècle avant J.-C. et à sa fusion avec les peuplades primitives du centre de l'Italie (Pélasges, Aborigènes, Osques, Tusci, Étrusques primitifs ou Rasena). Quant aux coiffures en forme de casques, mais conservant toujours les formes attributives de la déesse Io, elles s'expliquent par les changements que dut apporter au culte primitif l'esprit guerrier des populations.

Les fig. 470 et 471 donnent l'ensemble et la vue de face du premier de nos Antéfixes; la fig. 472 représente le second, vu de *trois quarts*. Une forte branche (fig. 470), placée au derrière des disques de l'un et de l'autre, forme arc-boutant pour leur donner de la solidité.

A l'intérêt de la forme ces deux pièces joignent celui des couleurs de la *Polychromie* primitive (voyez page 48). Les champs saillants du *Nimbe* de la fig. 471 se détachent en *ocre jaune* sur un fond *brun rouge*; disposition inverse pour la fig. 472. Les arcades sourcilières des casques, les lèvres, les colliers, quelques parties des crêtes qui accompagnent le contour supérieur des têtes, sont en brun rouge. Les parties teintes en *noir* sont suffisamment indiquées par les dessins qui représentent les objets en demi-grandeur. — (*Inédit.*)

472

Among the *primitive monuments* preserved in the Campana collections, the two *Antefixes* or top-tiles which adorn the pediments, and which bear the attributes of the goddess Io (transformed into a cow by Jupiter), seem to throw a new light not only on the origin of Art, but also on the history of the primitive times of Italy. These monuments might prove the establishment of an *Ionian* colony in Etruria towards the VIIIth cent. B. C., and its fusion with these warlike primitive tribes (see the head-dresses in the shape of helmets).

These two pieces are not only interesting with respect to their shape, but also to the colours of the primitive Polychromy (see p. 48) which are *yellow ochre, red brown* and *black*. These colours strike us as being sufficiently indicated by the drawings, which represent objects half the real size. — (Inedited.)

在坎帕纳藏品中保存的原始纪念碑中，装饰着山形墙的两个末端装饰或顶层瓷砖，体现了女神（变为一头牛的朱庇特）形象，似乎不仅阐述了艺术的起源，还阐述了意大利原始时代的历史。

这些纪念碑可能证明伊特鲁里亚的爱奥尼亚殖民地在七世纪建立，并与好战的原始部落融合在一起（见头盔形状的头饰）。这两件作品不仅形状有趣，包括黄色赭石、红褐色和黑色的原始多色装饰（参见第48页），很有意思。这些颜色给我们留下深刻印象，它们在图纸充分地表现出来，以实际尺寸的一半绘制。（已编辑）

XVIIIᵉ SIÈCLE. — ÉCOLE FRANÇAISE (LOUIS XVI.)   FRISES,
PAR SALEMBIER.

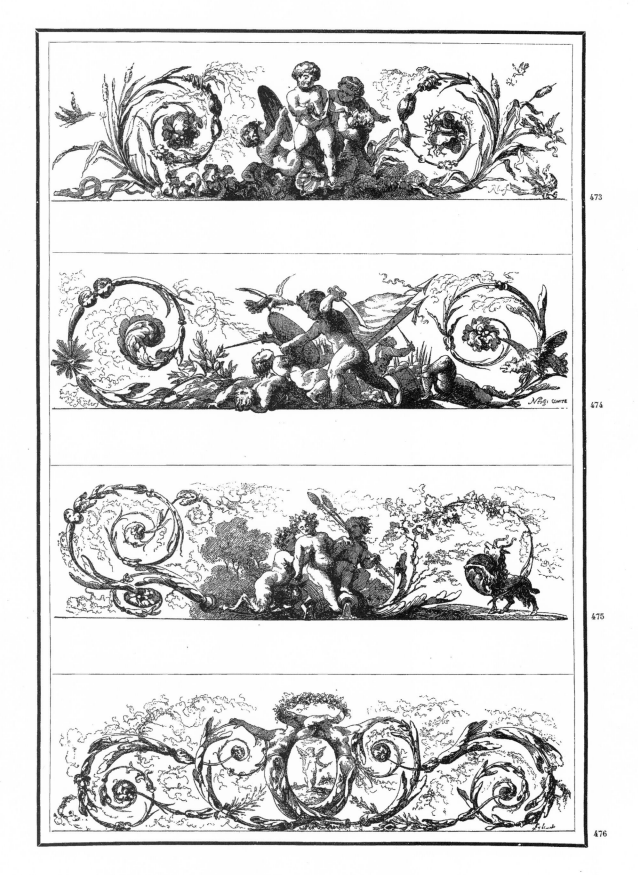

Cette planche, tirée d'un des cahiers de *petites Frises de Salem-bier,* se distingue par l'élégance avec laquelle les rinceaux d'orne-ments sont disposés. Les quatre sujets centraux, formés de groupes d'enfants, représentent : fig. 473, *Vénus Anadyomène* ou la *Beauté;* 474, *Mars* ou la *Guerre;* 475, *Bacchus* ou le *Vin;* 476, *Cupidon* ou l'*Amour.* Les feuillages des rinceaux sont variés en rapport avec les sujets. Le dessin des figures n'est pas à la hauteur du talent de l'ornemaniste. — (*Fac-simile.*) — Sera continué.

这个作品是从《莎伦贝尔（Salembier）的小雕带》中选取的，添加装饰性的叶子凸显优雅。四个由小孩组成的中心主题代表着：图 473，爱与美的女神维纳斯或美丽；图 474，战神或者战争；图 475，酒神或酒；图 476，丘比特或爱情。蜿蜒的树叶与主体融为一体。人物的设计与装饰品的设计不同。未完待续。（摹本）

This plate, drawn from one of the cartons of *Salembier' Small Friezes,* distinguishes itself by the elegance with which the ornamenting foliage has been arranged. The four central subjects, formed by groups of children, represent : fig. 473, *Venus Anadyomene* or *Beauty;* 474, *Mars* or *War;* 475, *Bac-chus* or *Wine;* 476, *Cupid* or *Love.* The winding foliage is in harmony with the subjects. The design of the figures is not equal to that of the ornaments. — (*Fac-simile.*) — To be con-tinued.

ANTIQUES. — CÉRAMIQUE GRECQUE.

POTERIE CORINTHIENNE.
(COLLECTIONS CAMPANA.)

477

478

479

480

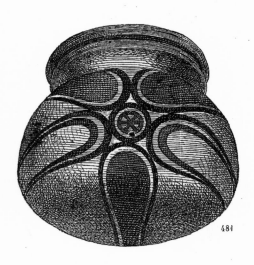

481

481

En prévision du très-regrettable démembrement dont est encore menacé le Musée Campana à l'heure où nous livrons ces pages à l'impression, nous avons dû recueillir à la hâte quelques types curieux destinés aux Musées provinciaux et qui, par leur forme, leur mode de fabrication, les couleurs dont ils sont revêtus, peuvent fournir des renseignemens utiles à l'industrie artistique contemporaine. De ce nombre sont les *petits Vases Corinthiens* dont nous donnons ici quelques spécimens et qui étaient destinés aux usages domestiques. On y renfermait les huiles, essences, parfums, liqueurs, épices, condimens, etc. Les formes en sont très-variées, et leur ornementation (peinte) n'a pour base que des lignes de la plus grande simplicité. La peinture est exécutée *sur cru* (ton de terre cuite naturelle); le brun rouge et le vernis noir bistré sont seuls employés.

La vase n° 481, dont nous joignons l'aspect inférieur et le profil du col, est aussi remarquable par sa forme sphérique à fond aplati que par son ornementation en étoile ou fleur à cinq branches.

Tous ces objets en gr. d'exéc. — Nos dessins indiquent suffisamment les tons des émaux.

为了防止坎帕纳在此时再度受到令人遗憾的解体，我们正在将这些页面发送给新闻界。我们认为要收集一些供省博物馆使用的珍贵的特色标本，这些标本可以通过它们形式、制造方式和颜色来为当代艺术产业提供非常有用的信息。我们提供的样本中有一些小的科林斯式器皿，用于家庭内部。它们通常用来保存香精、油、香水、烈酒、香料和调味品等，形状多样，彩饰因线条的简洁而引人注目。这幅作品是在生土（天然的赤土色）上进行油漆处理，只使用了红褐色和黑色。

器皿 481 号，我们展示了其下部的形状和部分颈部，它的平底球形、星形或花状装饰都非常显著。所有物品都是真实大小。我们的设计充分展现了珐琅的色调。

In prevision of the most regretful dismembering with which the *Musée Campana* is again threatened at the very hour we are sending these pages to the press, we felt bound to gather in great haste a few precious characteristic specimens which are intended for the provincial Museums, and which may procure very useful information to the contemporary artistic industry by their form, their mode of manufacturing, and by the colours with which they were painted. Among that number are the *small Corinthian Vases,* of which we give a few specimens and which were intended for domestic purposes. They used to keep in them essence, oil, perfumes, liquors, spices, condiments, etc. Their forms are excessively varied and their painted ornaments are remarkable for the great simplicity of the lines. The painting is executed on the raw earth (a tinge of natural terra-cotta); red-brown and sood-black are the only colours used.

The vase n° 481, of which we show the shape of its inferior portion as well as a section of its neck, is remarkable fort both its spherical shape with a flat bottom and the star-shaped or flower-like ornament with five branches. — All these objects are real size. — Our designs show sufficiently the tinges of the enamel.

Deuxième Année.

N° 58.

30 Novembre 1862.

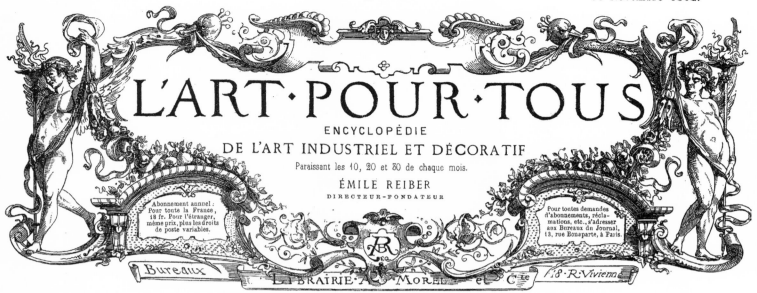

L'ART·POUR·TOUS

ENCYCLOPÉDIE
DE L'ART INDUSTRIEL ET DÉCORATIF

Paraissant les 10, 20 et 30 de chaque mois.

ÉMILE REIBER
DIRECTEUR-FONDATEUR

Abonnement annuel :
Pour toute la France,
18 fr. Pour l'étranger,
même prix, plus les droits
de poste variables.

Pour toutes demandes
d'abonnements, récla-
mations, etc., s'adresser
aux Bureaux du Journal,
13, rue Bonaparte, à Paris.

Bureaux   LIBRAIRIE A. MOREL et Cie 18·R·Vivienn

XVIᵉ SIÈCLE. — ÉCOLE ITALIENNE.   **FRONTISPICE,**
PAR E. VICO.

LE LIVRE DES IMPÉRATRICES ROMAINES

E. Vico's book of the *Empresses* (p. 11, 76, 140, etc.)
had several editions, the first of
which (Italian) appeared at Venice, in 1557. The second (Latin) was published in 1558; it
is the same of which we give
the *Frontispiece* as well as the
description taken from the author's preface. — On a Corinthian gate representing the
entrance to the scientific edifice
of his book (*hoc mei operis
œdificio*) and crowned by Janus's, double face who first
taught men the usage of brass
(an allusion to bronze medallions), two allegorical figures
detach themselves : *Wisdom,*
who, according to the inscription of the pedestal, brings
man near Divinity, and *Time,*
creating and destroying every
thing. These figures tread on
Ignorance , personified by
Sphinxes or Harpies. Three
cartouches, one above another,
elegantly united, contain the
title, the dedication (to Otho
Truchsess, bishop of Augsburg,
cardinal and prince of the Holy
Empire) and the place and date
of the publication of the book.
— (*Fac-simile.*)

埃内亚·维科(E·Vico）
的《女皇帝》一书（参见
第 11, 76, 140 页等）有
几个版本，其中第一版（意
大利文）于 1557 年在威尼
斯出版。第二版（拉丁文）
出版于 1558 年；这里我们
给出了序言部分的插画和
描述。在书中，代表他风
格的科林斯式大门上是双
面加纳斯（Janus），他是
第一个教会人类使用黄铜
（暗指铜牌）的人，两个
寓言的人物脱离了自我：
充满智慧，他根据基座上
面的命令，把人引领向神

Le *livre des Impératrices*
d'*E. Vico* (pp. 11, 76, 140, etc.)
eut plusieurs éditions dont la
première [(italienne) parut à
Venise en 1557. La seconde
(latine) vit le jour en 1558;
c'est celle dont nous donnons
le *Frontispice* ainsi que la description tirée de la Préface de
l'auteur. — Sur une porte corinthienne figurant l'entrée de
l'édifice scientifique de son livre
(*hoc mei operis œdificio*) et
couronnée de la double face de
Janus, qui le premier fit connaître aux hommes l'usage de
l'airain (allusion aux *médailles*
de bronze), se détachent les
deux figures allégoriques : la
Sagesse qui, suivant les inscriptions du piédestal, rapproche
les hommes de la Divinité, et
du *Temps* qui met au jour et
détruit toutes choses. Ces figures foulent aux pieds l'*Ignorance*, personnifiée par des
Sphinx ou Harpies. Trois Cartouches superposés, élégamment reliés entre eux, con-
tiennent les titres, dédicace (à
Othon Truchsess, év. d'Augsbourg, cardinal et prince du
Saint-Empire) et les lieu et
date de la publication du livre.
— (*Fac-simile.*)

性和永恒，创造和毁灭每
一件事物。这些人像将无
知踩在脚下，由斯芬克斯
（Sphinxes）或鹰身女妖
（Harpies）表现出来。三
个漩涡装饰，一个在另一
个上面，优雅地结合在一
起，包括标题、题词［给
奥索·特鲁赫泽斯（Otho
Truchsess）、奥格斯堡主
教、红衣主教和神圣罗马
帝国的王子］，以及这本
书出版的地点和日期。（摹
本）

XVIIIᵉ SIÈCLE. — ÉCOLE FRANÇAISE (LOUIS XVI).   BRONZES, — CHENETS,
PAR DE LA FOSSE.

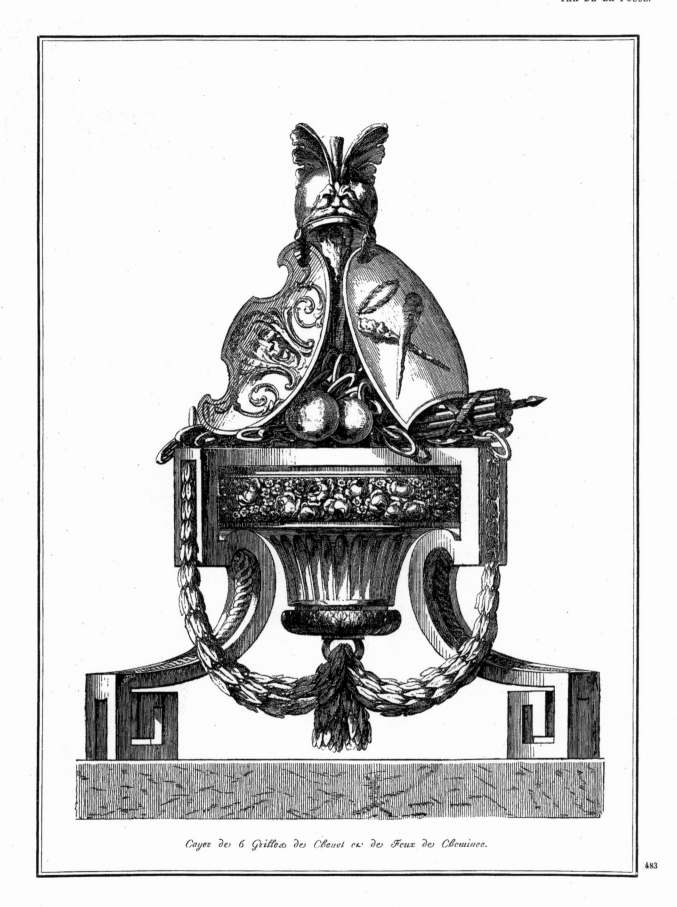

Cayez de 6 Grilles de Chenet et de Feux de Cheminée.

483

Planche 1ʳᵉ du Cahier des *Chenets* et *Feux de Cheminée* de *J.-C. de La Fosse* (p. 215). Cette estampe représente la face d'un *Chenet* composé d'attributs guerriers disposés en Trophée sur un culot circulaire formant pendentif, et enchâssé dans un double pied *à la grecque* (dégénérescence de l'ornement courant de ce nom, et dont on peut voir des spécimens p. 70 et 180; voir aussi les anses des Vases, p. 215, fig. 443 et 446). — Une guirlande de lauriers relie les parties de la composition. Cette pièce, à exécuter en bronze doré, est dessinée en grandeur d'exécution. — Gravure de Berthault. — *(Fac-simile.)*

　　J.C. 福斯（J.C. de La Fosse）所著的《壁炉灯》一书（参见第 215 页）中的第一张板。这张照片表示了一个好战的舍内（Chenet）的面孔，在奖杯的圆形底座上，形成一个拱，由形状怪异的两个脚支撑（装饰品的名称发生了变化，其中一些样本可以参见第 70 页和第 180 页；也可参看花瓶手柄，参见第 215 页，图 443 和 446）。月桂花环连接着组成部分，这件作品是镀金青铜作品，按照全尺寸绘制。由帛尔陀（Berthault）雕刻。（摹本）

Plate nº I of the book of *Dogs and Fenders* of *J. C. de La Fosse* (p. 215). That print represents the front of a Dog composed of warlike attributes disposed in Trophies on a circular crucible forming an arch and set in a double foot *à la grecque* (degeneracy of the running ornament of that name, and of which some specimens may be seen p. 70 and 180; see likewise handles of the Vases, p. 215, fig. 443 and 446). — A garland of laurels connects the different parts of the composition. This piece, which is to be executed in gilt bronze, is drawn in full size. — Engraving of Berthault. — *(Fac-simile.)*

484

Avant de quitter sa patrie pour l'Angleterre, *H. Holbein* (pp. 54, 68, 69) exécuta aux crayons de couleur son propre portrait, qui est une des merveilles du musée de Bâle, et que nous donnons ici en *fac-simile* avec toute la perfection que comportent nos nouveaux procédés typographiques.

L'intelligente administration de ce musée popularise en ce moment, par les procédés photographiques de M. Ch. de Bouell, la série des œuvres originales des vieux maîtres allemands tirée du *fonds Amerbach*. Nous appelons sur cette remarquable publication (Bâle et Genève, J. Georg), encore si peu connue en France, toute l'attention des amateurs.

荷尔拜因 (H.Holbein) 在离开祖国去英国（参见第 54、68 和 69 页）之前，用彩色的粉笔绘制了自己的肖像，这是巴塞尔博物馆的奇迹之一，我们在这里以新的印刷工艺将这件作品完美的临摹出来。

这个博物馆的智慧的管理者是通过博艾尔（Bouell）先生的摄影让众人所知的，这是从阿默巴赫（Amerbach）收藏品中选取的老德国大师系列的原创作品。我们呼吁这个著名但少有人知的出版物可以得到所有艺术爱好者的关注。[巴塞尔（Basle）和热那亚（Genova）、J·高格（J.Gorg）]。

H. Holbein, before leaving his native country for England (p. 54, 68, 69), executed in coloured chalks his own portrait, which is one of the marvels of the Basle museum, and the *fac-simile* of which we give here with all the perfection our new typographic processes admit of.

The intelligent administrators of that museum are popularizing, by Mr. Ch. de Bouell's photographic processes, the series of original works of the old German masters drawn from *Amerbach's Collection*. We call on this remarkable publication, so little known, all the attention of the amateurs. (Basle and Geneva, J. Georg.)

ANTIQUES. — ARMURERIE ÉTRUSQUE.

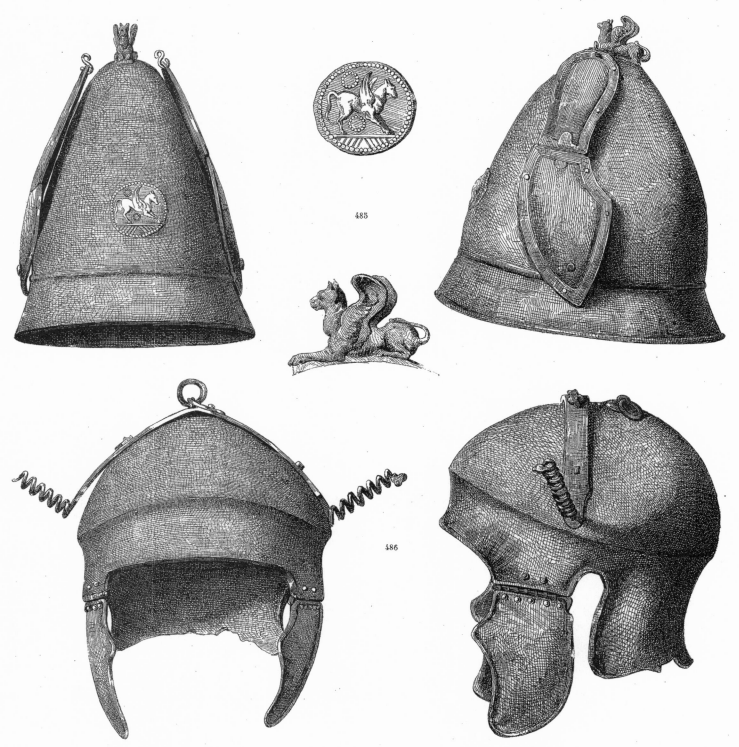

485

486

Non moins intéressante que les séries déjà mentionnées aux pages 193, 201, 207, 212, etc., celle des *Armes antiques* (collections Campana) nous fournit ici un premier spécimen de *Casques étrusques*.

Par sa forme et ses ornements qui se ressentent encore de l'influence orientale (p. 226), le nᵒ 485 paraît remonter à une époque très-reculée, contemporaine peut-être de la fondation de Rome (753 av. J.-C.). — Nous nous contentons de signaler en passant aux peintres d'histoire le grand caractère de ces formes et l'anachronisme de celles employées dans des sujets de cette époque par les écoles de peinture (Casques empruntés à la colonne Trajane, qui date du IIᵉ siècle ap. J.-C., etc.). — Les *jugulaires* de notre casque se rabattent au besoin autour d'un pivot inférieur pour protéger les oreilles et le menton du guerrier. Les détails du médaillon emblématique et du sphinx servant de cimier sont dessinés en gr. d'exéc. — Hauteur totale, 0ᵐ,28. — Bronze.

Le nᵒ 486 paraît remonter à la *période étrusque* de la monarchie romaine (Tarquins) ou aux premières années de la République (VIᵉ siècle avant J.-C.). Les deux serpents (bronze) tournés en spirale paraissent avoir servi à fixer les *crista* ou aigrettes de couleur. L'anneau du haut servait à suspendre la coiffure au ceinturon du soldat pendant les longues marches. Ce casque, dont les lignes sont très-pures, est dessiné à la même échelle que le précédent. — Bronze. — (*Inédit.*) — Sera continué.

古代武器系列（坎帕纳收藏品）并没有与之前提到的第 193，201，207，212 页等一样有趣，展示了伊特鲁里亚人头盔的第一个样本。

从样式和装饰来看，第 485 号保留了东方特色（参见第 226 页），作品属于一个非常遥远的时代，很可能源于罗马（公元前 753 年）。我们简单地指出，对于历史画家而言，这些形式的宏伟特征以及绘画学派当时所用题材的不合时宜性（从基督后第二世纪的图拉真列取得的头盔等）。必要时，头盔上的护颈可以从下部枢轴处拉下，以保护士兵的耳朵和下巴。他详细描绘了标志性的圆形浮雕成顶饰的狮身人面像的细节。总高度 0.28 米。青铜制造。

第 486 号似乎可以追溯到罗马君主时代塔尔奎斯（Tarquins）的伊特鲁里亚时代或共和国的第一年（公元前六世纪）。两条蛇（青铜制品）盘绕，似乎是用于固定羽冠或彩色的羽毛簇。长途跋涉时，上面的吊环是用来悬挂士兵腰带上的头盔的。头盔的线条非常流畅，与前面的头盔相同。青铜制品。应该继续讨论。（已编辑）

The series of the *antique weapons* (Campana Collections), which is not less interesting than those already mentioned page 193, 201, 207, 212, etc., presents a first specimen of *Etruscan Helmets*.

Number 485 seems, by its form and ornaments which have preserved something of the oriental character (p. 226), to belong to a very remote epoch, very likely that of the foundation of Rome (753 B. C.). We merely point out, *en passant*, to historical painters the grand character of these forms and the anachronism of those employed in subjects of that time by the schools of painting (Helmets taken from the Trajan column which is of the IIᵈ century after Christ, etc.). — The *jugulars* of our helmet may be drawn down when necessary round an inferior pivot to protect both the ears and chin of the warrior. The details of the emblematic medaillon and of the sphinx forming the crest are drawn in full size. — Total height 0ᵐ,28. — Bronze.

Number 486 seems to go back as far as the *Etruscan epoch* of the Roman monarchy (Tarquins) or the first years of the Republic (VIᵗʰ century B. C.). The two serpents (bronze) coiling round seem to have been used to fix the *crista* or coloured tuft of feathers. The upper ring was used to suspend the helmet on the soldier's belt when on a long march. This helmet, the lines of which are very pure, is drawn on the same scale as the preceding. — Bronze. — (*Inedited.*) — Shall be continued.

Deuxième Année.   N° 59.   10 Décembre 1862.

·L'ART·POUR·TOUS·

ENCYCLOPÉDIE
DE L'ART INDUSTRIEL ET DÉCORATIF

Paraissant les 10, 20 et 30 de chaque mois.

EMILE REIBER
DIRECTEUR-FONDATEUR

Abonnement annuel :
Pour toute la France, 18 fr.
Pour l'Étranger,
même prix, plus les droits
de poste variables.

Pour
toutes demandes
d'abonnements, ré-
clamations, etc.,
s'adr. aux Bureaux du Journal,
13, Rue Bonaparte, à Paris.

ANTIQUES. — CÉRAMIQUE GRECQUE.   FIGURES DÉCORATIVES.

FRISES, — RINCEAUX.

(COLLECTIONS CAMPANA.)

From the double point of view of the study of ideal beauty, and that of industrial and decorative Arts of the ancient, the collection of *antique Friezes* of the Campana Museum deserves all our attention. The series of *Friezes with figures* remains mostly inedited up to this day; we shall occupy ourselves with it with all the care its importance requires. — We begin this series by the Frieze with *two Fawns*, drinking out of a large vase, a piece very justly admired by the public at the time the collection were exhibited at the *Palais de l'Industrie*. The purity of the design, the remarkable talent with which the naked figures are modelled, the elegance and *laisser-aller* of the ornementation, will certainly attract the attention of our readers. — Half size.

Au double point de vue de l'étude du Beau idéal, et de celle des Arts industriels et décoratifs des Anciens, la collection des *Frises antiques* du Musée Campana appelle à juste titre toute notre attention. La série des *Frises à figures* est restée en grande partie inédite jusqu'à ce jour: nous la traiterons avec tout le soin que réclame som importance. — Nous ouvrons cette suite par la Frise *aux deux Faunes*, buvant à méme un grand Vase, morceau si justement apprécié du public lors de l'exposition des collections au Palais de l'Industrie. La pureté du dessin, le remarquable modelé des nus, l'élégance et le *laisser-aller* de l'ornementation n'échapperont à aucun de nos lecteurs. — Moitié d'exécution.

从理想美的研究和古代的工艺装饰艺术的双重视角来看，坎帕纳博物馆的古老带状装饰的收集值得我们关注。大部分带人物像的饰带系列迄今为止仍未出版。我们将尽一切努力关注该作品。我们看到的这组带状装饰，有两个农牧神，正在从一个大花瓶里喝水，这个

作品在工业宫展览期间非常受欢大众喜爱。绘画的精细、裸体造型的出众、装饰的优雅与从容，必将引起读者的关注。按照实际大小的一半绘制。

XVIᵉ SIECLE. — ÉCOLE ALLEMANDE.

488

Après avoir terminé ses travaux au palais de Stuttgard, *W. Dietterlin* (voy. p. 22, 82, 134, 150) édita consécutivement deux livres de son Œuvre. Retiré à Strasbourg, où il s'occupa de peinture décorative avec les frères *Stimmer* (v. p. 155), il put, quoique affligé de maladie et d'une grande faiblesse physique, mettre la dernière main à sa seconde édition. Il la termina en février 1598, une année avant sa mort. Son Œuvre se ressent des idées noires qui l'assiégeaient constamment, et, dans sa Dédicace de l'édition de Nuremberg à *Daniel Sorriau*, amateur éclairé des arts, il parle à plusieurs reprises de son « pèlerinage à travers cette vallée de misère. » — Dans sa Préface au « lecteur bénévole, » il annonce avoir lui-même gravé à la pointe, fait mordre à l'eau-forte, imprimé et édité son Œuvre. La planche ci-dessus, donnant six dessins de *Chapiteaux* de l'ordre composite, est la 179ᵉ de la seconde édition. — (*Fac-simile.*)

迪特林（W. Dietterlin）在斯图加德宫完成了他的作品（参见第 22，82，134 和 150 页）后，连续出版了两本书。当他在斯特拉伯堡退休时，与斯莱默（Slimmer）兄弟一起（参见第 155 页），投身于装饰绘画，尽管病得很厉害，他还是为第二版进行了最后润色于 1598 年 2 月（他去世前一年）完成作品。他的作品充满了不断困扰着他的忧郁气息，并且在他为丹尼尔·索里奥（Daniel Sorriau，一位开朗的艺术爱好者）所著的纽伦堡版中，一再提到了他的"穿越苦难之谷的朝圣"。他在《宽容的读者》一书的序言中说，他用磨砂工具勾画自己的作品，用蚀刻法雕刻自己的作品，并印刷和编辑了这些作品。上面的板展示了六张混合式柱头的图纸，是第二版的第 179 个。（摹本）

W. Dietterlin, after having achieved his works at the palace of Stuttgard (see p. 22, 82, 134, 150), consecutively published two books of his work. When he lived in retirement at Strasburg, where he occupied himself with decorative painting in compagny with the brothers *Stimmer* (see p. 155), he managed, though very ill and weak, to give a last touch to his second edition. He terminated it in february 1598, one year before his death. His Work bears the stamp of the mélancholic ideas which constantly besieged him, and in his Dedicacy of the Nurnberg edition to *Daniel Sorriau*, an enlightened amateur of arts, he repeatedly mentions his " pilgrimage across this valley of miseries. „ — In his Preface to the " benevolent reader, „ he says that he has himself sketched his plates with the graving tool, engraved his works with aqua fortis, printed and edited them. — The above plate, showing six drawings of *Capitals* of the composite order, is the 179th of the second edition. — (*Fac-simile*)

COUTELLERIE

DE CHASSE ET DE TABLE

(MUSÉE SAUVAGEOT.)

XVIᵉ SIÈCLE. — ÉCOLES FRANÇAISE ET ITALIENNE.

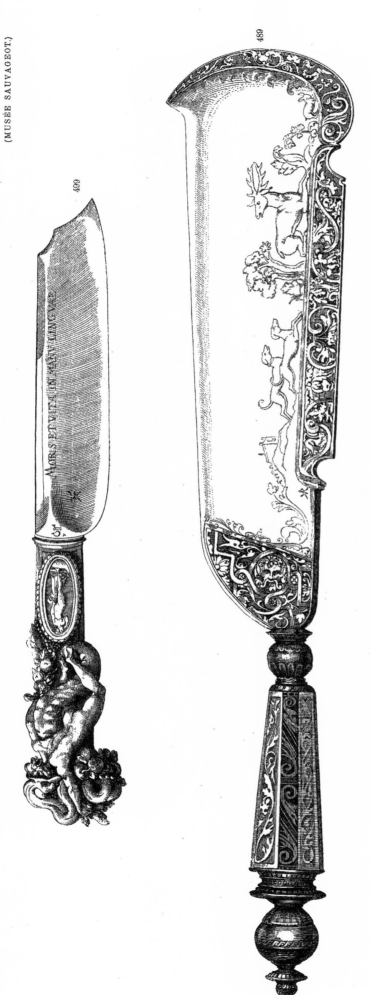

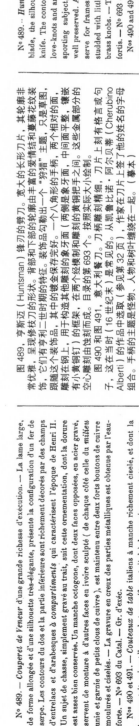

Nᵒ 489. — *Couperet de Veneur* d'une grande richesse d'exécution. — La lame large, de forme allongée et d'une silhouette très-élégante, présente la configuration d'un fer de serpe. Les contours du dos et de la partie inférieure sont richement décorés par des champs d'entrelacs et d'arabesques à *compartiments* qui caractérisent l'époque de Henri II. Un sujet de chasse, simplement gravé au trait, suit cette ornementation, dont la dorure est assez bien conservée. Un manche octogone, dont deux faces opposées, en acier gravé, servent de monture à d'autres faces en ivoire sculpté (de chaque côté celle du *milieu* unie et garnie de petits clous de cuivre), est maintenu entre deux forts boutons de cuivre moulurés et ciselés. — La gravure en creux des parties métalliques est obtenue par l'eau-forte. — Nᵒ 693 du Catal. — Gr. d'exéc.

Nᵒˢ 490 et 491. — *Couteaux de table* italiens à manche richement ciselé, et dont la lame portait, suivant l'usage du temps (fin XVIᵉ siècle) des maximes ou sentences gravées. Ils sont tirés de l'Œuvre de *Chérubin Albert* (v. p. 32); le Maître les a signés de son monogramme. Les sujets des groupes qui composent les manches sont des enlacements de monstres, de feuillages et de figures. — (*Fac-simile.*)

图 489. 亨斯迈（Huntsman）锋刃的劈刀。宽大的长形刀片，呈现修枝刀的形状，其轮廓非常优雅。背部和下部的轮廓由丰富的爱情结和蔓藤花纹装饰，它们有亨利二世时期的特征。装饰品勾勒出一个"狩猎"主题，只是草图，跟随这个装饰品，其中的镀金保存完好。一个八角形的手柄，两个相对的面，雕刻在钢上，用于构造其他雕刻的象牙面（两侧是象牙把，中间面平整，镶嵌有小黄铜钉）的框架，在两个经模制和雕刻的黄铜把之间。这些金属部分的空心雕刻由蚀刻而成。目录的第 693 个。意大利劈刀。按照实际大小绘制。

图 490 和图 491，意大利餐刀，刀柄雕刻精细，刀片上刻有格言或句子，这在当时（16世纪末）是常见的。从凯鲁比诺·阿尔贝蒂诺（Cherubino Alberti）的作品中选取（参见第 32 页），作家在刀片上签了他的姓名的字母组合。手柄的主题怪物，人物和树叶缠绕在一起。（摹本）

Nᵒ 489. — *Huntsman's cleaver* of great riches of execution. — The broad long-shaped blade, the silhouette of which is very elegant, presents the configuration of pruning knife. The contours of the back and the inferior part are richly decorated by fields of love-knots and arabesks in *compartments* characterising Henry the Second's epoch. A sporting subject, merely sketched, follows this ornament, the gilt of which is pretty well preserved. An octangular handle, two opposite faces of which, engraved on steel, serve for frames for other carved ivory faces (on each side, the *middle one* plain and studded with little brass nails), is maintained between two strong moulded and carved brass knobs. — The hollow engraving of the metallic portions has been obtained by aqua fortis. — Nᵒ 693 of the Catal. — Real size.

Nᵒˢ 490 and 491. — Italian *table-knives* with richly carved handles and with maxims or sentences engraved on the blades, as was customary in those times (end of the XVIth century). They are taken from *Cherubino Alberti's* work (see p. 32); the master has signed his monogram on the blades. The subjects of the groups which compose the handles are monsters, figures and foliage entwined. — (*Fac-simile.*)

XVIIIº SIECLE. — ECOLE FRANÇAISE (LOUIS XV).   ORFÉVRERIE.
ACCESSOIRES DE TOILETTE,
PAR P. GERMAIN.

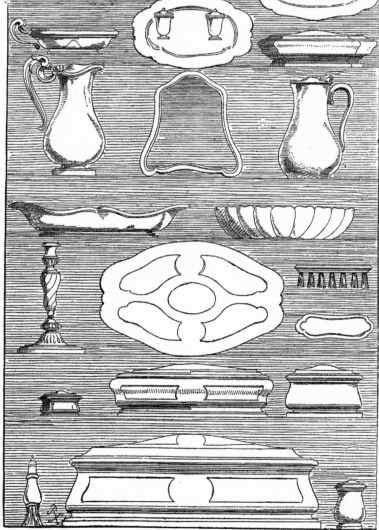

Laying aside the affected forms which characterize the epoch, *P. Germain's* goldsmith compositions bear the stamp of great elegance. We could not give a more complete idea of it but by chosing, among the hundred plates which compose the volume, the series of a lady's *Accessoires de toilette* (about 1750). Figure 493 is the sketch of the ensemble of those objects. The most conspicuous parts of it are the *Mirror*, the *Water-jug*, the *Goblet*, the *Pot à pâte*, the *Boîte à mouches*, given p. 221. We add to these details, fig. 492, those of the *Toilet-flambeau*, the *Glove-box*, the *Powder-box*, the *Jewel-box*, and the *Scent-box*. The details of the other pieces will be found further on. — P. Germain's drawing; Pasquier's engraving. — (*Fac-simile*.)

A part les formes maniérées qui caractérisent l'époque, les compositions d'*Orfévrerie* (et de *Grosserie*) de *P. Germain* portent le cachet d'une grande élégance. Nous ne saurions en donner une idée plus complète qu'en choisissant, parmi les cent planches qui composent le volume, la série des *Accessoires de la Toilette* d'une dame de qualité (vers 1750). La fig. 493 donne les croquis de l'ensemble de ces objets. On retrouvera le *Miroir*, le *Pot à l'Eau*, le *Gobelet*, le *Pot à pâte*, la *Boîte à Mouches* donnés p. 221. Nous joignons à ces détails, fig. 492, ceux du *Flambeau de toilette*, de la *Gantière*, de la *Boîte à poudre*, du *Coffre à bijoux* et du couvercle du *Coffre à racine*. On retrouvera plus loin le détail des autres pièces. — Dessin de *P. Germain*, gravure de *Pasquier*. — (*Fac-simile*)

除了受到影响的形式（描述这个时代特征的）之外，吉尔曼（P. Germain）的金匠作品还有一个特征就是非常优雅。我们无法给出一个更完整的概念，但是通过在构成该卷的 100 个盘子中的女士配饰系列（约 1750 年）可以看出这点。图 493 是这些物品集合的草图。其中最明显的部分是镜子、水壶、高脚杯、糕点罐、剪灯盒，参见第 221 页。我们在图 492 补充了：厕所烛台、手套

箱、粉末盒、珠宝盒和香盒。其他部分的细节将被进一步发现。吉尔曼的绘画作品；由帕斯基耶尔（Pasquier）雕刻。（摹本）

Deuxième Année.

N° 60.

10 Novembre 1862.

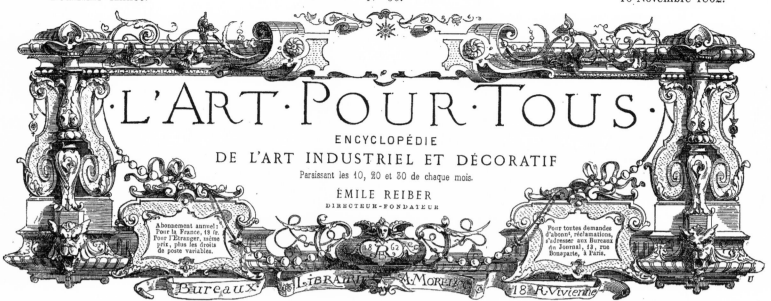

·L'Art·Pour·Tous·

ENCYCLOPÉDIE
DE L'ART INDUSTRIEL ET DÉCORATIF
Paraissant les 10, 20 et 30 de chaque mois.

ÉMILE REIBER
DIRECTEUR-FONDATEUR

Abonnement annuel :
Pour la France, 18 fr.
Pour l'Étranger, même
prix, plus les droits
de poste variables.

Pour toutes demandes
d'abonn¹, réclamations,
s'adresser aux Bureaux
du Journal, 13, rue
Bonaparte, à Paris.

Bureaux LIBRAIRIE A. MOREL 18 R. Vivienne

XVIᵉ SIÈCLE. — ÉCOLE ITALIENNE.

FIGURES DÉCORATIVES.
LA POÉSIE,
PAR RAPHAEL.

494

Le plafond de la première des deux *Chambres de la signature* au Vatican est orné de quatre médaillons circulaires dus au pinceau de *Raphaël* (voy. p. 103) et qui représentent la *Théologie*, la *Philosophie*, la *Jurisprudence* et la *Poésie*. La reproduction de cette dernière composition nous fournit l'occasion d'offrir à nos lecteurs un premier spécimen de la *manière* de l'émule d'Albert Durer (p. 57), du célèbre *Marc-Antoine* Raimondi (p. 181), le prince de la gravure au burin. Cette pièce est exécutée sur un dessin original de Raphaël, étude primitive à cadre rectangulaire. — Comme *effet décoratif*, nous nous bornerons à faire remarquer l'admirable silhouette se détachant sur un fond laissé entièrement blanc par l'illustre graveur. — (*Fac-simile.*) — Sera continué.

这是梵蒂冈的两个拉斐尔"签署厅"的第一个房间中，在房间的天花板上装饰着四枚圆形的纪念章，由拉斐尔（Raphael）绘制（参见第 103 页），分别代表着神学、哲学、法理学和诗歌。最后一部作品的再现让我们可以为读者展示著名的阿布雷·丢勒（Albrecht Durer，第 57 页）的对手——雕刻王子马克·安东尼·雷蒙迪（Marc Antonio Raimondi）的风格（参见第 181 页）。这幅作品是临摹拉斐尔的原版绘画作品，一个用矩形框架进行的原始研究。关于装饰效果，我们将指出值得赞扬的轮廓，作品通过杰出的雕刻脱颖而出。未完待续。（摹本）

The Ceiling of the first of the two *Camere della Segnatura* in the Vatican is ornamented with four circular medallions indebted to *Raphael*'s brush (see p. 103) and wich represent *Theology, Philosophy, Jurisprudence,* and *Poetry*. The reproduction of this last composition gives us an opportunity of offering our readers a first specimen of the style of the celebrated rival of Albrecht Durer (p. 57), *Marc Antonio Raimondi*, the prince of stroke engraving (p. 181). This piece is executed from an original drawing by Raphael, a primitive study with a rectangular frame. — As regards the *decorative effect*, we will content ourselves with remarking the admirable silhouette detaching itself from a ground left entirely white by the illustrious engraver. — (*Fac simile.*) — To be continued.

XVIᵉ SIÈCLE. — ÉCOLE ALLEMANDE.

TAPISSERIES, — BRODERIES.
POINT COMPTÉ,
PAR H SIEBMACHER.

First specimens of patterns of *cross-stitch* taken from the book of *New Models*, etc., by *H. Siebmacher* (p. 202). This reunion of three plates presents skilful geometrical dispositions, proceeding from the square, the octagon, and the starshaped polygon. The variety of these dispositions whill be shown by comparison with the plates which we shall not delay in furnishing, in order to complete as soon as possible these interesting series. As for the application to contemporary industry of these patterns, which are distinguished by a great frugality of colours (two of three at the most), the cabinet-work, flooring, checker and inlaid work, mosaic, the manufacture of painted paper and glass-painting, the ceramic (brick-paving), etc., will find there an ample provision of subjects as simple as ingenious.

The six bands of which our plate is composed are : the 1ˢᵗ with 45 stitches, the 2ⁿᵈ with 43, the 3ᵈ with 25, the 4ᵗʰ with 50, the 5ᵗʰ with 17, and the 6ᵗʰ with 77 stitches. — (*Fac-simile.*)

Premier spécimen des modèles de *Point compté* tirés du livre des *Nouveaux Modèles*, etc., par *H. Siebmacher* (p. 202). Cette réunion de trois planches présente d'ingénieuses dispositions géométriques procédant du carré, de l'octogone et du polygone étoilé. La variété de ces dispositions ressortira de la comparaison des planches que nous ne tarderons pas à fournir pour compléter au plus tôt cette suite intéressante. Quant aux applications à l'industrie contemporaine de ces modèles qui se distinguent par une grande sobriété de couleurs (deux à trois tons au plus), l'ébénisterie, le parquetage, la marqueterie, l'incrustation, la mosaïque, l'industrie du papier et des vitraux peints, la céramique (carrelage), etc., trouveront une ample provision de motifs aussi simples qu'ingénieux.

Les six bandes dont se compose notre planche sont : la 1ʳᵉ à 45 points, la 2ᵉ à 43, la 3ᵉ à 25, la 4ᵉ à 50, la 5ᵉ à 17 et la 6ᵉ à 77 points. — (*Fac-simile*).

汉斯·西布马赫（H.Siebmacker，参见第 202 页）的《新模型》等书中的第一批十字绣图案。这三个板块的结合形成了巧妙的几何组合，包括八角形和星形多边形。我们将通过比较画板，展示各种各样的布局，以尽快完成这些有趣的系列。至于应用于当代工业的这些图案，以颜色简单（两个或最多三个颜色）为特征，橱柜、地板、拼花、镶嵌饰、马赛克、绘画纸、彩绘玻璃和陶瓷（砖铺切）等，都会发现其题材丰富，虽简单，却巧妙。

版面中六个饰带的组成分别为：第一个是 45 针，第二个是 43 针，第三个是 25 针，第四个是 50 针，第五个是 17 针，第六个是 77 针。（摹本）

XVIIᵉ SIÈCLE. — ÉCOLE FRANÇAISE (LOUIS XIV).

CHEMINÉES,
PAR J. BÉRAIN.

496

Réunion de deux *Cheminées* tirées de l'œuvre de *J. Berain* (p. 197). Celle de droite, placée au premier plan, paraît destinée à la décoration d'une Galerie ou Salle d'Apparat. Elle se compose d'un entablement supporté par deux pilastres ioniques réunis par un médaillon de peinture à cadre orné d'agrafes. L'amortissement du haut rappelle le *monteau de cheminée* (p. 188) dont l'usage dans les grands appartements se perdit à la fin du XVIᵉ siècle.

Dans la cheminée de gauche, projetée pour la chambre à coucher de quelque favorite, l'artiste a mis en œuvre toutes les pompes de la coquetterie empesée du « grand siècle. » Au pied d'une arcade formant niche, sous un baldaquin orné de guirlandes et accompagnant un groupe de sculpture (Vénus et l'Amour), s'ajuste une *glace* à cadre chantourné, premier et timide essai de l'application aux décorations intérieures de cette industrie que Colbert venait de créer en France. — Les panneaux de fond sont, dans les deux compositions, ornés de *semis* en dorure. L'ornementation des *contre-cœurs* en fonte (pp. 23, 118) est d'une grande recherche. — Gravure de Daigremont. — (*Fac-simile.*)

两个从贝朗 (J·Berain) 作品中选取的壁炉的结合 (参见第 197 页)。第一个给出的右边的那个，是画廊或者大厅的装饰。它是由两个爱奥尼亚式壁柱支撑的檐部组成，通过一个圆形彩绘图案和扣钩装饰的边框连接组成的。上半部分的装饰让人想起在 16 世纪末消失的在大型公寓使用的壁炉台 (参见第 188 页)。

左边的壁炉是在一些最喜欢的卧室中使用的，艺术家使用了 "伟大世纪" 中所有的娇媚和浮华。在形成壁龛的拱廊底部，有一组雕塑 (维纳斯和丘比特)，配备了一个玻璃框架，这是科尔伯特 (Colbert) 在法国刚刚创建室内装饰行业时应用的第一个，也是唯一的尝试。背景的嵌板都是用镀金的植物装饰。壁炉的背部装饰 (参见第 23, 118 页) 很值得研究。由戴格蒙特 (Daigremont) 雕刻。(摹本)

Reunion of two *Chimneys* taken from the work of *J. Berain* (p. 197). The one on the right, given in the first, plan, seems destined to be the decoration on a Gallery or State-room. It is composed of an entablature supported by two Ionic pilasters, united by a round painted modillion with a border ornamented with clasps. The finishment of the upper part recalls to mind the *mantel-piece* (p. 188) the usage of which in large appartments disappeared at the end of the XVIᵗʰ century.

In the chimney on the left, intended for the bed-room or some favorite, the artist has put in execution all the pomps of the formal coquetry of the "great century". At the foot of an arcade forming a niche, under a canopy adorned with garlands, and accompanying a group of sculpture (Venus and Cupid), is adjusted a *looking-glass* in a frame cut in profil, first and timid attempt at applying to interior decorations that ingenuity which Colbert had just given birth in France. — The panels of the back-ground are in both compositions ornamented in gilt seed-plats. The decoration of the cast *backs* of the chimneys (pp. 23, 118) is of great research. — Engraving by Daigremont. — (*Fac-simile.*)

ANTIQUES. — CÉRAMIQUE GRECQUE.

ANTEFIXES.
(COLLECTIONS CAMPANA.)

497

498

Better divided than Etruria (p. 226) in reference to the climate and form of the country, the southern countries of Italy, designated in ancient times under the name of *Great Greece*, received at an early period colonies come from the Ionian towns, wich Neleus and his companions had founded in Lydia in the xıɪᵗʰ century B. C. — Although of a milder expression than the *Antefixes* given p. 226, those represented here in the numbers 497 and 498 appear from their *Asiatic character* and the archaism of their forms to date back to the earliest periods of the Ionian establishments. They represent the masks of two goddesses accompanied by radiant dispositions forming *nimbus*; they both bear the traces of the primitive Polychromy (ochre, red-brown and black) and appear to have been used for decorating angles of pediments. — Nr. 499 dates from the fine Grecian epochs; it is the end of a tile (p. 48). On the head of a genius (Morpheus?) which detaches itself upon a tuft of poppy leaves, is expanded a triple foliage recalling the volutes or *caulicauli* of the Corinthian capital, and skilfully allowing the fruit at the axils of its branches to be seen.

The figures 497 and 498 are drawn in the third, and the fig. 499 in the half of their execution.

490

Mieux partagées que l'Etrurie (p. 226) sous le rapport du climat et de la conformation du pays, les contrées méridionales de l'Italie, désignées dans l'Antiquité sous le nom de *Grande-Grèce*, reçurent de bonne heure des colonies parties des villes Ioniennes qu'avaient fondées en Lydie, au xıɪᵉ siècle avant J.-Ch., Nélée et ses compagnons. — Quoique d'une expression plus douce que les *Antéfixes* donnés p. 226, ceux figurés ici aux nᵒˢ 497 et 498, par leur caractère asiatique et l'archaïsme de leurs formes, paraissent remonter aux premiers temps de ces établissements ioniens. Ils représentent les masques de deux déesses accompagnés de dispositions rayonnantes formant *nimbe*; ils portent tous deux des traces de la polychromie primitive (ocre, brun-rouge et noir), et paraissent avoir servi à décorer des angles de frontons. — Le nᵒ 499 date des belles époques grecques; c'est un bout de tuile (voy. p. 48). Sur la tête d'un génie (Morphée?) qui se détache sur une touffe de feuilles de pavot, s'épanouit un triple rinceau rappelant les volutes ou *caulicoles* du chapiteau corinthien, et laissant ingénieusement apparaître les fruits aux aisselles de ses branches.

Les fig. 497 et 498 sont dessinées au tiers, et la fig. 499 à moitié d'exécution.

与埃特鲁里亚（参见第226页）相比，在古代，意大利南部国家根据希腊的气候和国家形式命名。这些国家在早期殖民地时期来自爱奥尼亚城镇，涅琉斯（Neleus）和他的同伴在公元前12世纪建立了吕底亚。虽然与第226页的修正相比，这个词的表现要温和一些，但在图497和图498中代表的是他们的亚洲性格和他们形式的拟古主义，这可以追溯到最早的爱奥尼亚时期。这里的两幅图片是两个女神面具，伴随着光芒四射的排列，光晕在其周围应运而生，它们都带有原始的

多色（比如赭色、红褐色和黑色）痕迹，并且似乎被用来装饰山形墙。图499最早可以追溯到古希腊时期，是一组瓦片的最后一块（参见第48页）。在这位守护神［梦神摩耳甫斯（Morpheus）？］的头部上方，一丛丛罂粟叶子脱落，扩展成一种三叶树，让人想起涡卷形饰或科林斯式的蜗壳，巧妙地把果实放在树枝上，非常显眼。

图片497和498是原作的三分之一，而图499则是原作的一半。

Deuxième Année.　　　　　　　　N° 61.　　　　　　　　30 Décembre 1862.

L'ART POUR TOUS

ENCYCLOPÉDIE
DE
L'ART INDUSTRIEL ET DÉCORATIF
Paraissant les 10, 20 et 30 de chaque mois

EMILE REIBER
DIRECTEUR-FONDATEUR

Abonnement
annuel :
Pour toute
la France,
18 fr.
Pour l'Étran-
ger, même
prix, plus
les droits de
poste
variables.

Pour toutes
demandes
d'abonne-
ments, récla-
mations, etc.,
s'adresser
aux Bureaux
du Journal,
13, rue
Bonaparte,
à Paris.

Bureaux Librairie A. Morel & Cie 18 R. Vivienne

ANTIQUES. — CÉRAMIQUE GRECQUE.

(GRANDE-GRÈCE.)

FRISES, — RINCEAUX.

FRISE DE COURONNEMENT.

(COLLECTIONS CAMPANA.)

500

Le caractère élevé de la composition, l'élégance et la pureté des formes, l'ondulation des contours de la partie supérieure et les ouvertures (feintes) pour l'écoulement des eaux pluviales, que l'on remarque sous le rinceau inférieur, indiquent suffisamment que cette admirable terre-cuite faisait partie du Chéneau d'un Temple datant de la plus belle époque de l'Art grec. — Moitié d'exécution.

这幅作品的高贵特征、结构的优雅和纯真，上部轮廓的曲线以及下部树叶下的雨水排水孔（隐藏），充分说明了这件令人钦佩的赤土陶器是组成寺庙屋檐的一部分。它可追溯到希腊最辉煌的时期。绘图为实际大小的一半。

The elevated character of this composition, the elegance and purity of its structure, the curving of the outlines of the upper part and the apertures (concealed) for the drainage of the rain-water, which are visible under the lower foliage, sufficiently indicate that this admirable terra-cotta formed part of the eaves of a temple, dating from the finest epoch of Grecian art. — Half the real size.

ANTIQUES. — ORFÉVRERIE ÉTRUSQUE.

Suite des notices de la page 214.

440. *Bulle en or* d'une forme très-élégante, à panse cannelée (estampé) et ornée à son col et à sa partie inférieure d'ornements exécutés en granules d'or. Le dessin du dessous rappelle la figure symbolique des *trois jambes disposées en roue*, dont l'origine est étrusque (voir les *Vases*), et qui s'est conservée jusqu'à nos jours dans les blasons de quelques maisons d'Allemagne et d'Italie. Ce bijou porte une bélière et a dû servir à renfermer quelque amulette. — Les Romains avaient emprunté aux Étrusques, leurs voisins, la *bulle d'or* comme marque distinctive des jeunes patriciens. Ils la quittaient à l'âge de puberté, époque à laquelle ils quittaient la *prétexte* pour prendre la *toge*. Les enfants appartenant aux classes inférieures, et ceux des affranchis portaient une bulle de cuir. — Écrin XIX, nº 215.

441. *Pendants d'oreilles en or* de style gréco-étrusque, formés de trois parties, réunies et rendues mobiles par des anneaux : 1º le crochet de suspension ; 2º une plaquette découpée suivant la forme du bouclier échancré des Amazones (*pelta*), ornée au centre d'une tête en mascaron ; 3º une pyramide triangulaire renversée terminée par un grain d'or. — Écrin IX, nº 126.

442. *Pendants d'oreilles en or* en forme d'anneau uni à renflement, portant à sa partie inférieure un groupe de quatre lentilles dont trois à face extérieure rencreusée et renflée d'un bouton central (estampé). Des granules d'or rangés en cercle forment astragale autour du bord ouvert de l'anneau dont les attaches manquent. D'autres groupes de quatre granules, disposés en *piles de boulets*, garnissent les points de tangence des lentilles. — Écrin VII, nº 62. — Tous ces objets en grandeur d'exécution.

440. 这是一个非常优雅的金色珠子，带有凹槽，印有图案，颈部和下半部分装饰着黄金颗粒。下半部分的设计让我们想起三脚的象征符号，像轮子一样，它的来源是伊特鲁里亚（见器皿），直到现在在一些德国和意大利的家庭中仍旧保存着。这个宝石包含一个戒指，一定是用来作护身符的。罗马人从他们的邻国伊特鲁里亚那里借用了金珠，作为年轻贵族的标志。他们在青春期会与玩伴分道扬镳，那时他们会脱下儿时旧衣，穿上长袍，而下等阶级和自由阶级的孩子们则还戴着一串皮革。

441. 这是希腊伊特鲁里亚风格的金耳环，一共分为三个部分，由可移动的环统一连接：第一部分是个吊环；第二部分是亚马逊（佩尔塔）使用的空心盾形的一个小盘子，中间装饰着一个蒙面的头；第三部分以翻转的三角形金字塔结束。

442. 这个金耳环以一个普通透明环的形式出现，在下面保持着一组四个小扁豆，其中三个在正面被挖空，并装有了一个圆形装饰，上面盖上了戳。黄金粒排列成圆环，在环的边缘形成了一个小环，它的扣环和钩子都不见了。其他四粒黄金，排列成了弹状，装饰小扁豆的切点。所有图片都按照原比例绘制。

440. *A golden Bead* of a very elegant form with fluted (stamped) paunch, and the neck and lower part adorned with ornaments executed in granules of gold. The design of the lower part recalls to mind the symbolical figure of the *three legs disposed like a wheel*, the origin of which is Etruscan (see the *Vases*) and which is preserved until now in the blazons of some German and Italian families. This jewel contains a ring and must have served for holding some amulet. The Romans had borrowed the *golden Bead* from the Etruscans, their neighbours, as a mark of distinction for the young patricians. They parted with it at the age of puberty, the time when they laid aside the *prætexta* for the *toga*. The children of the inferior and free classes wore a bead cf leather. — Casket XIX, nº 215.

441. *Golden Ear-drops* of Greek-Etruscan style, made in three parts, united and rendered moveable by rings : 1º the suspension hook ; 2º a small plate cut after the form of the hollow shield used by the Amazons (*pelta*), the centre decorated with a masked head ; 3º a triangular pyramid reversed and terminated by a grain of gold. — Casket IX, nº 126.

442. *Golden Ear-drops* in the form of a plain divulging ring, sustaining at its lower part a group of four lentils, three of which are hollowed out on the front-side and filled with a central button (stamped). Granules of gold, arranged in a circle, forming an astragal round the edge of the ring whose fastenings and hooks are missing. Other groups of four granules, arranged in *bullet piles*, decorate the tangent points of the lentils. — Casket VII, nº 62. — All these objects executed full size.

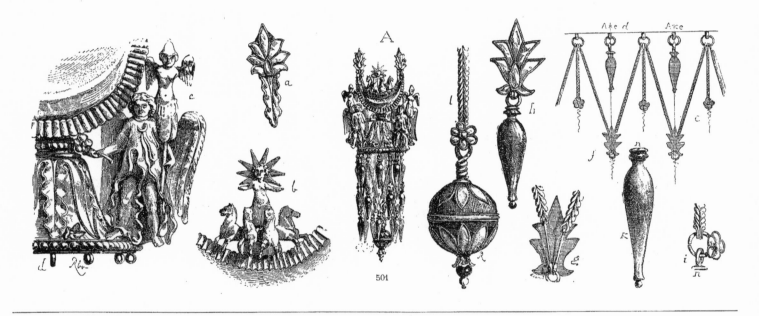

501

505

502

503

504

506

501. Toutes les figures réunies sous ce numéro, et séparées des suivantes par un filet horizontal, se rapportent à l'ensemble du *Pendant d'oreilles* marqué A et qui, seul, est dessiné en grandeur d'exécution. La composition de ce bijou, qui est des plus riches, son exécution, qui est des plus minutieuses, en font une des merveilles de la collection.

Un croissant à renflement, bordé sur son pourtour d'une suite de bourrelets formant astragale, est terminé à ses deux extrémités de palmettes estampées, bordées d'un fil de cordelé, dont nous donnons le détail grossi en a. Dans l'échancrure de cette pièce supérieure on voit paraître le Char du Soleil traîné par quatre chevaux et conduit par le dieu lui-même qui a la tête radiée ; nous donnons en *b* le détail grandi de ce groupe, qui est en or fondu et bruni.

Le croissant est fixé sur le col d'une petite coupole (θόλος) à profil de doucine ou cymaise renversée. La surface de cette espèce de baldaquin, qui affecte la forme d'une clochette ou d'un calice de fleur, est couverte de feuilles alternées en cordelé (voy. fig. c et d) et de petites fleurs estampées. Sur le bord de la coupole, au-dessus du rang de perles d'or qui la terminent, se pose, de chaque côté, le pied d'un génie ailé portant d'une main un trophée de victoire, de l'autre une fleur à cinq pétales. Les ailes et les tuniques sont rapportées en paillons d'or estampé sur les corps qui sont fondus et ciselés.

Voir p. 286 la suite de cette Notice et celles des figures suivantes.

501. 这组中包含的所有插图，指的是一个标记为 A 的耳环整体，并且以全尺寸绘制。这颗宝石价值最高，雕刻最精细，成为收藏品的奇迹之一。

它是一个透明的新月形，周围被垫石围住，形成一组串珠，它的两端是紧紧挨着的棕榈叶，边缘线条弯曲，其全部细节在图 a 中给出。在这上面的凹陷处放置了一架由四匹马拉着的太阳战车，上帝亲自驾驶车，头部光芒四射。我们对这组进行了放大，发现它是黄金铸造并进行了抛光。

这个新月形的物体被固定在一个小圆顶上，其形状为半圆形或倒八角形，这个圆形的树冠表面呈钟形或花杯状，上面覆盖着树叶，时而扭曲，时而并排。在与之相邻的一排金色珍珠之上，有一边搁着一只带翅膀的天使的足部，他一手拿着胜利的奖杯，另一手拿着五瓣花。翅膀和长袍金光闪闪，盖在他的身体上。

其他详情请参阅第 286 页，那是本篇的延续和接下来的相关图片。

501. All the figures comprised in this number and separated from the following by a horizontal fillet refer to the ensemble of the *Ear-drop* marked A, and which alone is drawn in full size. The composition of this jewel, which ranks among the richest, its execution, which is of the most minute, form one of the wonders of the collection.

A divulging crescent, with its circumference bordered by a set of cushions forming an astragal, is terminated at both of its extremities by chased palm-leaves, edged by a twisted thread, the full details of which are given in *a*. In the hollow of this upper piece appears the Chariot of the Sun, drawn by four horses and guided by the God himself, whose head is radiated. We give in *b* an enlarged description of this group, which is in cast gold and burnished.

The crescent is fixed to the neck of a little cupola (θόλος) with a profile of doucine or cymareversed. The surface of thisk ind canopy, which assumes the form of a bell or flower-cup, is covered with leaves alternately twisted and little chased flowers. On the edge of the cupola, above the row of golden pearls which border it, rests, on each side, the foot of a winged genius holding in one hand a trophy of Victory, and in the other a flower with five petals. The wings and tunics resembling spangles of gold are stamped on the bodies which are cast and chased.

See p. 286 the continuation of this notice and the following figures.

XVIIᵉ SIECLE. — ÉCOLE FRANÇAISE (LOUIS XIV).

MEUBLES.
TABLE, — CONSOLE.
(PALAIS DE VERSAILLES.)

This piece of furniture, executed in carved and gilt wood, ornaments the pier which separates the two windows looking on the *Marble Courtyard* and which light the ancient *Cabinet du Roy*. The cartouch in form of a clasp and with two Scythes crosswise, emblem of *Time*, and the characteristic hollowing of the upper marble tablet, of which we annex half the plan (fig. 508), informs us that this *Consol* served as the pedestal of a Clock which has since disappeared.

We would point out the elegance of the oblique disposition of the straight ressaults from the middle of the four bracket feet, which, as to execution, has the best effect. The figure of « Fame » detaches itself from a groundwork of seed plat and gilt foliage. The second half of fig. 508 is a section of the base of the piece of furniture. — In the fifth stage of execution. — (*Inedited.*)

Our researches in the library of the town of Versailles have enabled us to assert that the furniture of the King, for his large apartment, was executed by Master *Simon Delobel*, upholsterer and valet to his Majesty, keeper of the Queen's furniture. — We are preparing an interesting unpublished series of the sculptures, furniture and decorations of the *large and small Apartments* of this sumptuous residence.

Ce meuble, exécuté en bois sculpté et doré, orne le trumeau qui sépare les deux fenêtres qui donnent sur la *Cour de Marbre* et qui éclairent l'ancien *Cabinet du Roy*. Le cartouche formant agrafe et portant deux faux en sautoir, emblèmes du *Temps*, et l'échancrure caractéristique de la tablette de marbre supérieure, dont nous joignons la moitié du plan (fig. 508), nous apprennent que cette *Console* servait de piédestal à une Pendule qui a disparu depuis. — Nous ferons remarquer la recherche de la disposition oblique des ressauts droits du milieu des quatre pieds en consoles, et qui, en exécution, est du meilleur effet. La figure de la Renommée se détache sur un fond gravé de semis et de rinceaux en dorure. La seconde moitié de la fig. 508 est une section à la base du meuble. — Au cinquième d'exécut. — (*Inédit.*)

Nos recherches à la bibliothèque de la ville de Versailles nous ont fait constater que l'ameublement du Roi, pour son grand appartement, fut exécuté par maître *Simon Delobel*, tapissier et valet de chambre de Sa Majesté, garde des meubles de la Reine. — Nous préparons une série intéressante et inédite des sculptures, meubles et décorations des *grands et petits Appartements* de cette somptueuse résidence.

507

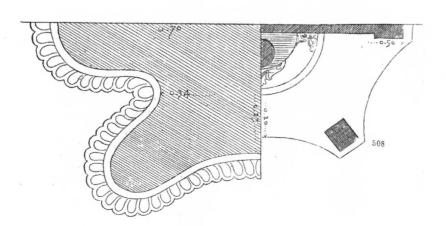

508

这一件家具是用木头雕刻和镀金完成的，装饰着托尔马斯，它将俯瞰大理石庭院的两扇窗户隔开，照亮了罗伊（Roy）的旧内阁。中间的卷边形装饰是扣钩的形式，两个镰刀交叉是时间的象征，上面的大理石平板中间被挖空了，图508中我们附上了一半的平面图。这让我们意识到时钟的基座已经消失了。我们要指出的是，四个支架从中间向外斜交，具有斜向线条的优雅性，完成后可以呈现最好的效果。信息女神的形象与叶漩涡饰雕刻的背景相映成趣。图508的后

半部分是该家具底部的截面，这是在第五阶段完成的。

我们在凡尔赛镇的图书馆进行的研究使我们可以断言，国王的家具和他的大房子都是由西蒙·德尔贝尔（Simon Delobel）大师、殿下的家具装饰商和侍者以及王后家具的保管人员共同完成。我们正筹备发表一个有趣的系列，包括雕塑、家具和大型、小型豪华公寓的住宅装饰。

XVIe SIÈCLE. — ÉCOLE ITALIENNE.

ENTOURAGES, — MÉDAILLES,

PAR ÉNÉE VICO (1557).

(Suite des pages 11, 76, 140.)

LE LIVRE DES IMPÉRATRICES ROMAINES

509

510

La belle JULIE, fille de Jules César et de Cornélie, fut mariée au grand Pompée pour servir l'ambition de son père. Après la mort de Cornélie, César épousa la fille de Calphurnius Pison, consul, et c'est sur cette double alliance qu'il fonda l'établissement de toute sa fortune. Mais Julie mourut avec l'enfant qu'elle portait dans son sein, à l'aspect de la robe de Pompée teinte du sang des Romains dans une sédition du Champ de Mars. Sa mort fut le signal de la désunion de César et de Pompée.

可爱的朱莉娅（Julia），是朱利叶斯凯撒（Julius Caesar）和科妮莉亚（Cornelia）的女儿。为了她父亲的野心服务与伟大的庞培（Pompey）结婚。在科妮莉亚去世后，凯撒娶了领事卡尔普尼乌斯皮森（Calphurnjus Piso）的女儿，正是通过这种双重联盟，奠定了他所有财产的基础。但是朱莉亚，以及她怀中的孩子，在看着庞培的衣服染上了罗马人的鲜血后，在战神庙的战场中死去了。她的死是凯撒和庞培之间分歧的信号。

The lovely JULIA, daughter of Julius Caesar and Cornelia, was married to the great Pompey to serve her father's ambition. After Cornelia's death, Caesar married the daughter of Calphurnius Piso, consul, and it was by this double alliance that he laid the foundation of his entire fortune. But Julia, as well as the child which she bore in her breast, dyed at the sight of Pompey's garments dyed in the blood of the Romans in a sedition on the Field of Mars. Her death was the signal for the disunion between Caesar and Pompey.

SERVILIE était fille de P. Servilius l'Isaurique, sous les ordres duquel J. César avait, après la mort de Sylla, fait quelque temps la guerre. La fille de Servilius n'hérita que des vertus de son père. Elle sut charmer le cœur du jeune Auguste qui alors ne s'appelait qu'Octave. Lorsque le futur empereur vint à se réconcilier avec Marc-Antoine, il dut épouser Clodie, sa belle-sœur, la voix commune des soldats de l'une et de l'autre armée l'ayant obligé de répudier l'aimable Servilie.

赛维莉娅（Servilia）是普布利乌斯赛尔维利厄斯（P.Servilius Isauricus）的女儿，在西尔拉（Sylla）去世后，有时候曾在凯撒斗。J.Caesar）的命令下进行过战斗。赛维利厄斯的女儿继承了她父亲的美德。她知道如何吸引年轻的奥古斯都与（Augustus）的心。未来的皇帝与马克·安东尼（Marc Anthony）和解时，他不得不娶给他的嫂子克劳迪亚（Clodia），这是两军士兵一致的声音，迫使他拒绝了和谐可来的赛维莉娅。

SERVILIA was the daughter of P. Servilius Isauricus, under whose orders J. Caesar, after the death of Sylla, had sometimes fought. The daughter of Servilius inherited her father's virtues. She knew how to charm the heart of the young Augustus, who was at that time called Octavius. When the future emperor became reconciled with Marc Anthony, he was obliged to marry Clodia, his sister-in-law, the unanimous voice of both armies, having obliged him to repudiate the amiable Servilia.